普通高等教育"十三五"规划教材

建筑设计与改造

——以冶金类单层工业厂房为例

主　编　于欣波　任丽英
副主编　王　悦　王思懿

北　京

冶 金 工 业 出 版 社

2019

内 容 提 要

本书系统讲述了冶金类单层工业厂房的设计流程、设计原理及设计方法，含有施工图表达部分；对工业废弃建筑改造和绿色工业建筑也辟专章介绍；书中结合课程设计，训练和培养设计者分析问题和解决问题的能力，提高工业建筑设计能力。

本书采用了最新的编写标准和规范，结构完整，组织严谨，内容丰富，配有大量图例和实际的工程案例，便于使用者理解和掌握冶金类单层工业厂房建筑设计理论和方法，具有较强的实用性。

本书为普通高等院校建筑学、土木工程、建筑工程、城市规划等相关专业的教材，也可作为建设、设计、监理等部门工程技术人员和管理人员的培训教材或参考用书。

图书在版编目（CIP）数据

建筑设计与改造：以冶金类单层工业厂房为例/于欣波等主编 . —北京：冶金工业出版社，2019. 9

普通高等教育"十三五"规划教材

ISBN 978-7-5024-8258-9

Ⅰ . ①建⋯　Ⅱ . ①于⋯　Ⅲ . ①工业建筑—建筑设计—高等学校—教材　②工业建筑—旧房改造—高等学校—教材　Ⅳ . ①TU27

中国版本图书馆 CIP 数据核字（2019）第 188056 号

出 版 人　谭学余
地　　　址　北京市东城区嵩祝院北巷 39 号　邮编　100009　电话　（010）64027926
网　　　址　www.cnmip.com.cn　电子信箱　yjcbs@cnmip.com.cn
责任编辑　宋　良　美术编辑　吕欣童　版式设计　孙跃红
责任校对　郑　娟　责任印制　李玉山
ISBN 978-7-5024-8258-9
冶金工业出版社出版发行；各地新华书店经销；三河市双峰印刷装订有限公司印刷
2019 年 9 月第 1 版，2019 年 9 月第 1 次印刷
787mm×1092mm　1/16；18.25 印张；438 千字；279 页
45. 00 元
冶金工业出版社　投稿电话　（010）64027932　投稿信箱　tougao@cnmip.com.cn
冶金工业出版社营销中心　电话　（010）64044283　传真　（010）64027893
冶金工业出版社天猫旗舰店　yjgycbs. tmall. com
（本书如有印装质量问题，本社营销中心负责退换）

前　　言

　　编者在从事近20年的工业建筑设计课程教学中发现，工业建筑作为一种专业性强、综合特点突出、建筑设计方法及表达形式特殊的建筑类型，与常见的民用建筑差别较大：涉及结构、水暖电等相关专业知识较多，专业间的配合也更为重要。因此，急需一本综合性性强、内容详尽、理论突出、实践案例丰富的教材。目前，针对工业厂房建筑设计的同类教材数量较少，且多已内容陈旧、知识体系单一，缺乏案例说明和生动的图片解释，不能满足现阶段培养应用型高级专门人才的教学目标。

　　基于我校的"立足冶金，校企合作，注重实践，培养踏实肯干、适应发展的应用型高级专门人才"的办学特色和建筑学专业的教学特点，本书以冶金类单层工业厂房为研究对象，希望能够给普通高等院校的建筑学、土木工程、建筑工程、城市规划等相关专业的学生，以及广大的设计从业者和爱好者，提供更多的专业知识和帮助。

　　本教材内容最大亮点在于：

　　（1）以实际项目为切入点

　　目前工业建筑设计类的教材，多以分散的知识内容为主体构架编写，学生对厂房设计全过程的把握较模糊，对于完整的工程项目建设过程亦不甚了解。为使学生对工业建筑项目全貌有比较直观的感受，本书以实际冶金类单层工业厂房设计为切入点，组织全书结构和章节，让学生按照工程项目建筑设计流程的顺序进行相关知识的学习，循序渐进，见微知著。

　　（2）增加工业厂房改造设计内容

　　在近年的城市发展背景下，废弃工业厂房改造更新的项目大量出现，针对此类项目的理论研究和实践成果较少，内容也比较分散。所以，本书将现有国内外成果整合，便于学生和相关研究、设计人员阅读。

　　（3）关注厂房造型设计

　　随着国民审美情趣的提高，过去粗糙的"方盒子"式的工业厂房逐脱离审美主流，工业建筑的功能与以往已经发生了很大的转变。工业建筑除了要保证生产工艺的要求外，同时还要注重造型艺术化的处理和室内空间人性化等方面的需求。通过本书在这方面的详细阐述，可提高设计人员美学素养。

（4）增添绿色工业建筑理论的内容

以往的教材多注重工业厂房基本设计原理，缺少对于绿色可持续理念的介绍，无法满足当前建设背景下工业建筑厂房的设计、建造和改造的社会实践要求。本书力求通过较详细的理论介绍，帮助学生树立正确的环境观与建筑生态观。

主编任丽英提供了大量相关工程图片，并负责工程案例的编写；王悦、王思懿负责对本书的组稿、修改工作；在此对她们的辛苦付出表示感谢。

在编写过程中，参考了有关文献，在此谨向文献作者致谢。由于编者水平所限，书中如有不足之处，诚请读者批评指正。

于欣波

2019 年 8 月

于辽宁科技大学

目　　录

1 绪 论

1.1 工业建筑的历史

工业建筑设计与建造的起源与工业建筑的起源同步。1784 年，詹姆斯.瓦特发明了蒸汽机，随着此类机器的发展，工业建筑也应运而生，然而，这些技术革新所带来的社会分工太单一了。17 世纪以来，机器的进步导致人口增长，而人口增长使得人们对商品的需求日益增加，使得资本进一步累积。这才是进一步导致工业建筑设计和建造出现的因素。尤其是英国兰开夏郡棉花工业的膨胀致使机器化工厂增加，而机器化工厂原本是与传统的、工业化前的生产并存的。在这个过程中，手工业作坊被加工厂所取代，而加工厂随之又被大工厂取代。

随着农业社会向工业社会的转变，社会上出现了一个新的阶级——工人阶级。他们住在石板或者瓦片屋顶的砖房里，聚集在发展中工业城市的工人阶级社区里。随着 18 世纪末自由贸易的引进，中世纪的行业协会逐渐解体，新的社会类别形成了：人口被分成雇佣者和被雇佣者。

高温熔铁技术的发展，宣告着工业建筑进程中的一个新时代在英国开始了。从 1775～1779 年，达比和威尔金森在英国的煤溪谷（Coalbrookdale）的塞文河上建成了第一座铸铁桥（图 1-1），此桥跨度 30m。紧接着，从 1793～1796 年，J. B. Rondelet 在森德兰的 Wear河上建成了又一座铸铁拱桥，跨度 72m。后来，1825～1826 年，托马斯·泰尔福特建成了梅奈（Menai）海峡大桥。

图 1-1　铸铁拱桥（英国，煤溪谷　设计师：达比和威尔金森，1775～1779 年）

1826 年，申格尔（Karl Friedrich Schinkel）在去英格兰的旅途中，以详细的透视图记录了泰尔福特的梅奈海峡大桥。其中铁的使用和潜在的技术价值给申格尔留下了深刻的印象。在日记中，他记录了这些铁结构的实例，也绘制了伦敦的港口住宅区的工业仓库和产品加工厂的略图（图1-2）。这是古典主义向折衷主义过渡的开始。基于经验主义的建筑将被基于科学的建筑所替代。然而，就像建筑历史学家 Julius Posener 曾经说过的一样，在申格尔的时代，人们是难以想像出用金属构建的建筑的。在德国柏林申格尔设计的建筑科学院（图1-3）落成典礼的致辞中，Carl Boetticher 宣布铁建筑将是未来建筑的发展方向。虽然传统的建筑材料可以抗压抗震，但只有钢才能够抵抗张力。

图1-2　申格尔的《欧洲之行》日记中的一页

图1-3　建筑科学院（德国，柏林
设计师：申格尔，1825～1835 年）

　　在外部解读建筑科学院设计的空间结构元素的过程中，申格尔与一个陪伴他英格兰之行的工程师朋友 Peter Beuth 合作，成功地过渡到建筑辩证主义和建筑技术这一步。19 世纪早期玻璃工业的发展，比如可以生产出 1.75m×2.50m 的大块玻璃，代表了建筑技术上基本条件的根本性改变。Johann Friedrich Geist 在他的著作《拱形建筑：建筑样式的历史（Arcades：The History of a Building Type)》中，深刻地记录了钢和玻璃嵌丝技术的潜在价值。

　　在造桥经验的基础上，铁随后就被用到了工厂的建筑上。1805 年，Henry Houldsworth 将一个创新的铁支撑结构用在了格拉斯哥的纺纱厂中，圆柱支撑的横梁与砖砌的围墙结合使用，形成多层的工厂建筑框架。曼彻斯特的索耳福纺纱厂（1799～1804 年）和利兹的 Meadow Lane 麻布生产厂（1803 年）是铸铁结构的另外两个实例。克劳德尼拉斯·勒杜的盐场（图1-4）则以庞大的美学设计遮掩住了盐的提取过程。只是四分之一个世纪过去以

图1-4　皇家盐场（法国，Chaux，阿克西纳镇　设计师：克劳德·尼古拉斯·勒杜，1775～1779 年）

后，才出现了以工业预制铁元件建造的生产工厂。

1828～1830 年，在 Sayner Hutte 的地基上，一座新的铸造房屋拔地而起。尽管 Karl Ludwig Althans 的建筑充满了不同的结构风格元素，但是从 Heinrich Hubsch 所问的"我们到底应该建什么风格的建筑"这个问题的真正意义上来说，这个建筑还是值得一提的，因为它是铸铁建成的。

1851 年，约瑟夫·帕克斯顿（Joseph Paxton）在伦敦设计了水晶宫作为工业产品的展览建筑。在一个 7.3m 的格栅上，由预制的铁和玻璃元件建成的这座建筑，展示了工业生产所提供的新建筑的潜在价值。高芙雷·森珀（Gottfried Semper）也注意到了建筑技术上出现的新趋势，在他看来，他们将要创造一种新的建筑。19 世纪下半叶的世界级展览进一步提升了金属结构工程的技艺，这一技艺随着康泰明与都特（Contamin and Dutert）建筑的机器展览馆（图 1-5）和古斯塔夫·埃菲尔的埃菲尔铁塔的展出在 1889 年的巴黎达到了高潮。相反地，在工厂建筑中，用装饰性和历史性的风格元素来装饰盛行了起来。而像希奈斯的船店（图 1-6）这样大厅式金属镀层的框架建筑，在 1856～1860 年间也拔地而起，却是个例外。

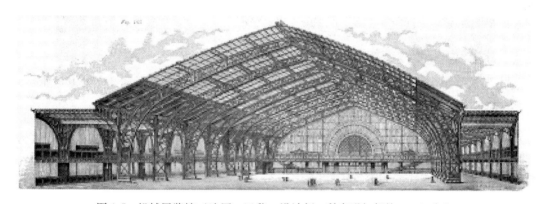

图 1-5　机械展览馆（法国，巴黎　设计师：科泰明与都特，1889 年）

图 1-6　船店（英国，希奈斯　设计师：Godfrey T. Greene，1856～1860 年）

Eugene-Emmanuel Viollet-le-Duc 和随后的 Auguste Choisy 以阐释哥特式建筑的构造为起点，把结构本身当成是建筑的形式基础。金属建筑应该成为未来的建筑趋势。在法国巴黎附近的 Noisiel-sur-Marne 的梅尼耶（Menier）巧克力加工厂（图 1-7），是最早的钢框架结构的多层建筑之一。Jules Saulnier 为这个工厂设计了一个探出部分，在已有的工厂基础上向外探到 Marne 河上方。工厂的正面能看出钢构架框，钢构架框上面加了一面空心砖砌成的饰面墙。位于两个巨大的墩墙之间的机床上的三个涡轮，能够满足能量供给。

图 1-7　梅尼耶巧克力加工厂（法国，Noisiel-sur-Marne　设计师：Jules Saulnier，1871～1873 年）

奥古斯特·贝瑞（Auguste Perret）和托尼·嘎涅（Tony Garnier）在机器时代初期进入了建筑这个舞台。至于嘎涅，则认为"建筑的真理源自于人们用已知的方式来满足已知的特定需要而进行的循环过程"。他用自己的工业城镇，创造了空间分离开的单元，做工厂、居住、休闲和交通流动用。从 1882 年 Arturo Soria y Matas 的规划设计，到嘎涅以及随后的 Ludwig Hilberseimer 和柯布西耶的规划图中，工厂在城市不断变化的规划中，逐渐取得了自己的地盘。嘎涅设计了他的工业城镇——这一建筑仍处在规划阶段，选择了钢筋混凝土作为材料。1903 年 Ernest Ransome 的联合制鞋机器公司的工厂以及 1905 年阿尔伯特.（Albert Kahn）为美国底特律所建的 packard 汽车公司（图 1-8）中，钢筋混凝土也充当了咬合结构的建筑材料。

1907 年，随着德意志制造联盟的成立和彼得·贝伦斯的 AEG（通用电力公司）的试运转，创造性的设计与工业生产的辩证法在德国出现了。1909 年，在设计柏林的 AEG 涡轮机工厂时，彼得·贝伦斯建立了一个工厂建筑，此建筑物把建筑理解为形式。不同设计的个体建筑的正面结构的重要性，比如说在 Huttenstrape—个建筑中的升起的象征意义的结构，在今天仍然是争论的焦点。

1911 年，在为贝伦斯工作后，沃尔特·格罗佩斯（Walter Gropius）为企业家卡尔·本赛特（Karl Benscheidt）设计了 Fagus 工厂（图 1-9）。为了满足业主要求的采光条件，格罗佩斯把工厂正面建成了玻璃幕墙，这样也淡化了建筑的墙角。这么做，就像贝伦斯的涡轮机工厂一样，省去了用圆柱做建筑的象征语言。

随着新工业文化的出现，19 世纪的建筑内容似乎被完全取缔了。这在很大程度上是由于阿道夫·鲁斯就装饰问题所写的文章，以及 Joseph August Lux 就工程美学缩写的那些

图 1-8　Packard 汽车公司（美国，底特律　设计师：阿尔伯特·康，1905 年）

图 1-9　Fagus 工厂（德国，Alfeld on Leine　设计师：沃尔特·格罗佩斯，1911~1914 年）

东西。沃林格尔（Wilhelm Worringer）在他 1908 年所著的《抽象与移情：对艺术风格的心理学研究》一书中，描写了对抽象的迫切需求，把抽象作为每一种艺术的开始。这种方式已经成为现代的伟大思想。

在都市化的进程中，埃比尼泽·霍华德 1898 年开发了花园城市的概念。将以工作和娱乐为形式的城市生活与健康的田园生活结合在一起。工业城市里严酷、冷漠的工人住宅中的生活，将会遇到更好的新模式。30 年后，《雅典宪章》提出了人类对光、空气和日照的需要，是建筑环境规划的强制性要求。

在工业建筑以结构为导向的趋势盛行的同时，汉斯·普尔齐在波兰 Luban 设计了一个粗糙的砖砌化工厂（图 1-10）。作为一种工业建筑的类型，工业建筑的排列与间隔是基于工业生产的过程而安排的。1917 年，赫尔曼·穆特修斯（与普尔齐一样，都是德意志制造联盟的成员），建造了瑠恩的无线电站（图1-11）。这个建筑被设计成鳞状，它的基本形式仍然保持着简单朴素的风格，从轴状对称的前立面能看出刻意装饰的意图。

图1-10　化工厂（波兰，Luban　设计师：　　　　图1-11　无线电站（德国，瑠恩　设计师：
　　　　汉斯·普尔齐，1911~1912年）　　　　　　　　　赫尔曼·穆特修斯，1917年）

　　随着第一次世界大战的结束，以及在陶特（Taut）的Fruhlicht上一些言论的发表，表现主义开始出现在建筑的舞台上。在建造斯泰因贝格的帽子工厂（图1-12）的印染车间时，埃里希·门德尔松设计了一个"闭合的、立体的、水晶状的形式"，Walter Muller-Wulckow在描述这一建筑时如是说。在门德尔松早期对工业建筑的描绘之中，也表现出了对古典现代主义的关注。沃尔特·格罗佩斯1913年在德意志制造联盟的年鉴上发表文章称，北美工业中的筒仓（图1-13）和工厂建筑被认为是现代工业建筑发展中的形象典范。在所有这些建筑还原的基本形式中，柯布西耶和其他一些与期刊《G-Material zur elementaren Gestaltung》合作的设计师和艺术家们看出了一种新建筑方式的基础。

图1-12　斯泰因贝格的帽子工厂（德国，卢肯瓦尔德　设计师：埃里西·门德尔松，1921~1923年）

　　除了基本的形式之外，被看成与形式同样重要的结构是20世纪上半叶建筑的主题。密斯·凡·德罗认为，未来在于建筑的工业化。随着工厂生产式的装配在建筑工地上的应用，传统的建筑产业特征将发生改变。形式与结构以及建筑功能的规划，在Giacomo Matteo Trucco设计的Lingotto菲亚特汽车工厂中成了程序化的内容。屋顶的形状被设计成了试车跑道。通过展示机器的动感和速度——完全与未来主义者的感受一致——强烈地表现了这一多层工业建筑的设计。1929年，在荷兰，L. C. van der Vlught和J. Brinkman一起

图 1-13 北美工业中的筒仓

设计了 Van Nelle 工厂（图 1-14）。包装车间与管理大楼被安排在一起，墙面分界的规则性
展示了它的国际风格。玻璃幕墙主宰了外部的建筑风格，而内部则是引人注目的蘑菇形天
花板。Van Nelle 工厂的多层钢筋混凝土结构也被用在了诺丁汉 Boots Pure 制药厂（图 1-
15），这一工程是由欧文·威廉姆斯爵士设计的。工厂生产程序进行的顺序（如交货、入
库和加工）是逐层进行的。大片玻璃幕墙展示了结构性的设计。在一些批评家的评论中，
提到了建筑的表面质量有些缺陷，由建筑向工程艺术的转变也受到了质疑。

图 1-14 Van Nelle 工厂（荷兰，鹿特丹 设计师：
L. C. van der Vlught 和 J. Brinkman，1926～1930 年）

图 1-15 Boots Pure 制药厂（英国，诺丁汉
设计师：欧文·威廉姆斯爵士，1932 年）

其他的工业建筑，比如 Hans Hertlein 1926～1927 年为西门子 AG 设计的动力装置控制
间（图 1-16），或者 Horia Creanga 设计的 Malaxa 工厂（建于 1930～1931 年）（图 1-17），
除了功能性的设计标准外，基本形式仍然处于最重要的地位，然而外部形式却隐蔽了结构
性框架。

图 1-16　西门子 AG（德国，柏林　　　　　　　图 1-17　Malaxa 工厂（罗马尼亚，布加勒斯特
设计师：Hans Hertlein，1926~1927 年）　　　　　设计师：Horia Creanga，1930~1931 年）

　　结构性建筑表明了 20 世纪 40 年代和 50 年代工业建筑的特征。随着 1948 年飞机库和都灵展览大厅（图 1-18）的建造，皮埃尔·奈尔维通过增加小的预制混凝土元素取得了令人瞩目的横跨宽度。随着框架结构的发展，50 年代出现了一种新的现象。在 Danzeisen 和 Voser 一起设计的戈绍的 Goldzackwerke（图 1-19）中，工程师 Heinz Hossdorf 开发了一种钢梁和混凝土框架的支撑系统。把钢梁架设在天窗的高度上，框架的厚度可以减到最小。1969~1970 年，在墨西哥 Carretera 的 Bacardi Rum 酿酒厂（图 1-20）的灌瓶车间的建筑过程中，费雷克斯·坎德拉（Felix Candela）在三个挨在一起的交叉的筒形拱框架中间建了一个大厅。一种诗意的空间通过结构形式诞生了。

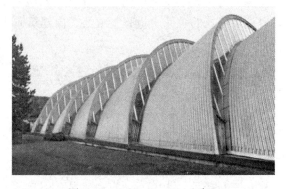

图 1-18　展览大厅（意大利，都灵　　　　　　　图 1-19　Goldzackwerke（瑞士
设计师：皮埃尔·奈尔维，1948 年）　　　　　　设计师：Danzeisen 和 Voser，1954~1955 年）

　　1960 年，Eduardo Torroja 声明了形式逻辑的重要性，并把形式的逻辑建立在理性的结构设计原理基础上。基于这一意识形态而建的建筑的特点是，支撑元素顺应着作用力的方向，从而实现了材料的经济实用。
　　1958 年，迈龙·葛史斯（Myron Goldsmith）为旧金山的美联航空公司设计了一个飞机维护库（图 1-21），焊接的钢梁框架可以呈线形伸展。结构性的功能、经济性的效率以及可变性，同样也是安格鲁·曼格埃络第（Angelo Mangiarotti）建筑的特点。1964 年建于利桑尼（Lissone）的工厂（图 1-22），其钢筋混凝土结构的各个部分都是在建筑工地上建造并装配的。方向性的支撑结构可以同时纵向、横向伸展。

图 1-20　Bacardi Rum 酿酒厂（墨西哥，Carretera　设计师：费雷克斯·坎德拉，1959~1960 年）

图 1-21　美联航空公司飞机维护库（美国，旧金山　设计师：迈龙·葛史斯，1958 年）

图 1-22　工厂（意大利，利桑尼　设计师：安格鲁·曼格埃络第，1964 年）

　　设计师 Fritz Haller 进一步完善了具有支撑结构的建筑。要求支撑结构能够适应不同的任务和变化的用途。基于瑞士明辛根（Munsingen）的一个办公家具厂（图 1-23）的一系列要求，他开发了一套组合系统，既考虑了建筑的框架结构，也考虑了其后的设备安装、装修等方面的要求。

　　为了脱离结构的教条，人们开始在建筑上使用雕刻这种表现形式。保罗·鲁道夫 1964

图 1-23　办公家具厂（瑞士，明辛根　设计师：Fritz Halle，1962~1964 年）

年设计的纽约加登城的制药厂（图 1-24），就优先考虑了容量的问题，而不是结构的问题。1966 年，雷诺·班汉（Reyner Banham）把与这一时代思潮相关联的其他建筑归入了"野兽派艺术"。

图 1-24　制药厂（美国，纽约　设计师：保罗·鲁道夫，1964 年）

随着多功能空间外壳的发展，20 世纪 70 年代初，工业建筑中出现了可变的结构。由于装配和生产技术的进步以及工业扩张的潜在需要，可变性限定着工厂的外观。此处，栅格可用做工业框架结构建筑的几何手法。这样，由拥有着诺曼·福斯特和理查德·罗杰斯等建筑师的 Team 4 事务所设计的斯温登电子工厂（图 1-25），就可以当成是未来工业建筑的范例。

图 1-25　电子工厂（美国，斯温登　设计师：Team 4，1966 年）

1.2　工业建筑的特点及分类

工业建筑是指从事各类工业生产及直接为生产服务的房屋。直接从事生产的房屋包括主要生产房屋、辅助生产房屋，这些房屋常被称为"厂房"或"车间"。而为生产服务的储藏、运输、水塔等房屋设施不是厂房，但也属于工业建筑。这些厂房和所需要的辅助建筑及设施有机地组织在一起，就构成了一个完整的工厂。

1.2.1　工业建筑的特点

工业建筑与民用建筑一样，要满足适用、安全、经济、美观的需求，在设计原则、建筑用料和建筑技术等方面，两者也有许多共同之处。但由于生产工艺复杂多样，在设计配合、使用要求、室内采光、屋面排水及建筑构造等方面，工业建筑又具有如下特点：

（1）厂房的建筑设计是在工艺设计人员提出的工艺设计图（图1-26）的基础上进行的，建筑设计在适应生产工艺要求的前提下，应为工人创造良好的生产环境并使厂房满足适用、安全、经济和美观的要求。

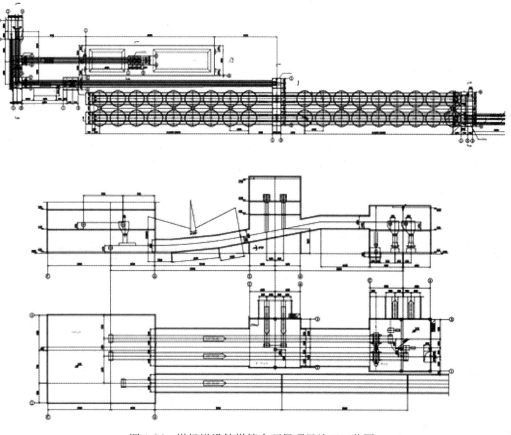

图1-26　煤场增设储煤筒仓环保项目施工工艺图

（2）由于厂房中的生产设备多、质量大，各部门生产联系密切，并有多种起重运输设备通行，致使厂房内部具有较大的敞通空间。例如，有桥式吊车的厂房（图 1-27），室内净高一般均在 8m 以上；有 6000t 以上水压机的锻压车间，室内净高可超过 20m。厂房长度一般均在数十米以上；有些大型轧钢厂，可长达数百米甚至超过千米。

图 1-27　桥式吊车厂房

（3）当厂房宽度较大时，特别是多跨厂房，为满足室内采光、通风的需要，屋盖上往往设有天窗。为了屋面防水、排水的需要，还应设置屋面排水系统（天沟及雨水管）。这些设施均使屋盖构造复杂（图 1-28）。由于设有天窗，室内大都无天棚，屋盖承重结构袒露于室内。

图 1-28　屋面天窗及排水系统

（4）在单层厂房中，由于其跨度大，屋盖及吊车荷载较重，多采用钢筋混凝土排架结构承重；在多层厂房中，由于楼面荷载较大，广泛采用钢筋混凝土骨架承重（图 1-29）；对于特别高大的厂房，或有重型吊车的厂房，或高温厂房，或地震烈度较高的厂房，宜采用轻钢骨架承重（图 1-30）。

1.2.2　工业建筑的分类

工业生产的类别繁多，生产工艺不同，分类也随之而异。在工业厂房建筑设计中，常按照厂房的用途、层数和生产状况分类。

图 1-29 钢筋混凝土排架结构单层厂房　　　图 1-30 轻钢结构厂房

1.2.2.1 按厂房用途分类

（1）主要生产厂房：在这类厂房中进行生产工艺流程的全部生产活动，一般包括从备料、加工到装配的全部过程。所谓生产工艺流程是指产品从原材料到半成品到成品的全过程，例如钢铁厂的烧结、焦化、炼铁、炼钢车间。

（2）辅助生产厂房：辅助生产厂房是指为主要生产厂房服务的厂房，也可称为间接从事工业生产的厂房。例如机械修理、工具车间等。

（3）动力用厂房：动力用厂房是为主要生产厂房提供能源的场所，例如发电站、锅炉房、煤气站等。

（4）储存用建筑：储存用建筑是为生产提供存储原料、半成品、成品的仓库，例如炉料、油料、半成品、成品库房等。

（5）运输用建筑：运输用建筑是为生产或管理用车辆提供存放与检修的建筑，例如汽车库、消防车库、电瓶车库等。

（6）其他：包括解决厂房给水、排水问题的水泵房、污水处理站等。

1.2.2.2 按照层数分类

（1）单层厂房（图 1-31）：单层厂房是指层数为一层的厂房，它主要用于重型机械制造、冶炼等重工企业。这类厂房的特点是生产设备体积大、重量重，厂房内以水平运输为主。

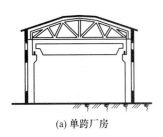
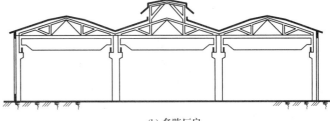

(a) 单跨厂房　　　　　　　　　　　(b) 多跨厂房

图 1-31 单层厂房

（2）多层厂房（图 1-32）：常见的层数为 2~6 层。这类厂房的特点是生产设备较轻、体积较小，工厂的大型设备一般放在底层，小型设备放在楼层上；厂房内部的垂直运输以电梯为主，水平运输以电瓶车为主。建筑在城市中的多层厂房，能满足城市规划布局的要求，可丰富城市景观，节约用地面积。在厂房面积相同的情况下，4 层厂房的造价最经济。

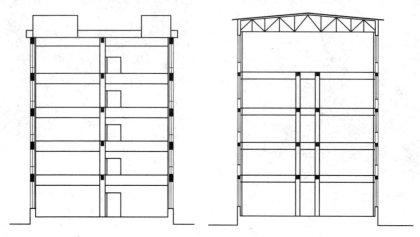

图 1-32　多层厂房

（3）层数混合的厂房（图 1-33）：厂房由单层跨和多层跨组合而成，适用于竖向布置工艺流程的生产项目，多用于热电厂、化工厂等。高大的生产设备位于中间的单跨内，边跨为多层。

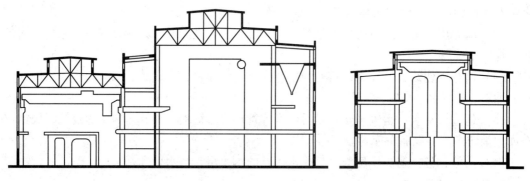

图 1-33　层数混合的厂房

1.2.2.3　按生产状况分类

（1）冷加工车间：用于在常温状态下进行生产，例如机械加工车间、金工车间等。

（2）热加工车间：用于在高温和熔化状态下进行生产，可能散发大量余热、烟雾、灰尘和有害气体，如铸造、锻造和热处理车间。

（3）恒温恒湿车间：用于在恒温（20℃左右）、恒湿（相对湿度为 50%~60%）条件下进行生产的车间，例如精密机械车间、纺织车间等。

（4）洁净车间：洁净车间要求在保持高度洁净的条件下进行生产，防止大气中的灰尘及细菌对产品的污染，例如集成电路车间、精密仪器加工及装配车间等。

（5）其他特种状况的车间：其他特种状况指生产过程中有爆炸可能性、有大量腐蚀物、有放射性散发物、防微振、防电磁波干扰等情况。

1.2.2.4 按照防火等级分类

厂房根据生产的火灾危险性分为甲、乙、丙、丁、戊 5 类：

（1）甲类生产用房，储藏以下物品：

1）闪点低于 28℃ 的液体；

2）爆炸下限小于 10% 的气体；

3）常温下能自行分解或在空气中氧化能导致迅速自燃或爆炸的物资；

4）常温下受到水或空气中水蒸气的作用，能产生可燃性气体并引起燃烧或爆炸的物资；

5）遇酸、受热、撞击、摩擦、催化，以及遇到有机物或硫黄等易燃的无机物，极易引起燃烧或爆炸的强氧化剂；

6）受撞击、摩擦或与氧化剂、有机物接触时能引起燃烧或爆炸的物资；

7）在密闭设备内的操作温度大于或等于物资本身自燃点的生产。

（2）乙类生产用房，储藏以下物品：

1）闪点大于或等于 28℃，但小于 60℃ 的液体；

2）爆炸下限大于或等于 10% 的气体；

3）不属于甲类的氧化剂；

4）不属于甲类的化学易燃危险固体；

5）助燃气体；

6）能与空气形成爆炸性混合物的浮游状态的粉尘、纤维、闪点大于或等于 60℃ 的液体雾滴。

（3）丙类生产用房，储藏以下物品：

1）闪点高于或等于 60℃ 的液体；

2）可燃固体。

（4）丁类生产用房，储藏以下物品：

1）对不燃烧物资进行加工，并在高温或熔化状态下经常产生强辐射热、火花或火焰的生产；

2）利用气体、液体、固体作为燃料或将气体、液体进行燃烧作其他用的各种生产；

3）常温下使用或加工难燃烧物资的生产。

（5）戊类生产用房，储藏以下物品：

常温下使用或加工不燃烧物资的产品。

1.3 厂房的结构组成

1.3.1 厂房的结构形式

厂房，按照材料、承重形式和装配方式的不同，分为混合结构厂房、钢筋混凝土结构厂房、轻钢装配式厂房和重型钢结构厂房。

（1）混合结构厂房（图 1-34）：由砖柱、屋架（钢筋混凝土屋架或木屋架或轻钢屋架）屋面梁、基础组成。适用于无吊车或吊车吨位不超过 5t，且跨度在 15m 以内，柱顶标高在 8m 以下，无特殊工艺要求的小型厂房。

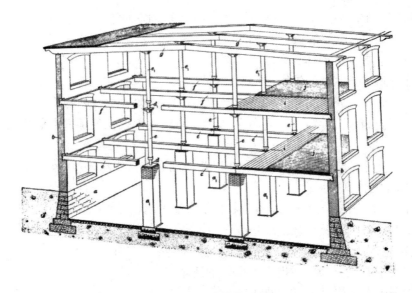

图 1-34　混合结构厂房

（2）钢筋混凝土结构厂房（图 1-35）：由混凝土柱、钢筋混凝土屋架或轻钢屋架、基础组成。适用于跨度在 36m 以内，柱顶或者檐口标高在 20m 以下，起重量 200t 以下的中型厂房。

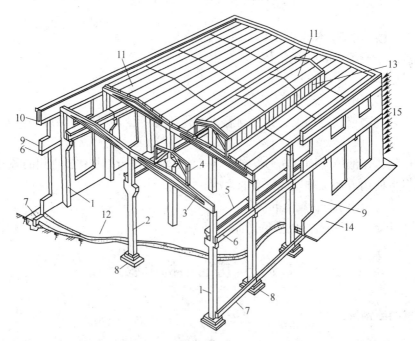

图 1-35　钢筋混凝土结构厂房

1—边列柱；2—中柱；3—屋面大梁；4—天窗架；5—吊车梁；6—连系梁；7—基础梁；8—基础；
9—外墙；10—圈梁；11—屋面板；12—地面；13—天窗扇；14—散水；15—风荷载

（3）轻钢装配式：以轻型钢结构为骨架、轻型墙体为外围护结构所建成的厂房。轻钢建筑施工方便，适用于低层及多层的建筑物。使用薄壁型钢，用钢量较低，而且内部空间使用较为灵活；用复合墙板等技术，可以使建筑的防水、热工等综合性能指标得到提升。按其骨架的构成形式分柱梁式、隔扇式、混合式、盒子式等几种（图1-36~图1-40）。

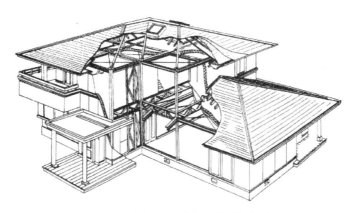

图1-36 柱梁式钢结构建筑骨架构成

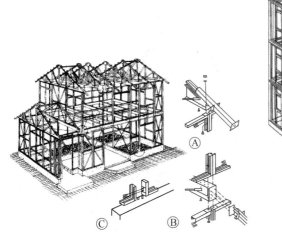

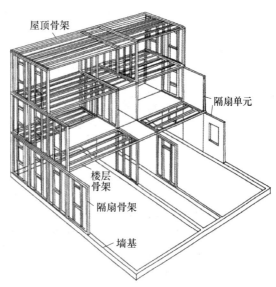

图1-37 隔扇式轻钢结构建筑骨架构成　　　　图1-38 混合式轻钢结构骨架构成

（4）重型钢结构厂房（图1-41）：以钢结构为骨架、轻型墙体为外围护结构所建成的房屋。钢结构比较复杂，适用于单层厂房。由于厂房内生产设备多而且尺寸较大，并有多种起重运输设备，有各类交通运输工具进出，因而厂房内部大多具有较大的开敞空间。大多数单层厂房采用多跨的平面组合形式，内部有不同类型的起吊运输设备，由于采光通风等缘故，采用组合式侧窗、天窗，使屋面排水、防水、保温、隔热等建筑构造的处理复杂化，技术要求比较高。

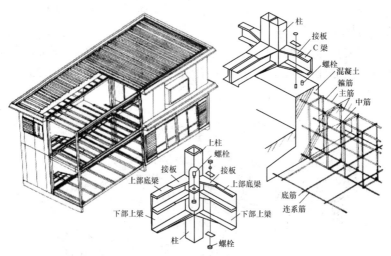

(a) 盒子框架组装形式   (b) 上下框架连接   (c) 框架与基础连接

图 1-39   盒子式轻钢结构建筑骨架构成

图 1-40   现代轻钢结构厂房

图 1-41   重型钢结构厂房

1.3.2　工业厂房组成

工业厂房的组成是指厂房内部房间的组成。生产车间是工厂生产的基本管理单位，生产车间一般由四个部分组成（图1-42）：

（1）生产工段，是加工产品的主体部分；

（2）辅助工段，是为生产工段服务的部分；

（3）库房部分，是存放原料、材料、半成品、成品的地方；

（4）行政办公及生活用房。

每一幢厂房不一定都包括以上四个部分，其组成应根据生产的性质、规模、总平面布置等实际情况来确定。

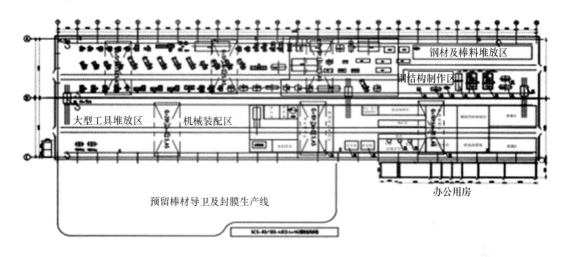

图1-42　工业厂房的组成

1.3.3　构件的组成及作用

1.3.3.1　承重结构

单层厂房的承重结构基本上可以分为承重墙结构和骨架结构两类。当厂房的跨度、高度及吊车吨位较小时（$Q<5t$），可以采用承重墙结构。目前，大多数厂房跨度大、高度较高，吊车吨位也大，所以常用排架承重结构。在这种结构中，我国广泛采用横向排架结构（图1-43），其承重构件包括：

（1）横向排架是由基础、柱、屋架（或屋架梁）组成，起承受屋顶、天窗、外墙及吊车等荷载作用。

（2）纵向连系构件是由基础梁、连系梁、圈梁、吊车梁等组成。纵向连系构件与横向排架构成厂房的骨架，保证厂房的整体性和稳定性；纵向构件承担作用在山墙上的风荷载及吊车纵向制动力，并将这些荷载传递给柱子。

（3）支撑系统：包括屋架支撑、柱间支撑、天窗架支撑等，其作用是，加强厂房的稳定性和整体性。

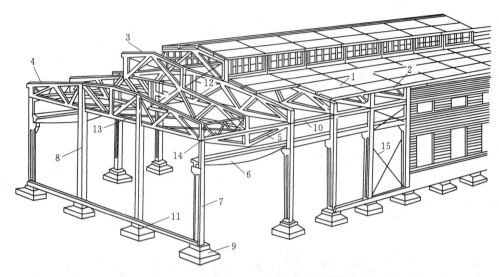

图 1-43　单层厂房构件组成示意图

1—屋面板；2—天构架；3—天窗架；4—屋架；5—托架；6—吊车梁；7—排架柱；8—抗风柱；9—基础；
10—连系梁；11—基础梁；12—天窗架垂直支撑；13—屋架下弦横向水平支撑；
14—屋架端部垂直支撑；15—柱间支撑

　　钢结构排架、钢或钢筋混凝土钢架结构的厂房等与装配式钢筋混凝土排架厂房的组成基本相同。

1.3.3.2　围护结构

　　单层厂房和外围护结构包括外墙，与外墙连在一起的抗风柱、圈梁、屋顶、地面、门窗、天窗等。

1.3.3.3　其他结构

　　如散水、地沟、坡道、吊车梯、室外消防梯、作业梯、检修梯、内部隔断等。

2 工业厂房设计流程

2.1 工业厂房建筑类型

本节以钢铁冶金联合企业为例，介绍工业项目中的建筑类型。

2.1.1 按工艺系统分类

（1）采矿和选矿：地下矿井、井下带式运输系统、焙烧厂房（排雾天窗）及辅助建构筑物（图2-1，图2-2）。

图2-1 露天转井下改造工程

图2-2 新疆关宝山选矿厂工程

（2）综合原料场：带式输送机通廊、转运站、贮煤槽及料场等建构筑物（图2-3，图2-4）。

（3）焦化：焦炉炉体、煤气净化系统（防爆防毒——泄爆及通风）、干熄焦系统等建构筑物（图2-5）。

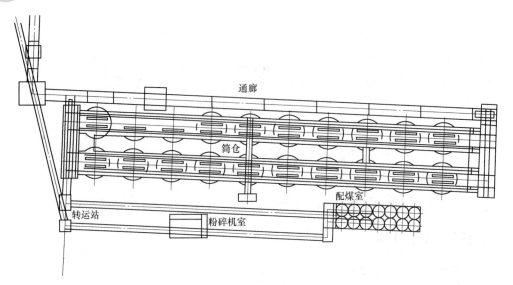

图 2-3 鞍钢化工储煤筒仓平面图

图 2-4 鞍钢化工储煤筒仓立面图

图 2-5 鞍钢化工干熄焦工程及大型化工球罐制造安装工程

（4）烧结和球团：烧结冷却系统、球团焙烧和风流系统、喷煤系统等建构筑物（防爆）（图 2-6）。

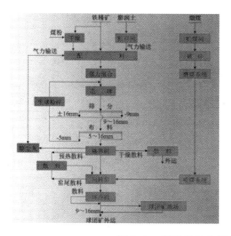

图 2-6 球团矿生产线及大型链算机回转窑厂房

（5）炼铁：高炉系统（散热）（图 2-7）。

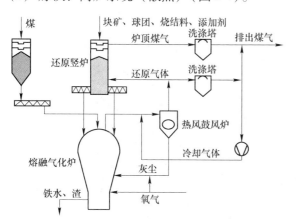

图 2-7 高炉炼铁生产线及炼铁厂一角

（6）炼钢：转炉、电炉系统（结构层以及辅助房间隔热）（图 2-8）。

图 2-8 鲅鱼圈钢铁基地 4038m³ 高炉

（7）热轧及热加工：热轧生产线（隔热防护措施、通风天窗）（图2-9）。

图2-9　鞍钢鲅鱼圈宽厚板生产线工程

（8）冷轧及冷加工：冷轧生产线（通风采光天窗）（图2-10）。

图2-10　1700ASP生产线

（9）金属加工与检化验：可燃气体检化验室应做防爆设计（图2-11）。

图2-11　电气室及变压器室

（10）液压润滑系统：地下建筑居多，地上建筑生产类别较高，注意通风。

（11）助燃气体和燃气、燃油系统：典型建筑——煤气加压站（泄压设计）（图2-12）。

（12）其他辅助设施：各类泵站等。

图2-12　冷却塔（左）及煤气罐（右）

2.1.2　按车间工艺流程分类

本节以机械加工厂为例介绍工艺流程。

（1）铸造车间：生产工艺方法主要是利用液体金属注入铸型中而获得铸件，为机械加工部门提供毛坯。铸造车间在生产过程中产生高温、高粉尘、高噪声和有害气体；各生产工段间的生产连贯性强；车间物料周转量大、运输频繁、内部机械化运输复杂；特殊构筑物多，有各种平台、支架、地沟、地坑及管道等。工艺流程如图2-13所示。

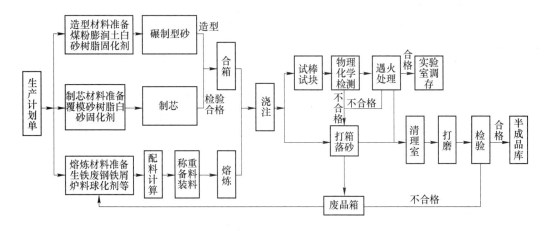

图2-13　铸造车间工艺流程

（2）锻造车间：一般是将金属材料加热，然后放在锻造设备上施加外力（打击或加压），使它塑性变形而得到所要求的形状和尺寸的工件（图2-14）。

图2-14　鞍钢冷轧4号生产线

（3）金工装配车间：通过各种机床设备对金属材料、铸件、锻件等进行机械加工与装配，制成生产纲领中所规定的各种产品（图2-15）。

图2-15　西安三角航空实验基地及航模构件展示

（4）电镀车间：一般包括两种生产工艺，一种是采用电化学方法，在金属零件的表面沉积一层薄薄的防护性或装饰防护两用的，以及耐磨等特殊用途的金属镀层——电镀；另一种是采用化学处理的方法，将金属零件浸在化学溶液中，形成一种化学膜来保护金属和增加表面美观，如金属的氧化、发蓝、钝化和磷化等（图2-16，图2-17）。

图 2-16 不锈钢摆件（左）及电子控制设备（右）

图 2-17 电镀汽车轮毂及电气设备（右）室

2.1.3 其他建构筑物

各类工业建构筑物如图 2-18~图 2-22 所示。

图 2-18 脱硫脱硝厂房

图 2-19　水泥厂（左）及冷却塔（右）

图 2-20　酒钢焦炉煤气-塔式脱硫（左）及鞍钢灵山料场（右）

图 2-21　鞍钢鲅鱼圈炼钢主厂房（左）及大连红沿河核电站一期 3 号常规岛钢结构制作、安装工程（右）

图 2-22　西大沟污水处理厂（左）及鲅鱼圈拱形架空通廊（右）

2.2 工业项目的建设流程

工业建设项目是一个比较特殊的建设项目，它的建设要求是从后往前的前瞻性建设。工业建设项目是为生产服务的，需要跟生产工艺进行对接，因此，项目建设流程要依据工业生产特性和工艺流程来制订。

一般工业项目建设的流程为：

（1）明确设计内容。当我们跟客户确定设计合作后，我们的市场人员及设计人员跟客户沟通，了解设计的内容及工业设计所应实现的目标。

（2）设计调研。设计调研是设计师设计展开中的必备步骤，此过程使工业设计师必须了解最新的工艺生产线流程及相关技术、设备、材料、产品的市场状况。这些都是设计定位和设计创造的依据。

（3）工业项目建设审批（图 2-23）。

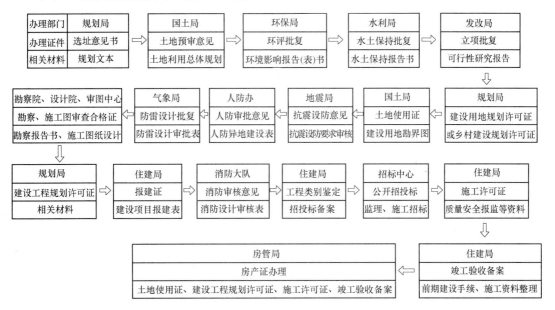

图 2-23 工业项目建设审批办理流程图

设计部门协助甲方办理工业项目建设审批流程的关键在于工业项目的申报阶段。主要工作流程包括：

1）立项：立项是一个项目开始的基础，需要撰写项目可行性报告。

2）规划选址：向规划部门申请规划建设用地，撰写选址规划建议书，内容包括可行性报告，规划设计总平面图，选址规划图等。

3）环境影响评估报告：环境影响评价报告分为环境影响评价报告表和环境影响评价报告书两种，根据规模不同区分。

4）土地招拍挂流程：是土地招标、拍卖、挂牌的简称。经过这一过程，建设方会拿到土地使用权，并委托地质勘探院进行地质勘探，编制地质报告，出总平面图。

5）土地红线勘察定界（三维地理信息）：确定用地范围。

6）能评、水评、震评、安评、雷评：各专项评价报告根据当地要求以及项目所属行业要求进行。

（4）工业项目的筹建阶段。筹建阶段的重点工作主要包括方案设计、施工图设计和图纸审核、施工建设。

工业厂房是一类有着严格的功能和空间特征的建筑类型。工业厂房在建设设计之初就应该充分了解生产工艺的特点，生产设备对空间环境的要求。因此，方案设计的重点便是紧密结合生产工艺以及其他部分的要求。

设计工作流程为：

1）规划阶段：研究熟悉红线图，了解周边建筑情况和环境。

2）方案阶段：方案草图、结构选型、设备系统、估算造价、组织方案审定或评选、写出定案结论，绘制报建方案。

3）初步设计：初步完成专业间配合、细化方案设计；编制初步设计文件、配合建设单位办理相关的报批手续。初步设计的内容：设计说明书、设计图纸、主要设备材料表和工程概算。

4）施工图设计：建筑、结构、给排水、通风、采暖、电气等专业的设计图纸，建筑节能、结构及设备计算书。

（5）竣工生产阶段。项目综合验收，投入生产。

2.3　工业项目的设计流程

2.3.1　设计阶段的划分

通常认为，建筑是建筑物和构筑物的总称。其中供人们生产、生活或进行其他活动的房屋或场所都叫做"建筑物"，人们习惯上也称之为建筑，如住宅、学校、办公楼等；而人们不在其中生产、生活的建筑，称为"构筑物"，如水坝、烟囱等。

建筑工程设计是指建筑物在建造之前，设计者按照建设任务，把施工过程和使用过程中所存在的或可能发生的问题，事先作好通盘的设想，拟定好解决这些问题的办法、方案，用图纸和文件表达出来，作为备料、施工组织工作和各工种在制作、建造工作中互相配合协作的共同依据，便于整个工程得以在预定的投资限额范围内，按照周密考虑的预定方案，统一步调，顺利进行，并使建成的建筑物充分满足使用者和社会所期望的各种要求。为了使建筑设计顺利进行，少走弯路，少出差错，取得良好的成果，通过长期的实践，建筑设计者创造、积累了一整套科学的方法和手段。基本的设计程序一般分为以下几个工作阶段：

（1）方案设计。建筑方案设计是建筑设计中最为关键的一个环节。它是每一项建筑设计从无到有、去粗取精、去伪存真、由表及里的具体化、形象化的表现过程，是一个集工程性、艺术性和经济性于一体的创造性过程。

（2）初步设计。各专业对方案或重大技术问题的解决方案进行综合技术经济分析，论证技术上的适用性、可靠性和经济上的合理性。

（3）技术设计。指重大项目和特殊项目为进一步解决某些具体的技术问题，或确定某些技术方案而进行的设计。一般工程通常将技术设计的一部分工作纳入初步设计阶段，称为扩大初步设计，简称"扩初"；另一部分工作则留待施工图设计阶段进行。

（4）施工图设计。施工图设计是建筑设计的最后阶段。它的主要任务是满足施工要求，即在初步设计或技术设计的基础上，综合建筑、结构、设备各专业，相互交底，核实校对，深入了解材料供应、施工技术、设备等条件，把对工程施工的各项具体要求反映在图纸上，做到整套图纸齐全、准确。施工图设计的主要内容包括：确定全部工程尺寸和用料，绘制建筑、结构、设备等全部施工图纸，编制工程说明书、结构计算书和预算书等。

2.3.2 各设计阶段的工作内容

建筑工程一般分为方案设计、扩大初步设计、施工图设计和施工配合四个阶段。设计工序为：编制各阶段设计文件、配合施工和参加验收、工程总结。对于技术要求简单的建筑工程，经有关主管部门同意，并且合同中有不做初步设计的约定，可在方案设计审批后直接进入施工图设计。

各阶段设计工作的依据、应解决的问题及工作的主要内容见表2-1。

表 2-1 建筑工程设计不同阶段工作

设计阶段	设计依据	应解决的问题	主要内容
方案设计	1. 项目可行性研究报告； 2. 政府有关主管部门对立项报告的批文； 3. 设计任务书； 4. 相关法律法规	满足环境的设计条件，把功能的合理布局与设计，符合技术的基本要求，创造愉悦的空间形式，符合相应的法规规范	1. 透视图； 2. 设计说明书（各专业）； 3. 总图、建筑设计图纸； 4. 模型（根据需要）； 5. 概念方案均应编制工程造价匡算，建筑方案应编制工程造价估算
初步设计	1. 经审定的方案设计； 2. 设计任务书； 3. 相关法律法规	各专业对方案或重大技术问题的解决方案进行综合技术经济分析	1. 设计说明书（各专业）； 2. 设计图纸（各专业）； 3. 主要设备、材料表； 4. 工程概算
施工图设计	1. 经审定的初步设计； 2. 设计任务书； 3. 相关法律法规；	着重解决施工中的技术措施、工艺做法、用料等，为施工安装、工程预算、设备和配件的安放、制作等提供完整的图纸依据	1. 合同要求所涉及的所有专业的设计图纸（含图纸目录、说明和必要的设备、材料表）； 2. 合同要求的工程预算书（工程预算书不是施工图设计文件必须包括的内容）
施工图配合	1. 施工图设计文件； 2. 交底记录单； 3. 建设方、施工单位、监理以及设计单位在施工过程中发现和提出的需作设计变更的问题	从设计交底起至竣工验收的全过程，包括施工配合、技术处理等。常见问题包括： 1. 建设方的功能调整、使用标准变化、用料及设备选型更改等要求； 2. 施工单位和监理提出的由于施工质量、施工困难等需要处理的问题； 3. 发现原设计错误等问题	1. 图纸会审、技术交底； 2. 设计变更和设计洽商； 3. 设计技术咨询； 4. 材料样板确认； 5. 参加隐蔽工程和阶段性验收； 6. 工程竣工验收

2.3.3 名词解释

（1）设计周期。根据有关设计深度和设计质量标准所规定的各项基本要求完成设计文件所需要的时间，称为设计周期。设计周期是工程项目建设总周期的一部分。根据有关建筑工程设计法规、基本建设程序及有关规定和建筑工程设计文件深度的规定制定设计周期定额。设计周期定额考虑了各项设计任务一般需要投入的力量。对于技术上复杂而又缺乏设计经验的重要工程，经主管部门批准，在初步设计审批后，可以增加技术设计阶段。技术设计阶段的设计周期根据工程特点具体议定。设计周期定额一般划分方案设计、初步设计、施工图设计三个阶段，每个阶段的周期可在总设计周期的控制范围内进行调整。

由于设计市场竞争激烈，有的单位为了承接设计任务，不得不压缩设计周期。设计周期过短，容易造成图纸质量低、设计深度不够，对各方都不利。应根据建设工程总进度目标对设计周期的要求、《民用建筑设计劳动定额》（2000版）、类似工程项目的设计进度、工程项目的技术先进程度等，确定科学合理的设计周期，才能确保设计的质量和水平。

（2）项目建议书。项目建议书是对拟建项目的一个总体轮廓设想，是根据国家国民经济和社会发展长期规划、行业规划和地区规划，以及国家产业政策，经过调查研究、市场预测及技术分析，着重从客观上对项目建设的必要性做出分析，并初步分析项目建设的可能性。其作用为：

1）项目建议书是国家挑选项目的依据。国家对项目尤其是大中型项目的比选和初步确定是通过审批项目建议书来进行的。项目建议书的审批过程实际就是国家对新提议的众多项目进行比较筛选、综合平衡的过程。项目建议书经批准后，项目才能列入国家长远计划。

2）经批准的项目建议书，是编制可行性研究报告和作为拟建项目立项的依据。

3）涉及利用外资的项目，在项目建议书批准后，方可对外开展工作。

（3）可行性研究。可行性研究是指在投资决策前，对与项目有关的资源、技术、市场、经济、社会等各方面进行全面的分析、论证和评价，判断项目在技术上是否可行、经济上是否合理、财务上是否盈利，并对多个可能的备选方案进行择优的科学方法。其目的是使开发项目的决策科学化、程序化，从而提高决策的可靠性，并为开发项目的实施和控制提供参考。

我国从20世纪70年代开始引进可行性研究方法，并在政府的主导下加以推广。1981年，原国家计委明确把可行性研究作为建设前期工作中一个重要的技术经济论证阶段，纳入了基本建设程序。1983年2月，原国家计委正式颁布了（关于建设项目进行可行性研究的试行管理办法）对可行性研究的原则、编制程序、编制内容、审查办法等做了详细的规定，以指导我国的可行性研究工作。其作用为：

1）作为建设项目论证、审查、决策的依据。

2）作为编制设计任务书和初步设计的依据。

3）作为筹集资金，向银行申请贷款的重要依据。

4）作为与项目有关的部门签订合作，协作合同或协议的依据。

5）作为引进技术，进口设备和对外谈判的依据。

6）作为环境部门审查项目对环境影响的依据。

（4）项目立项（立项批准）。这是建设项目在决策阶段中最后一个环节，是项目决策的标志。经过对项目建设上的必要性、协调性，技术上的可行性、先进性，经济上的合理性、效益性进行详尽地科学论证，投资决策者认为可行，决定项目上马，而拟报请国家计划部门列入基本建设计划的建设项目。

（5）设计任务书。设计任务书是业主对工程项目设计提出的要求，是工程设计的主要依据。进行可行性研究的工程项目，可以用批准的可行性研究报告代替设计任务书。设计任务书一般应包括以下几方面内容：

1）设计项目名称、建设地点。

2）批准设计项目的文号、协议书文号及其有关内容。

3）设计项目的用地情况，包括建设用地范围、地形，场地内原有建筑物、构筑物，要求保留的树木及文物古迹的拆除和保留情况等。还应说明场地周围道路及建筑等环境情况。

4）工程所在地区的气象、地理条件、建设场地的工程地质条件。

5）水、电、气、燃料等能源供应情况，公共设施和交通运输条件。

6）用地、环保、卫生、消防、人防、抗震等要求和依据资料。

7）材料供应及施工条件情况。

8）工程设计的规模和项目组成。

9）项目的使用要求或生产工艺要求。

10）项目的设计标准及总投资。

11）建筑造型及建筑室内外装修方面要求。

（6）工程概预算。工程概预算是设计上对工程项目所需全部建设费用计算成果的统称。在设计的不同阶段，其名称、内容各有不同：总体设计时称估算；初步设计时称总概算；技术设计时称修正概算；施工图设计时称预算。

工程概预算的内容：工程概预算的内容包括四方面，即建筑安装工程费，设备工具、器具购置费，工程建设其他费用和预备费。

2.4 各设计阶段的专业间配合

建筑工程设计具有交叉作业、综合协调的特点，任何一个工程，都是各个专业协作的结果。特别是现代建筑，规模大、功能全、技术含量高，设计周期一般都比较紧张。设计中出的问题，不少是由于专业之间交流不够、了解不足而导致的。而建筑设计完成的质量，除了要求设计人员对本专业的各类技术熟练掌握和运用外，很大程度上依赖各专业的配合，配合到位，就会使建成的建筑物从空间到使用上更加舒适、合理、简洁、经济；稍有疏忽遗漏，就可能造成设计缺陷和经济损失。因此，各专业在确定方案时，都应时时考虑工程的整合。一个工程，各专业的协同度越高，它的整体效果就越好。建筑整体设计不仅仅局限于建筑与结构、设备专业的配合，而是同时涵盖了与建筑相关的各个因素，如外部环境、建筑构造、技术、材料、施工等，因此，合作与协同的能力对建筑师来说至关重要。建筑师应发挥其在工程设计中的主导作用，主持好各项建筑工程设计。

要想达到这样的境界,建筑师在设计实践中需要树立工程整合的观念,从被动地接收资料变成主动去和各专业沟通、配合;要养成多角度思考和解决问题的习惯,在实践和积累中提高变通能力和综合能力。建筑师需要掌握各专业的相关知识,熟悉各专业的职责分工、协作与配合,了解哪些修改会对别的专业产生较大的影响,从而避免产生设备管线与结构梁打架、吊顶达不到设计高度或设备无法有效安装等问题。这样在主持工程的时候不仅得心应手,还能拓宽设计思路,最终使设计作品取得更好的效果。

2.4.1　各设计阶段的专业要求

2.4.1.1　方案设计阶段

方案设计阶段的互提资料,主要是为了保证方案的可行性。方案设计过程中,设计主持人应召集各专业负责人介绍并讨论方案设想。建筑专业负责人介绍主要经济技术指标,以及主要建筑的层数、层高和总高度等项指标,功能布局的设计意图,提交平、立、剖面图,必要时辅以透视图和模型。最后,建筑专业把各专业所提供的资料融入最终的方案成果中,各专业编写方案设计说明,经济专业应估算工程造价。

2.4.1.2　初步设计阶段

初步设计阶段的互提资料主要是为了解决工程设计中的技术问题。方案设计经审批定案后,即可安排地质勘探。结构专业应布置勘探点并提出地质勘探要求,各专业均须对确定的方案进一步收集和补充有关资料,如市政资料、设计标准等。建筑专业设计主持人应组织各专业负责人研究审查意见,应提出方案中有必要进行调整的内容。由建筑专业修改后,提出第一版作业图,应包括总图、平、立、剖面图,其中建筑平面图是各专业作业的基础和最根本的依据。另外,应给结构专业提供主要材料的制做方法,给设备专业提供防火分区图,然后各专业平行开展工作。各专业应配合进度互提资料,建筑专业根据各专业提出的设计要求,修改后提出第二版作业图,各专业分别在此基础上绘制初步设计图纸。建筑专业设计主持人还要组织管线综合、专业会签和初步设计说明书的编写。初步设计说明书中,除总说明和各专业设计说明以外,消防设计专篇、节能设计专篇、环保设计专篇、人防设计专篇等,由各专业联合编写。

2.4.1.3　施工图设计阶段

施工图设计阶段,建筑专业首先组织各专业在初步设计(或方案设计)的基础上,通过各专业间的配合,及时提出调整意见,确定各专业需要补充及优化设计的内容。然后建筑专业依据各专业反馈的设计资料,完善作业图(平、立、剖面图等)图纸设计,并提供给各专业。各专业接到资料后,复核设计条件是否满足设计要求。各专业同时也进行施工图设计工作,并将反馈资料分批(次)互提。各专业在配合过程中需要放大、细化详图,给设备管线留洞,以及各专业需要互提部分资料,可在不影响其他专业方案和进度的前提下,根据排定的配合进度表稍晚提出。建筑专业设计主持人还要组织管线综合和专业会签工作。

2.4.2　建筑专业与结构专业的配合

2.4.2.1　方案设计阶段

方案设计阶段,建筑师构思出的建筑平面和立面雏形,首先必须控制好整体建筑的长宽比和高宽比；特别是高层建筑，要满足抗震设计的基本要求，有时单靠结构设计是很难做到的。所以，建筑专业要尽量选择规则对称的平面，最好使地震力作用中心与刚度中心重合，同时注意竖向刚度均匀而连续，避免刚度突变或结构不连续，为结构设计提供便利条件。结构工程师在理解建筑师的设计意图基础上提供专业意见，尽可能满足建筑师的构思，在结构造型、结构布置及抗震方面提供专业意见，为方案的可行性、合理性和可实施性提供保证。结构工程师需要解决的问题是：根据建筑使用功能、平面尺寸、总高度以及抗风抗震要求，确定合适的结构体系和结构类型、合理的柱网尺寸、抗侧力构件的合适位置和大约数量、恰当的层高以及建筑平面是否要设缝分成独立的结构单元，初估基础埋深、可能的基础形式。

2.4.2.2 扩初和施工图设计阶段

（1）扩初和施工图设计阶段，建筑专业与结构专业的配合归纳如下：

±0.000 相对海拔高程、室内外高差、室外是否要填土（涉及基坑开挖深度，地下室露天顶板的标高及荷重计算，结合助测报告，确定抗浮水位）。

同时，当地下室的范围超出一层的轮廓线时，应考虑上面的覆土层厚度满足景观绿化和室外管线的需要，并提请结构工程师考虑相应荷载。当消防车道下面为地下室时，结构应考虑消防车的荷载。

（2）楼层结构标高与建筑标高的相互关系（建筑面层荷重）。

（3）楼层使用功能详细分布、楼层孔洞位置及尺寸（决定楼层结构布置）。

（4）地下室防水做法（防水层材料类别），地下室底板集水坑位置及尺寸。

（5）楼梯编号及其定位尺寸（梯板长度、宽度，以确定楼梯的结构形式）。

（6）电梯底坑深度、消防梯集水坑位置及深度（涉及基础或承台形式）。

（7）自动扶梯平面位置、长度、宽度，起始梯坑平面尺寸及深度（决定其支承条件和衡量楼层净高尺寸）。

（8）地下室斜车道坡长，车道出入口高度（决定坡道的支承条件，出入口处是否需要做反梁）。

（9）电梯门旁或门顶指示灯设置位置及尺寸（决定剪力墙预留孔洞）。

（10）大厨房地面做法（决定结构层降低或采用建筑找平垫高）。

（11）屋面坡度做法（采用结构找坡或是建筑找坡）。

（12）屋面水池平面位置、尺寸及是否设置屋顶绿化（确定合理的支承条件）。

（13）顶棚吊顶做法（全部吊顶或局部吊顶或不吊顶需做平板结构）。

（14）外墙门窗口尺寸及立面做法（确定外围梁高及窗框做法）。

（15）外墙饰面材料（确定围护结构材料品种）。

（16）室内间隔墙布置情况（固定的或是灵活隔断以决定楼面等效荷载）。

（17）如果设擦窗机，擦窗机的型式及对结构的要求。

结构设计应尽可能利用不影响建筑空间灵活性的部位，比如将电梯井道、楼梯间、部分管道井布置为剪力墙，或利用某些特殊造型做成筒或角筒，满足结构抗震要求。

2.5.3 建筑专业与设备专业的配合

建筑专业除提供总平面图、平面图、立面图、剖面图等作业图外，特别要给设备专业提供防火分区图、吊顶平面图以及建筑的使用人数等。建筑中不吊顶的部位，设备专业要根据结构梁板布置图设计烟感和喷洒头。

给水排水、暖通、电气专业应给建筑专业提出设备系统的设想方案，估算设备机房所需面积及高度要求，安排在合理的位置。设备用房一般有给水排水专业的消防水池、水泵房和水处理机房、水箱等；暖通专业的锅炉房、冷冻机房和热交换间；电气专业的高低压配电室、柴油发电机房以及弱电机房及管理中心等，要尽量靠近负荷中心布置。不同工程设备的要求不同，机房和管井的位置和大小由设备专业的工程师提出，经建筑师整合后再与设备工程师协商确定。有些大型设备需设置吊装孔，由于吊装孔会多次开启使用，故不宜放在房间内，以免影响房间的使用。对于建筑内的锅炉房或直燃机房等，暖通专业应提出泄爆井（或泄爆面）的位置和面积要求。

设备用房约占总建筑面积的12%，其中暖通空调专业机房约占总建筑面积的8%，给水排水专业机房约占总建筑面积的2%，电气专业机房约占总建筑面积的2.5%。

设计时需要特别注意：消防水泵房必须设置直通室外的安全出口；柴油发电机房的排烟井必须引至屋顶排出；地下室应有进、排气口或通风窗；变配电室的顶部不允许有厨房、浴室、洗衣房、水池等存在漏水隐患的房间；变配电房、水泵房、柴油发电机房不宜放在较低位置，以免万一发生事故会被水淹；地下设备用房门的防火等级应为甲级并向外开启。

设备专业应给总图专业提供给水排水、热力、电气与市政接口位置、高程，包括主要管道布置、管径以及构筑物（化粪池、隔油池、水表井、水泵接合器、阀门井、管线检修井、室外箱式变压器、储油罐等）的位置，以及上述管道、构筑物的定位尺寸。

2.4.4   结构专业与设备专业的配合

设备专业与结构专业的配合归纳如下：
(1) 设备用房位置、设备外形尺寸及重量（确定楼面荷载及设备吊装井尺寸）。
(2) 楼层厕所形式（决定下凹深度或是否要设双层楼板）。
(3) 大厨房地面做法（决定结构层降低或采用建筑找平垫高）。
(4) 设备管道穿行形式（是否需要横穿楼层梁或剪力墙）。

给水排水、暖通、电气专业应给结构专业提出设备机房位置和高度要求，和要在楼板、剪力墙上开的大洞，以及要在屋顶板或楼板上放置的较重设备等。

设备专业设计是建立在建筑方案和结构方案之上的，水暖、通风、空调、电气照明的管线都要敷设于或穿过建筑墙体和结构构件。而对结构构件而言，不是任何位置都可以留洞的，所以结构设计应为设备专业预留一些合理的位置，并对留洞削弱进行结构补强。框架柱是主要承重构件，断面禁忌削弱，不宜横向穿洞；框架梁不宜在剪力较大的梁端留洞，最好在跨中且在梁高高处留洞，还应进行强度核算。

给水排水专业还应与结构专业配合地下车库及设备用房内的集水坑布置，尽量不影响承台地梁等，如不可避免，需调整承台或地梁顶标高或高度。

建筑物大多需要配避雷系统，如由电气专业另行设置，一方面浪费财力物力，另一方面也影响建筑物美观，所以一般用结构梁柱筋来做避雷系统。具体做法是：由电气专业根据需要指定用围梁主筋焊接成封闭环并与柱主筋焊接，这样就形成了横竖两个方向的避雷网。

2.4.5 给水排水、暖通、电气专业之间的配合

地下室的设备用房、标准层内的设备间和管井是设备和管线集中的地方，往往是各专业"互争"的地盘。综合解决得好，各专业都顺畅；若解决不好，不但管线互相干扰，而且会造成系统不合理的布置，能量无谓的消耗，造成无法弥补的后患。设计时，各专业应反复配合，合理地划分好空间。

设备专业在确定各自的设计方案后，应向有关专业提出相应的技术要求。

给水排水专业和暖通专业应给电气专业提供详细设备的用电量、需要防雷接地和防静电的设备名称（如油气锅炉房、燃气放散管、可燃气体管道等）；给电气专业提供各系统的控制要求。

给水排水专业应给暖通专业提供给水排水专业设备用房对通风、温度有特殊要求的房间位置、参数；由动力专业提供热源时，所需的耗热量；如果热媒为蒸汽，还需要提出凝结水的回水方式；采用气体消防的防护区灭火后的通风换气要求。

暖通专业应给给水排水专业提供暖通机房各用水点、排水点的位置、水量及用途；冷却循环水量、水温、冷冻机台数及控制要求；宽度超过 1.2m 的风管位置、高度（给排水专业需考虑增加消防喷淋系统）；不采暖房间的部位、名称（给排水专业需考虑保温防冻措施）等。

电气专业应给给排水专业提供电气用房的给水排水及消防要求、柴油发电机房用水要求、柴油发电机房外形尺寸、油箱间的布置等。

电气专业应给暖通专业提供柴油发电机房的发热量及排气降温要求；电气发热量较大的房间的设备发热量（如：变配电室、大型计算机主机房等）；有空调的房间照明瓦数（W/m²）。

2.4.6 专业配合进度计划表

不同工程的专业配合工作内容和进度要求不尽相同，专业配合进度计划应由设计主持人组织各专业负责人编排。一般工程的专业配合进度可参考表 2-2，并结合工程情况进行调整（见表 2-2，表 2-3）。

表 2-2 初步设计专业配合进度计划表

| 项目名称： | | 设计号： | | | 设计阶段：初步设计 |

序号	专业配合工作内容	提出专业	接收专业	提交日期	备注
1	专业会	专业负责人	专业负责人	月 日	
2	各专业针对方案返回意见	建筑	各专业	月 日	
3	建筑提供第一版作业图（平、立、剖）、材料做法	建筑	各专业	月 日	1/6 时段[①]
4	设备提供机房、管井的位置、尺寸	给排水、暖通、电气	建筑	月 日	
5	暖通提供冷却塔补水量	暖通	给排水	月 日	

序号	专业配合工作内容	提出专业	接收专业	提交日期		备注
6	结构提供资料	结构	各专业	月	日	结构计算简图
7	建筑提供第二版（正式）作业图（平、立、剖）、防火分区图	建筑	各专业	月	日	1/2 时段
8	给水排水、暖通给电气提供资料	给排水、暖通	电气	月	日	
9	各专业互提资料	各专业	各专业	月	日	
10	管线综合	各专业	各专业	月	日	
11	总图②给各专业提供总平面图	总图	各专业	月	日	
12	各专业提交初步设计说明文件及图纸目录	各专业	设计总专业	月	日	
13	给总图设计返提管线平面图	各专业	总图	月	日	
14	个人脱手、校对	各专业	各专业	月	日	
15	专业会审	各专业	各专业	月	日	
16	审核、审定	各专业	各专业	月	日	
17	会签、晒图交付图纸	各专业	设计总工程师	月	日	
18	给经济专业提供初步设计图纸一套及初步设计说明一份	项目经理	建设方经济专业	月	日	
19	给甲方提供概算书	经济专业项目经理	建设方	月	日	

设计文件深度按照中华人民共和国住房和城乡建设部《建筑工程设计文件编制深度规定》（2016 年版）执行

①时段——从设计开始到个人脱手之前的设计时间。

②"总图"即指总图设计专业。

表 2-3　施工图专业配合进度计划表附表

项目名称：　　　　　　　　　　设计号：　　　　　　　　　设计阶段：施工图

序号	专业配合工作内容	提出专业	接收专业	提交日期		备注
1	工种会	专业负责人	专业负责人	月	日	
2	各专业针对方案返回意见	建筑	各专业	月	日	1/6 时段
3	建筑提供第一版作业图（平、立、剖）、材料做法	水、暖、电	建筑	月	日	
4	设备提供机房、管井的位置、尺寸	结构	各专业	月	日	结构计算简图
5	暖通提供冷却塔补水量	各专业	各专业	月	日	
6	结构提供资料	建筑	各专业	月	日	1/2 时段①
7	建筑提供第二版（正式）作业图（平、立、剖）、防火分区图	水、暖	电	月	日	
8	给水排水、暖通给电气提供资料	水、暖、电	结构	月	日	
9	各专业互提资料	建筑	各专业	月	日	
10	管线综合	暖通	电气	月	日	
11	总图给各专业提供总平面图	结构	各专业	月	日	

序号	专业配合工作内容	提出专业	接收专业	提交日期	备注
12	各专业提交初步设计说明文件及图纸目录	建筑	各专业	月　日	
13	给总图设计返提管线平面图	各专业	各专业	月　日	
14	个人脱手、校对	水、暖、电	结构	月　日	
15	专业会审	建筑	各专业	月　日	3/4时段
16	审核、审定	各专业	各专业	月　日	
17	会签、晒图 交付图纸	各专业	各专业	月　日	
18	给经济专业提供初步设计图纸一套及初步设计说明一份	各专业	各专业	月　日	
19	给甲方提供概算书	各专业	设总	月　日	
		项目经理	建设方		

设计文件深度按照中华人民共和国住房和城乡建设部《建筑工程设计文件编制深度规定》（2016年版）执行

①时段——从设计开始到个人脱手之前的设计时间。

2.5　工业厂房建筑设计

A　工业厂房建筑设计的要求

工业厂房建筑设计应满足如下要求：

（1）满足生产工艺的要求。

生产工艺是工业建筑设计的主要依据，生产工艺对建筑提出的要求就是建筑使用功能上的要求，因此，建筑设计在建筑平面形状、建筑面积、柱距、跨度、剖面形式、厂房高度及结构方式和构造等方面，必须满足生产工艺的要求。同时，建筑设计还要满足厂房所需的机器设备安装、操作、运行、检修等方面的要求。

（2）满足建筑技术的要求。

1）工业建筑的坚固性及耐久性应符合建筑的使用年限。

2）建筑设计应使厂房具有较大的通用性和改建扩建的可能性。

3）应严格遵守《厂房建筑模数协调标准》及《建筑模数协调统一标准》的规定。

（3）满足建筑经济的要求。

1）在不影响卫生、防火及室内环境要求的条件下，将若干个车间合并成联合厂房，对现代化连续生产极为有利。

2）建筑的层数是影响建筑经济性的重要因素。

3）在满足生产要求的前提下，设法缩小建筑体积，充分利用建筑空间。

4）在不影响厂房的坚固、耐久、生产操作、使用要求和施工速度的前提下，应尽量降低材料的消耗，从而减轻构件的自重，降低建筑造价。

5）设计方案应便于采用先进的、配套的结构体系及工业化施工方法。

（4）满足卫生及安全需要。

1）应有与厂房所需采光等级相适应的采光条件，应有与室内生产状况及气候条件相适应的通风措施。

2）排除生产余热、废气，提供正常的卫生、工作环境。

3）对散发出的有害气体、有害辐射、严重噪声等应采取净化、隔离、消声、隔声等。

4）美化室内外环境，注意厂房内部的绿化、垂直绿化及色彩处理。

B 工业厂房建筑设计内容

工业厂房建筑设计的内容包括：平面设计、剖面设计、立面造型设计和建筑节点设计等，本书将在后续章节中详细介绍。

3 工业厂房总平面设计

工厂总平面设计的任务，是在厂址选定后，按其在城市规划中所处的地位，根据生产工艺的要求及所在地区的具体条件，经济合理地综合解决各建筑物、构筑物和各项公用设施在厂区的平面和竖向布置；合理选择厂内外的交通运输系统，布置工程技术管网，并统筹厂区的绿化和美化，从而创建完善的工业建筑群与厂区环境。

工厂总平面设计是一项复杂、综合性的技术工作，它是城市总体布局的有机构成部分，需要各方面的技术人员参加，共同研究讨论，从全局出发，互相配合，分别解决本专业的有关问题。设计是整个工程的灵魂，总体设计是首要部分，因此，在工作中必须密切协作，共同完成总平面设计任务。

3.1 工业厂房选址

工业企业的建立和发展是城市兴起的物质基础，是推动城市发展的积极因素。

在一般城市中，工业用地占城市用地的 20%～35%；而在拥有大型工业企业和工业产值较高的城市中，工业用地的占比高达 50% 以上；有些则是完全随工矿企业的发展形成的城市，如我国的鞍山、大庆等城市。因此，工业企业在城市中的布置，对于城市的结构和布局，城市居民的劳动和生活，都有很大的影响。所以，在布置工厂总平面时，不仅需要考虑本厂布局的合理性，还应注意该厂在城市规划中所处的地位和作用，以及与周围环境的联系和影响等。

3.1.1 工业企业在城市中的配置

工业企业的类别很多，遍及国民经济的各个部门。不同的工业企业，由于生产状况不同，往往对其所在城市中的配置提出不同的要求。而城市规划部门对于某些工业企业，例如散发有害气体、对环境污染严重的企业，又提出了各种限制。这就需要在城市中配置企业、选择工业用地时，对工业企业加以分析归类，以便确定其在城市中的合理布局。

3.1.1.1 影响工业企业在城市中配置的因素

影响工业企业在城市中布局的首要因素，是该企业的生产工艺及其特征。不同部门的工业企业，生产工艺有着很大的差异，对于在城市中的配置有着完全不同的要求。某些企业是以体积大、重量大的材料为原料，要求接近原料产地，如采矿、造纸企业等；有些企业规模大、占地多，需要城市提供比较大的用地，如大型机械制造企业、冶炼企业等；又有些企业生产过程中会散发有害气体或者有爆炸危险，如化工等企业。相反，有些企业要求在洁净环境中生产，对于城市面貌起着积极的作用，甚至可将其布置在城市干道上或广场附近。上述情况说明，只有在深入了解工业企业工艺及其生产特征的基础上，才有可能在城市中合理地配置工业企业。

第二，影响工业企业在城市中配置的因素是企业对城市环境污染的程度。

工业企业按其生产性质，经常伴有污染源，破坏生态平衡，造成公害，危害城市环境。对于这类企业在城市中的配置，必须持慎重态度，防止由于规划不当，酿成后患，危害居民身心健康。工业企业对城市环境的污染，主要来自三个方面：一是生产中排放有害气体和物质，造成大气污染；二是废水中含有毒性物质，造成水质污染；三是生产过程产生噪声，造成声音污染。此外还有放射污染等。对于这些企业，应要求其遵守环境保护法规定，采取措施，对污染源进行处理。同时，在城市规划时，从环境保护方面考虑，按其产生公害的程度，分区布置，设置必要的防护地带。

第三，影响工业企业在城市配置的因素是运输量及其运输方式。

各个企业所采用的运输方式及其运输量对于城市有很大影响，某些企业生产中对周围环境虽然没有污染，但是货运量大或者要求铁路运输，须敷设铁路专用线。若有这类企业布置在城市中或邻近居住区，则繁忙的铁路和公路专用线有可能干扰居民的生活，或对居民人身安全造成威胁。

第四，工业企业用地规模的大小，它也是城市配置工业企业时应考虑的重要因素。

工业企业由于其产品不同、规模不同，其所占面积相差极为悬殊。例如，大型机械制造厂占地百公顷以上，而中小型机械厂用地不过 10 公顷，一个食品厂的面积甚至不到 1 公顷。在目前城市用地紧张的情况下，占地面积很大的企业，即使在生产工艺及卫生安全允许的前提下，布置在市区内甚至近郊区，在一般城市中，也会受到一定限制。

第五，职工的数量。

某些企业是属于劳动密集型企业，生产中不散发有害气体，对于环境没有污染，运输量不大；但是职工人数多，而其中女工往往占很大比重。设计中，如何为这些职工创造方便的上下班交通联系条件，成为确定企业在城市中布局的重要因素。将这类企业布置在市区内的居住区附近，不仅便于解决职工上下班交通问题，而且可以利用城市的公共福利和服务设施，缩短工程管线长度，从而节约企业的基建投资，显示了这种布局的优越性。

3.1.1.2　工业企业在城市中的配置

工业企业在城市中的配置，如上述，有多种影响因素。目前，有的国家在城市规划中，按照企业排放有害物的程度和货运量的大小，将企业明确地分为三个级别，分别布置在城市的三种工业企业用地上。我国虽然没有明文规定企业在城市中配置的级别，但在实践中，大体是这样配置的：

（1）远离城市生活居住区的工业用地——布置排放大量有害物质和大宗货物的企业以及某些特殊的生产企业，如有爆炸危险、火灾危险、生产中应用放射性物质等。这种工业用地与城市居住区之间的防护距离，应根据其生产工艺、生产有害物处理的条件、生产爆炸危险性及火灾危险性确定。这类企业有大型冶金工厂、化工厂、石油加工厂等。

（2）布置在城市边缘的工业用地——布置那些排放有害物数量不多或不排放有害物的企业。但是，这类企业的货运量大，有时要求敷设铁路专用线，如机器制造厂、纺织厂等。这类企业可布置在城市边缘地带或近郊区。

（3）布置在居住区中的工业用地（图 3-1）——布置那些无害或者排放有害物极少、货运量不大（每昼夜单向运输量不超过 40 辆汽车或不超过 5 万吨/年），不要求敷设铁路专用线的企业，如仪表厂、电子工业、钟表厂、印刷厂、服装厂、食品厂等。

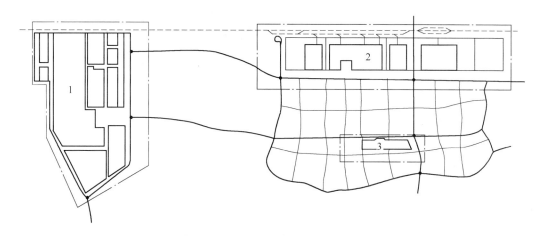

图 3-1　工业企业在城市的配置示意图
1—远离城市生活区的工业用地；2—城市边缘的工业用地；3—生活居住区的工业用地

3.1.2　工业区与工业小区

新中国成立前，我国的工业企业很少，大多是修配工业，自发地建于沿海城市。从第一个五年计划起，我国开始大规模、有计划地建设自己的工业体系。在考虑国民经济发展全国工业布局的基础上，在各地区、各大中城市安排了各种工业区，如动力工业区、电工区、化工区等，集中布置工业企业（图3-2）。

在国外城市规划中，同样采取了有组织的工业区规划方式。例如英国斯提温尼斯城工业区、苏联的工业区、日本的工业团地（图3-3）等，都采取工业企业集中布置的方式。

3.1.2.1　工业区

A　工业区的类型

工业区可按其组合的工业企业性质分类，如冶金工业区、机械工业区、纺织工业区和电子工业区等；也可按企业协作关系分类。若按协作关系分类，则有下列类型：

（1）大型联合企业工业区。这种工业区是将生产过程具有连续性的企业组合在一片用地上。这种组合方式可减少物料运输距离及半成品的预加工设施，利于能源综合利用，如大型钢铁联合企业、纺织联合企业工业区等。

（2）产品协作配套工业区。工业区中，各工业企业之间，在原料、产品以及副产品等方面有密切协作关系，如汽车制造工业区中，除了汽车制造厂外，还包括有发动机厂、电器设备厂、轴承厂、轮胎厂等。

（3）综合利用原料、副产品、"三废"的工业区。工业区中的各个企业，往往以某一主体企业的产品、副产品或"三废"为原料进行综合利用，如以石油为原料进行综合利用

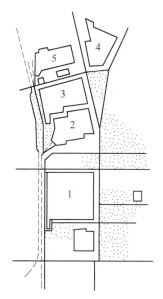

图 3-2　我国某城市工业区
布置实例
1—电机厂；2—锅炉厂；3—汽轮机厂；
4—林业机械厂；5—仓库

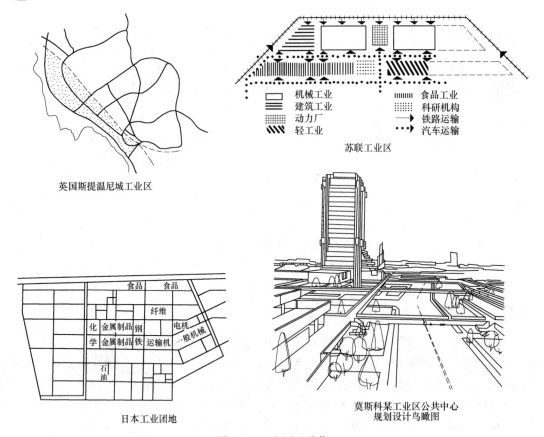

图 3-3 工业厂区示范

生产的工厂，有合成氨厂、合成纤维厂、合成橡胶厂、合成树脂厂等。

（4）经济特区的新兴工业区。这是一种完全新的类型并以国内外协作生产加工和销售为主，大多是引进技术或外资而建立的特殊小区。区内各街区分别建有不同或相同的通用工业厂房及某些配套工程，主要是为外资或合资企业提供现成的生产厂房，供出租或销售，多用于电子仪器、音影器材、家用电器和制装成衣等轻纺工业的生产。它不需要重型机械设备，不占用过多的用地，又能分层在室内生产，自成一家，属于来料加工或装配性质的占绝大多数。

B 工业区的规划原则

工业区的布局，应根据各企业的生产性质、运输、相互联系以及卫生安全等因素综合考虑。生产上需要密切协作的企业应尽可能地靠近布置，以缩短运输距离。企业需要敷设铁路专用线时，更要通盘考虑，力求避免往复的运输。

工业区规划中，要为各个企业共同使用维修、辅助企业，动力设施及存储设施等创造方便条件，以免重复设置，浪费资金。

根据卫生及环境保护的要求，按照企业对环境污染的程度设置卫生防护地带。污染严重的企业须远离居住区，污染轻、危害小的企业可临近居住区。应注意企业之间的交叉污染。对于有防火要求或爆炸危险的企业，必须保证必要的安全距离。

工业区内各企业的布置，要为职工上下班创造方便的条件。职工密集的企业，应靠近居住区。

此外，工业区的布局还需要考虑分期建设的可能性，尽可能紧凑地安排近期建设用地，为发展留下余地，但要严格控制。

C 工业区的布置形式

工业区的布置形式与城市的现状、自然条件及工厂总平面布置的基本要求有密切关系，可概括为下列两种形式：

（1）带状布置（图3-4）。工业区沿公路布置，铁路专用线一般从工业区后侧引入。这样布置可以避免铁路与公路的交叉。居住区与其平行布置，职工上下班方便，可不穿越铁路线，两者平行发展，互不影响。

（2）块状布置（图3-5）。块状布置的工业区中一般布置大型联合企业，各企业之间协作密切，有时伴有比较严重的污染源。

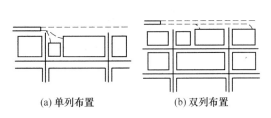

(a) 单列布置　　　　(b) 双列布置

图 3-4　带状工业区

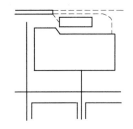

图 3-5　块状工业区布置示意图

3.1.2.2　工业小区

近年来，国外在工业区布置中，发展了工业小区的规划方法。在工业区中，按专业或是跨行业将企业组合成工业组群，即工业小区（工业枢纽）。在小区中，各企业之间密切协作，它们可以有共同的辅助设施、动力供应、仓库、运输设施以及生活福利和办公用房，甚至在主要生产方面也可以协作（例如铸锻中心），从而大幅度地节约工业用地及基建投资。图3-6为一个小区的规划方案，全小区共七个企业，各企业之间在主要生产及辅助生产两方面实现了广泛协作，占地减少了44%，造价降低14.7%，获得了显著的经济效益。

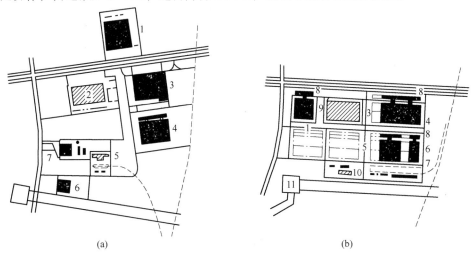

(a)　　　　　　　　　　　　　(b)

图 3-6　工业小区总平面布置

1~7—工业企业；8—生活区；9—食堂；10—锅炉房；11—输电线

　　进行工业小区规划时，首先根据各个企业的生产性质和生产特征进行组合，在此基础上，将小区划分为生产区、辅助区、动力区、仓库区、生活福利设施及科教机构区等。在区划中，应尽量为各企业之间的协作创造条件，不仅在公用辅助设施方面，而且在工艺生产方面，加以综合考虑，以获得最佳的技术经济指标。规划中，要认真分析小区内各企业的运输量及运输方式。当企业需要引进铁路专用线时，小区的布置方式必须结合铁路专用线的引进方式统一考虑，尽量减少难以利用的扇形面积（图3-7）。

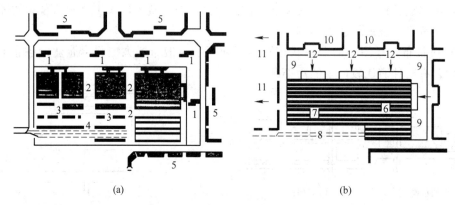

(a)　　　　　　　　　　(b)

图3-7　按功能分区布置的工业小区

1—公共设施中心；2—主要生产企业；3—辅助生产企业；4，8—仓储区；5—居住区
6—主要生产区；7—辅助生产企业区；9—隔离带；10—居住区；11—备用地；12—工厂入口

　　小区内各企业生产的卫生级别是影响工业小区与居住区相对位置的重要因素，应把生产卫生级别低、对环境污染严重的企业，布置在远离居住区的用地上。对人流量大的企业，在卫生规范允许的情况下，则应靠近居住区。

　　某工业小区的布置方案（图3-7），小区按生产性质进行了功能分区，并与居住区有共同的文化福利设施。

　　现代科学技术的飞速发展以及近年来对城市环境保护的普遍重视，促进了企业"三废"处理技术的完善和发展。特别是人们注意到，有相当数量的工业企业的生产对居民不产生有害影响，人们对于生产和生活有了新的要求，促使城市规划中多功能综合区的规划思想有了发展。在国外出现了将工业和居住区配置在一起的"工业-居住综合区"（图3-8）。

图3-8　工业-居住综合区布置
1—居住区共用公共中心；
2—工业备用地；3—公园

　　这种综合区的特点是：居住和工作地点之间以步行交通为主，两者之间距离一般不超过2公里，从而减轻了城市交通负担，为工人上下班创造了方便的条件。工业企业和生活居住区可在动力供应、热力供应等工程管网和道路交通线、建设用地工程准备、生活福利等方面开展协作和统一安排，并建有工业用地和生活居住用地共用的公共中心。

3.2 工业厂区总平面布局

工厂总平面是以国家机关批准的设计任务书、使用单位提供的工艺简图及总平面布置简图为根据进行设计的。

3.2.1 总平面的组成

工业企业的建筑物和构筑物，按其不同的用途可分为：

（1）生产工程项目：自原料加工到成品装配的各主要车间，如备料车间、机加工车间、装配车间等。

（2）辅助工程项目：为生产车间服务的各车间，如机修车间、工具车间、电修车间等。

（3）动力设施：供应生产用的变电站、锅炉房、煤气站、压缩空气站、氧气站、乙炔站等。

（4）仓储工程项目：各种仓库，例如，原料库、成品库、金属材料库、总仓库、燃料化学品库等。

（5）行政管理及生活福利、科教设施：如办公楼、食堂、实验室、医疗站、幼儿园、技工学校等。

由于工业企业的生产工艺及规模有很大的差异，因而各工厂中所包含的工程项目不尽相同。各工厂中需要设置哪些项目，要根据生产的实际需要确定。特别是近年来强调各企业之间的协作，投资高、收效慢的"大而全"工厂的建设越来越少，工厂的生产向专业化发展快，如出现了专门制造铸件的铸造厂，由外厂供应元件的装配厂等。这类工厂建厂速度快、资金回收快，是当前工厂设计中值得注意的动向。这类专业化工厂中，就没必要包括上述的全部工程项目。

3.2.2 厂区的功能分区

在大、中型企业中，工艺流程往往比较复杂，建筑物和构筑物等工程项目比较多，为了使其总体布局合理，常将工程项目按其在全厂中的作用及其生产特征分类按区段布置，即功能分区。

按功能分区，工厂可分为（图3-9）：

（1）生产区：布置主要生产车间，以"全能"的机械制造厂为例，按车间的生产特征又可分为冷加工区和热加工区，在冷加工区布置金工车间和装配车间等，在热加工区布置铸工车间、锻工车间等。

（2）辅助生产区：布置各种辅助车间。

（3）动力区：布置各种动力设施。

（4）仓库区：布置各种类型的仓库和堆场。

（5）厂前区：布置行政管理、生活福利、科教设施。

按功能分区布置总图时，一般是使厂前区与城市街道衔接，职工通过厂前区的主要入口进入厂区。因此，厂前区又是工厂与城市生活居住区的过渡区。厂前区的组成及规模与

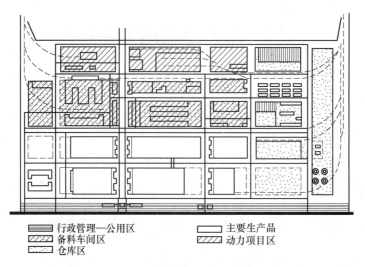

　　　　　行政管理—公用区　　　　　主要生产品
　　　　　备料车间区　　　　　　　动力项目区
　　　　　仓库区

图 3-9　机械制造厂工业分区图

工厂的性质及规模大小有关。厂前区经常是布置成一个条带或占据厂区的一角。

　　在厂前区的侧边或在其后边，布置生产中对于环境不污染或污染轻微的冷加工区。在冷加工区中生产工人数量多，应使其接近厂前区，使工人上下班方便。从卫生方面考虑，这一区段接近居住区也是适当的。辅助生产区内的车间生产特征与冷加工相似，与其他车间联系不紧密，可在厂前区与冷加工区之间或就近布置。

　　与冷加工区相邻，并在其下风向的位置上布置备料区，即热加工区。备料区的车间为冷加工车间提供毛坯料，所以两者应该接近，以缩短工艺路线。机械制造厂的备料车间主要是铸工车间和锻工车间，由于生产中会散发有害物质，其在全厂的位置，也应是下风向的地段上，同时尽可能远离生活居住区。

　　动力区宜设在负荷中心，变电所要靠近用电量大的车间。

　　仓库区一般布置在厂后部分，靠近汽车或火车的入口处，尽可能地缩短运距。

　　近年来，色彩的应用在工业建筑中受到了重视。在工厂的功能分区中，开始应用色彩作为标志，获得了良好的效果。我国某钢铁厂的彩色功能分区图（图 3-10）。在这个厂里，不同的区域，屋顶、外墙（包括内部天花、隔断）以及门窗，分别采用不同的色彩（见表 3-1），目前的趋向是朝多厂联建工业团区和立体化方向发展，宜综合考虑功能分区问题。

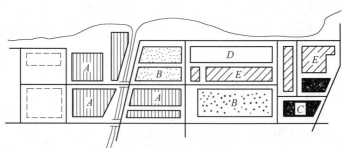

图 3-10　某钢铁厂彩色功能分区

表 3-1　各区厂房的构、配件色彩

分区（符号）	外部		内部（天花、内墙）	钢结构	门窗
	屋顶	外墙			
炼铁区（A）	深蓝灰色	浅灰色	浅灰蓝色	浅蓝绿色	浅蓝绿色
炼钢区（B）	赭红色	浅棕灰色	浅灰蓝色	浅蓝绿色	浅蓝绿色
热轧区（E）	深绿色	浅灰绿色	浅绿色	苹果绿色	浅蓝绿色
冷轧区（D）	普蓝色	淡蓝色	浅蓝色	天蓝色	浅蓝绿色
独立厂房（C）	深红色	米黄色	浅灰绿色	灰绿色	浅蓝绿色

注：位于厂房袋形走道两侧或尽端的生产房间的总面积与总人数均符合一个安全出口的要求。如有不同类型的房间时，应按火灾危险性较大的确定。

3.2.3　总平面布局的原则

为了使总平面布局合理，满足功能及工程技术经济方面的要求，有必要对总平面布置时需要予以解决的诸因素加以分析。在分析的基础上，寻求恰当的解决方法，设计出比较理想的总平面方案。

3.2.3.1　满足工艺流程要求

产品由原料加工为成品的生产过程称工艺流程，一般用工艺流程图表示。工艺流程是总平面设计的原始资料，根据工艺流程可以了解到总平面图中可能有哪些主要生产车间及其相互关系。从图 3-11 中可看出该厂的主要生产车间为铸工、锻工机加工、装配车间以及各种仓库，从箭头的指向了解到部件加工过程中各工序之间的衔接，从而为确定各车间的相互位置提供可靠的依据。

设计总平面时，应保证工艺流程短捷、不交叉、不逆行。生产联系密切的车间尽可能地靠近或集中，以缩短工艺流程的运行线路。

工艺流程在总平面布置中可概括为三种方式（图 3-12）：（a）直线式，（b）环状式，（c）迂回式。在实际工作中，选择哪种为宜，可结合该厂所在地区的具体条件、项目多寡，与工艺设计人员商定。

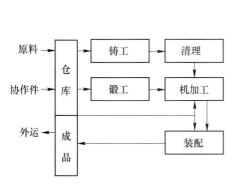

图 3-11　机械制造厂工艺流程示意图

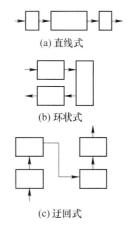

图 3-12　工艺流程在总平面图中的布置方式

3.2.3.2　合理地组织货流和人流

货流是指物料以原料形式运进工厂再以成品形式运出厂，在厂内运行的路线。人流则是指职工上下班的交通路线。货流和人流的含义中都包含着量和方向两个要素。合理地组织货流和人流，对于保证企业生产按工艺流程的顺序有节奏地进行、保证工人安全方便地到达工作地点起着重要作用，是分析总平面布置是否合理的重要指标。

在总平面布置中确定各个车间相对位置时，应使货流和人流路线短捷，避免或尽量减少人流与货流的交叉，保证通畅与安全。在分析总平面布置是否合理时，经常借助于人流和货流路线分析图。图 3-13 为某机械制造厂人流、货流路线分析图。

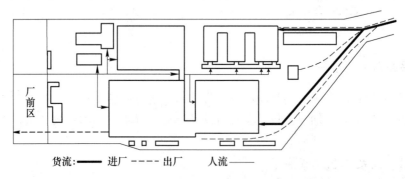

货流：—— 进厂 ---- 出厂　　人流 ——

图 3-13　某机械制造厂人流、货流路线分析图

当厂区运输以铁路运输为主时，人流和货流的流动方向最好相向平行布置（图 3-13），以避免交叉。如果在总平面布置中，两者不能避免交叉时，在货流不大、人流较少的情况下，其交叉口可在同一平面内；反之，则应考虑设置立体交叉口，用跨线桥或隧道解决交叉问题。

在货运量不大的工厂中，有时货流和人流共同使用一个工厂出入口。在此情况下，工厂的总体布局应尽量使人流、货流分开，尽可能地减少交叉和并行。图 3-14 所示为人、货流共同使用一个出入口处理得比较成功的一个实例。

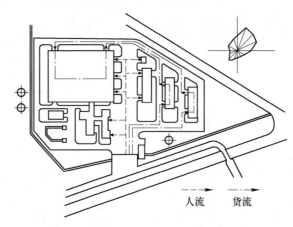

人流　　货流

图 3-14　某织布厂人流、货流路线分析图

合理组织人、货流路线的关键，在于正确选择人流和货流入口的位置。一般工厂的主

要出入口布置在厂前区，面向工人居住区或城市的主要干道，是人流路线的主要进出口，这样布置可使工人上下班路线短、方便。职工数量大的车间应靠近主要出入口。当大中型工厂职工数量多、居住区分散时，可设次要出入口。次要出入口与主要出入口的距离，一般以400~500米为宜。货流入口大多布置在厂后邻近仓库区，使物料入厂、成品出厂都很方便。人货流也可避免交叉。

车间生活间位置与人流组织有着密切的联系，因为工人上下班首先经过生活间存取衣服或淋浴等。生活间的位置宜根据人流路线布置在工厂干道附近，如为合用生活间时，应位于工人数量大的车间靠近主要出入口处。

3.2.3.3 节约用地

我国人口多，可耕地面积少，节约用地就更有深远的战略意义。节约用地，对于工业企业本身也带来了直接的经济效益。工厂总平面布置紧凑，可以减少各种线路和围墙长度，减少场地绿化面积，因而相应地减少了基本建设投资。

为了节约用地，在总平面设计中可采取下列措施：

（1）建筑外形规整简洁，并使其面积大小、形状与厂内道路网形成的地块取得一致。建筑物平面形状不必要的曲折复杂，必然在其周围出现一些零星不便于利用的地块。

当工厂内建筑物数量比较多时，常利用纵横的道路网把厂区分成一个个的区段。在区段上布置与其形状大小相一致的建筑物。这样就可避免在建筑物周围出现不易利用的空地和曲折的道路（图3-15）。因此，在任何情况下，都不能过分强调功能分区和区段规整，扩大建设用地，而是在满足这类要求的同时最大可能地节约用地。

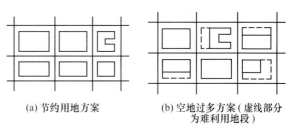

(a) 节约用地方案   (b) 空地过多方案（虚线部分为难利用地段）

图3-15 厂内区段上建筑物与道路的关系

（2）恰当地确定建筑物、构筑物的间距。

厂内建筑物的间距是根据卫生、防火、工程管网布置以及建筑空间处理的要求确定的。管网布置涉及数个专业，设计时，各有关人员须要相互配合，综合研究确定。建筑空间处理对间距的要求与工厂的规模、道路两侧建筑的高度、道路的主次以及通风等要求有关。一般不宜过分追求街道的壮观而增大间距。建筑间距的具体尺寸可参考表3-2。

表3-2 厂房道路两侧建筑间距（以机械制造厂为例）

工厂面积/hm²	干道路两侧建筑间距/m	一般道路两侧建筑间距/m
<10	18~27	12~24
10~30	21~33	15~27
31~50	27~39	18~30
51~100	33~54	21~36

当车间有铁路引进线时，引进线的布置方式对建筑间距影响很大。炎热地区平行布置的热车间之间的距离应考虑自然通风，以免形成过窄的巷道。

（3）厂房合并。

　　厂房合并可使生产流程短捷，缩短道路和管线长度，有效地节约用地。因此，应力求改进工艺，在卫生安全许可条件下，将这些厂房合并在一起。

　　如某电器厂，由于将厂区内主要车间、辅助车间及行政管理、生活用房均按生产工艺、防火等要求，最大限度地进行了合并（图3-16），因而使厂区占地大为缩减，由合并前占地15.7公顷降低到7.4公顷，减少了53%，建筑系数由29%提高到60%，获得显著的经济效果。

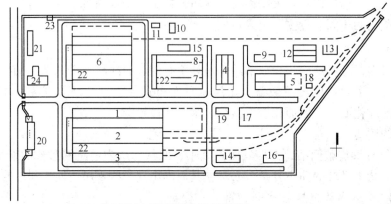

(a) 某电器厂合并厂房前全厂总平面图

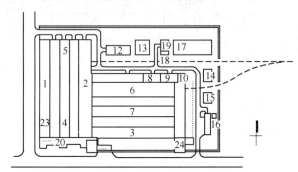

(b) 合并厂房后全厂总平面图

图3-16　某电器厂厂房合并实例

1—线圈绝缘车间；2—装配车间；3—铁芯车间；4—卷管车间；5—总仓库；6—焊接车间；
7—机械加工车间；8—电镀车间；9—锻工车间；10—压缩空气站；11—乙炔站；12—木工车间；
13—木材堆放场；14—瓷件堆放场；15—铸件堆放场；16—易燃材料库；17—地上油库；18—油泵房；19—净油站；
20—厂部办公及中央试验室；21—热力系统回水泵房；22—生活间；23—热力系统回水泵房；24—食堂

　　在国外，将全厂主要建筑物合并在一厂房内的布置方式更为普遍。苏联一机床厂（图3-17）主要生产车间和辅助用房都集中合并在主厂房内，主厂房建筑面积达99000m²，全厂建筑空间布局紧凑而有变化，与厂区行政办公、工程技术实验大楼等建筑组成完整的建筑群。

　　（4）增加建筑层数。

　　增加厂房层数是节约用地的另一有效措施。在相同面积条件下，厂房的层数愈多，占地面积越少。因此，当工艺允许和经济合理时，可将厂房建成两层或多层厂房。在用地受限制的条件下，增加建筑层数，更有特殊的意义。如北京某皮鞋厂，原来全部为单层厂

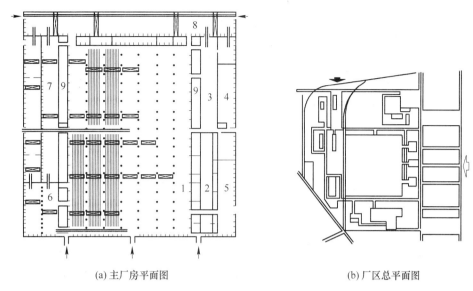

(a) 主厂房平面图　　　　　　　　(b) 厂区总平面图

图 3-17　苏联某机床厂

1—装配车间；2—工具车间；3—备料车间；4—热处理车间；5—机修车间；6—油漆车间；

7—成品库；8—仓库；9—布置辅助生产间及其他用房的插入体

房，占地面积 1.77 公顷，总建筑面积为 11000 多平方米，年产量 110 万双。随着人民生活水平的提高，原来的生产规模已远远不能适应实际的需要。在扩建时，将原来单层厂房全部改建为多层厂房，总建筑面积达 2.5 万平方米，而占地仅 1.62 公顷。

3.2.3.4　满足卫生、安全和防振等要求

工业企业总平面中建筑物和构筑物的布置应遵守国家卫生标准、防火规范等有关规定。

有些企业在生产过程中产生和散发有害物质。为了避免和减少有害物对居住区的影响，总图布置时，必须了解当地的全年主导风向和夏季主导风向的资料。这个资料由当地气象台提供，以风向频率玫瑰图（简称风玫瑰图）表示（图 3-18）。它是根据某一地区多年平均统计的各个方向吹风次数的百分比的数值绘制的。一般多用八个或十六个罗盘方位表示。玫瑰图上所表示的风的吹向，是从外面吹向中心。由于一般是夏季生产条件恶化、开窗生产，故以夏季主导风向作为考虑车间相对

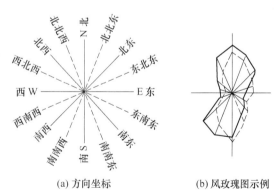

(a) 方向坐标　　　　　(b) 风玫瑰图示例

图 3-18　风向频率玫瑰图

——实线表示全年主导风向；---虚线表示夏季主导风向

位置的依据。居住区布置在上风向，与污染源两者之间保持一定的距离——卫生防护带。

在设计时，应尽量将散发有害气体、污染环境的车间布置在一个区段内，并将这一区段布置在总图中距离居住区较远的地点。在这样形成的卫生防护带内，可布置散发有害物较少的工程项目，如冷加工区与厂前区项目。

为了更好地组织厂房自然通风,当厂房平面为矩形时,应将厂房的纵轴与夏季主导风向垂直或大于 45°角(图 3-20),并与其他平行厂房保持一定间距。当厂房为 U 形或山形时,主导风向应吹向缺口,并与缺口的纵轴平行成 45°角,如图 3-19 所示。建筑物两翼的间距不小于相对建筑物高度之和的一半,但不得小于 15m,以保证车间有比较好的日照。

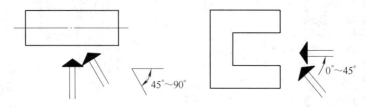

图 3-19   夏季主导风向与矩形 U 形厂房的关系

布置工厂总平面时,还应考虑防火防爆的要求,以保障人民财产和生命安全不受损失。各建筑物和构筑物的布置应符合防火规范的一切有关规定。凡是有明火火源和散发火花的车间,均应布置在易燃材料的堆场、仓库及易发生火灾危险的车间的下风向,并应有一定的防火距离。在厂房的四周应设消防通道。为了节约基建投资,在厂房四周不需设道路时,可保留 ≥6m 的平坦地带,供消防车通行。

精密性生产的车间以及铸工车间的造型工部等都有防振要求,应与振源保持一定的距离,否则会影响产品合格率和精密度。洁净车间还有防尘要求,这类厂房均应远离污染源并位于其上风向。

3.2.3.5 考虑地形和地质条件

总平面设计时,应充分考虑建厂地点的地形条件,以便保证生产运输必要的坡度,合理组织地面雨雪水的排除,减少施工时的土方工程量。

结合地形布置,最基本的方法就是使总平面长轴或建筑物的长边以及铁路线路等与地面的等高线平行(图 3-20)。当工厂建在山坡或丘陵地带时,为了减少土石方工程量,常

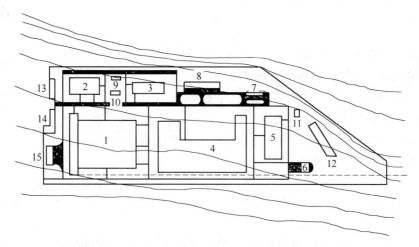

图 3-20   总平面布置与地形结合的举例

1—机工装配车间;2—辅助车间;3—备料车间;4—铸工车间;5—木工车间;6—木材堆场;
7—油料化学品库;8—总仓库;9—氧气乙炔库;10—压缩空气站;11—锅炉房;
12—煤堆;13—食堂;14—办公楼;15—汽车及电瓶车库

图 3-21 台地宽度与坡度的关系

常是顺着等高线把厂区设计成不同标高的台地。在自然地形坡度大的情况下，台地的宽度不宜过大。坡度小时，台地可宽些。随着坡度大小而增减台地的宽度，目的是减少土石方工程量。图 3-21 所示为台地宽度与坡度的关系。

1970 年代初建成的攀枝花钢铁联合企业，工业建筑面积约 60 万平方米，布置在一个面积仅 2 平方千米、高差约 80m 的山域上。建筑物分设在三个大台阶、二十三个小台阶上，建筑系数达 34.1%，比同类同等规模厂占地面积减少三分之二。在陡坡的情况下，建筑物不宜过宽，厂房宜呈狭长形，布置在挖方的地段上，以节约建筑物的基础投资。

我国的传统经验是"小坡筑台"，"大坡筑楼"，可以有效地利用地形拓展空间。在总图设计中也可以引用这一设计手法。

为了便于行驶汽车，道路的坡度要平缓，此时，道路可与阶梯在平面上形成一倾斜角度，如图 3-22 所示，不应相互垂直布置。当地形复杂，不宜采用普通道路时，可采取架空索道或其他机械化运输方式。

此外，在坡地上建设的某些工厂，还可结合工艺流程的特点，借助于原料或加工物料的重力，使工艺流程由高处流向低处。这种布置方式可以用物料的重力下降代替一部分运输工具。属于这种类型的厂有化工厂、选矿厂等。图 3-23 所示为一建在坡地上的农药厂，该厂先

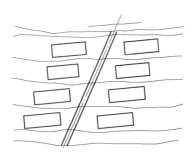

图 3-22 山地建厂的道路布置

将原料苯提升到顶部的原料库，然后借助于物料自重，自流至光化车间与氯液混合，然后再自流至蒸馏车间，经过烘干晾干，成品包装出厂。这种依山就势，利用物料自重而向下流动的总体布局，保证了工艺流程通顺，并减少土石方工程量和垂直运输设备。图 3-24 所示为一锅炉房利用山坡地形将煤块送进锅炉燃烧的实例。

荷载大、有地下设备的厂房，应布置在土壤承载力高和地下水位低的地段上。在地质条件差的地段上，可以布置露天堆场或其他辅助建筑物。有地下室的厂房宜布置在回填的地段上，以便减少开挖和回填的土方量。

3.2.3.6 考虑扩建，为工厂的发展留有余地

随着生产的发展和社会需要的变化，产品的数量和品种必然发生巨大的变化。因此，建厂时就需要为工厂今后的发展留有余地。一般在工厂的建厂纲领中都明确规定该厂远近期的发展规模。当前，为了适应经济建设的发展，老厂的改建也已提到日程上来。为了满足工厂发展的需要，在总图中要预留扩建用地。扩建的方式不同，预留地的位置也不相同。扩建可在旧房的一侧或两侧接建，也可在顶先留出的地段上新建（图 3-25），顶留地的位置应做周密考虑和分析，使其在近期不延长现有厂房之间的运输线路和管线长度，在远期工艺联系方便，扩建时又不影响生产正常进行。图 3-25（a），用于扩建面积小，近期扩建的情况，空地留在拟扩建厂房的端侧：图 3-25（b）适用于远期扩建、规模较大的情况。扩建期更远的情况应在厂外预留整片的空地，而一期工程则集中建设，使其完整紧凑。远期用地可暂不征用（图 3-25c），但侧边预留不够理想，因此有可能被他厂征用。

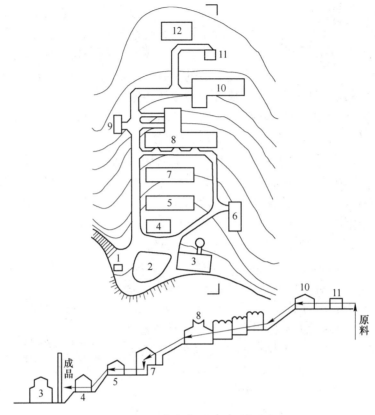

图 3-23 某农药厂总平面布置

1—门房；2—煤场；3—锅炉房；4—苯回收；5—烘干晾干；6—机修；7—蒸馏；
8—光化反应；9—办公区；10—冷却；11—苯库；12—水池

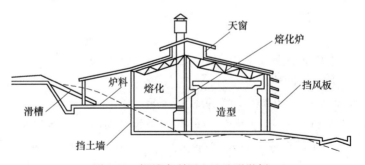

图 3-24 锅炉房利用山地地形举例

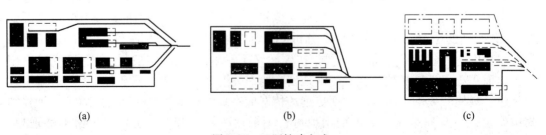

(a)   (b)   (c)

图 3-25 工厂扩建方式

有的国家，工厂扩建采取了增建一个生产系统的方式，即增建一个完整的生产线。用这种方式扩建，远近期的工艺流程是独立的，互不影响，扩建时也不妨碍旧厂的生产。

按独立工艺综合体方式扩建的工厂如图 3-26 所示，每一个独立的工艺综合体是由同一条工艺流程连接起来的成套车间和设备组合而成，它有独立的动力及一切必需的辅助生产和公用设施系统，这使各综合体可单独建造、投产使用。当企业发展需要扩建时，则可按此方式连续增建独立工艺综合体，新旧厂房互不干扰。

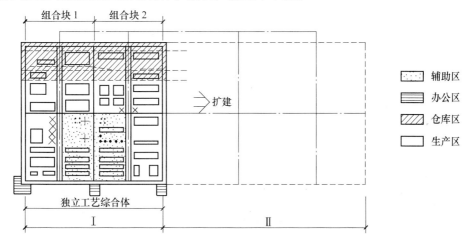

图 3-26 按独立工艺综合体方式进行扩建的工厂示意图

上述六方面是影响工厂总平面布局的重要因素。在考虑上述要求的基础上，组合工厂建筑群时，还应注意建筑空间的艺术处理。工厂不仅是工人辛勤劳动的场所，还是工人上班时活动的场所。生产环境的状况直接影响着他们的心理状态，在某种程度上影响着劳动生产率。同时，工厂建筑群又是城市规划中的重要组成部分，对于建筑质量必须给以应有的重视。在设计中，对于建筑体量，比例造型和建筑处理、组合的空间大小，疏密变化，以及工厂干道、广场的绿化和建筑小品的设计等方面，应运用建筑手法和美学的规律，使其与生产建筑统一起来，并和周围环境谐调，创造一个既有工业建筑特色，又有艺术质量的工业建筑群。

3.2.4 总平面的技术经济指标

总平面的技术经济指标主要用占地面积、建筑系数和厂区利用系数来表示。

工厂性质及规模不同，建筑系数和利用系数各不相同。建筑层数不同，各个系数也会有差异。表 3-3 所示为一些工厂的建筑系数和利用系数，供总平面布置时参考。

表 3-3 工厂的建筑系数和利用系数

指标	重型机械厂	汽车拖拉机厂	多层精密仪器厂	单层纺织厂
建筑系数	27%~35%	23%~30%	35%~40%	35%~45%
利用系数	41%~44%	48%~52%	45%~55%	45%~50%

所谓建筑层数不同也会有差异，主要是指厂内有多层建筑物时，上述 2 个系数理应按其展开面积计算，这样更可体现在某些场地和具体条件下选用多层方案的优越性。

4 冶金类单层工业厂房平面设计

4.1 平面设计与生产工艺的关系

在建筑的平面设计中，工业厂房建筑和民用建筑区别很大。民用建筑的平面设计主要是根据建筑的使用功能由建筑设计人员完成，而工业厂房建筑的平面设计是先由工艺设计人员进行工艺平面设计，结构设计人员提出结构方面的意见，建筑设计人员再在此基础上进行厂房的建筑平面设计。厂房建筑的平面设计必须满足生产工艺的要求。

生产工艺平面图主要包括以下内容：

(1) 根据产品的生产要求确定生产工艺流程的组织。

(2) 生产和起重运输设备的选择和布置。

(3) 厂房面积的大小和不同产品生产工段的划分。

(4) 运输通道的宽度及布置。

(5) 生产工艺对厂房建筑设计的要求，例如，采光、通风、防腐、防爆、防辐射等。

4.1.1 生产工艺流程与平面形式

生产工艺流程的形式有直线式、直线往复式和垂直式三种。各种流程类型的工艺特点及与之相适应的工业建筑平面形式如下（图4-1）：

(1) 直线式。原料由工业建筑一端进入，而成品或半成品由另一端运出（图4-2a）。其特点是工业建筑内部各工段间联系紧密，唯运输线路和工程管线较长。相适应的工业建筑平面形式是矩形平面，可以是单跨，亦可是多跨平行布置。如果是单跨或两跨平行矩形平面，采光通风较易解决；但当工业建筑长宽比过大时，外墙面积过大，对保温隔热不利。这种平面简单规整，适合对保温要求不高或生产工艺流程无法改变的工业建筑，如线材轧钢车间。

(2) 往复式。原料从工业建筑一端进入，产品则由同一端运出（图4-2b~d）。其特点是工序联系紧密，运输线路和工程管线短捷，形状规整，占地面积小；外墙面积较小，对节约材料和保温隔热有利；结构构造简单，造价低。相适应的平面形式是多跨并列的矩形平面，甚至方形平面（图4-2e）。适合于多种生产性质的工业建筑。存在的技术问题是采光通风及屋面排水较复杂。

(3) 垂直式。指原材料从工业建筑一端进入，加工后成品则从横跨的装配一端运出（图4-2f）。其特点是工艺流程紧凑，运输和工程管线较短，相适应的平面形式是L形平面，即出现垂直跨。但纵横跨相接处的结构复杂，经济性较差。

4.1.2 生产状况与工业建筑平面形式

生产状况也影响着工业建筑的平面形式，如热加工车间对工业建筑平面形式的限制最

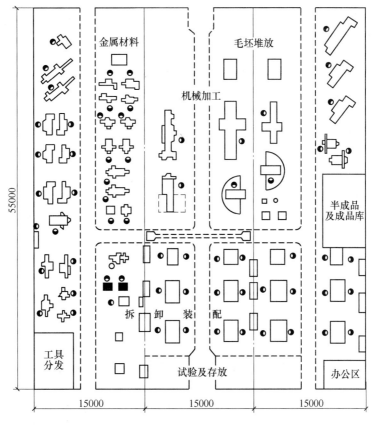

图 4-1　生产工艺平面

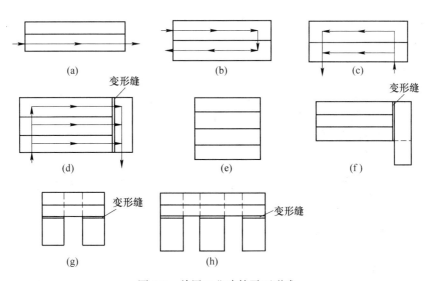

图 4-2　单层工业建筑平面形式

大。热车间（如机械厂的铸钢、铸铁、锻造车间，钢铁厂的轧钢车间等）在生产过程中散发出大量的余热和烟尘，在平面设计中应创造具有良好的自然通风条件。因此，这类工业建筑平面不宜太宽。

为了满足生产工艺的要求，有时要将工业建筑平面设计成L形（图4-2f）、U形（图4-2g）和E形（图4-2h）。这些平面的特点是，有良好的通风、采光、排气、散热和除尘功能，适用于中型以上的热加工工业建筑，如轧钢、铸工、锻造等，以便于排除产生的热量、烟尘和有害气体。在平面布置时，要将纵横跨之间的开口迎向夏季主导风向或与主导风向成0°~45°夹角，以改善通风效果和工作条件。

图4-3是几种平面形式经济比较，可以看出，在面积相同的情况下，矩形、L形平面外围护结构的周长比方形平面长约25%。

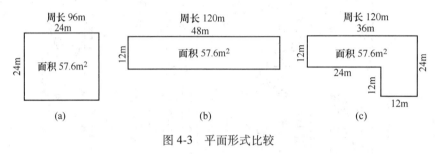

图4-3　平面形式比较

4. 2　平面设计与其中运输设备的关系

在生产中为运送原材料、半成品或成品，检修安装设备，厂房内需设置必要的起重运输设备。其中各种起重机对厂房设计的影响最大，必须有所了解。常用起重机有以下几种：

（1）单轨悬挂式起重机。在厂房的屋架下弦悬挂单轨，起重机装在单轨上，按单轨线路运行或起吊重物。轨道转弯半径不小于2.5m，起重量不大于5t。它操纵方便，布置灵活，但起重幅宽不大（图4-4）。

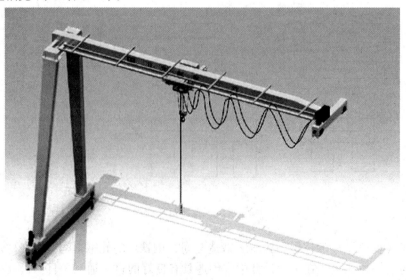

图4-4　单轨悬挂式起重机

（2）梁式起重机。梁式起重机有两种，一种是悬挂式起重机（图4-5a），在屋架下弦悬挂双轨，在双轨下部安装起重机；另一种是支承梁式起重机（图4-5b），在两列柱的牛腿上设起重机梁和轨道，起重机装于轨道上。两种起重机的横梁均可沿轨道纵向运行，梁上电葫芦可横向运行和起吊重物，起重量不超过5t，起重幅面较大。

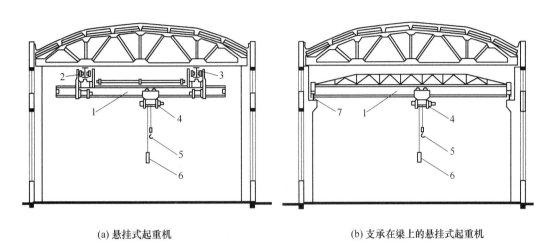

(a) 悬挂式起重机　　　　　　　　　　　　　　　(b) 支承在梁上的悬挂式起重机

图4-5　梁式起重机

1—钢梁；2—运行装置；3—轨道；4—提升装置；5—吊钩；6—操纵开关；7—起重机梁

（3）桥式起重机。桥式起重机的桥架支承在起重机梁的钢轨上，沿厂房纵向运行。起重小车安装在桥架上面的轨道上横向运行，起重量为5~400t甚至更大。司机室设在桥架一端的下方，起重量及起重幅面均较大（图4-6）。

根据工作班时间内的工作时间，桥式起重机的工作制分重级工作制（工作时间>40%）、中级工作制（工作时间>25%~40%）和轻级工作制（工作时间>15%~25%）。设有起重机时，应注意厂房跨度与起重机跨度的关系，使厂房的宽度和高度满足起重机运行的需要，并应在柱间适当位置设置通向起重机司机室的钢梯及平台。当起重机为重级工作制或其他需要时，还应沿起重机梁侧设置安全走道板，以保证检修人员行走的安全。

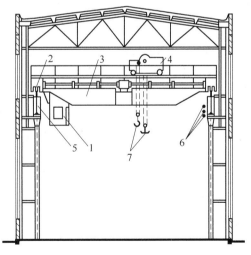

图4-6　桥式起重机

1—起重机司机室；2—起重机轮；3—桥架；
4—起重小车；5—起重机梁；6—电线；7—吊钩

除上述几种起重机形式外，厂房内部根据生产特点的不同，还有各式各样的运输设备，如吊链、辊道、传送带等，此外还有气垫等较新的运输工具。这里就不一一详述了。

4.3   柱网的选择

柱子在工业建筑平面上排列所形成的网格称为柱网。如图 4-7 所示，柱子纵向定位轴线之间的距离称为跨度，横向定位轴线之间的距离称作柱距。柱网尺寸是由跨度和柱距确定的，柱网的选择实际上就是选择工业建筑的跨度和柱距。工艺设计人员在设计中，根据工艺流程和设备布置状况，对跨度和柱距提出初始的要求；建筑设计人员在此基础上，依照建筑及结构的设计标准，最终确定工业建筑的跨度和柱距。

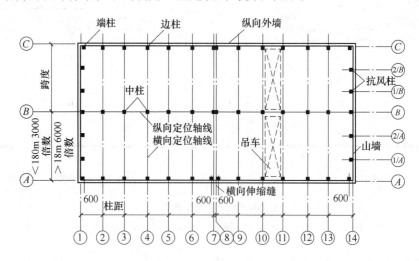

图 4-7   柱网布置示意图

柱网确定的原则是：

（1）满足生产工艺要求。跨度和柱距要满足设备的大小和布置方式、材料和加工件的运输、生产操作和维修等生产工艺所需的空间要求。

（2）平面利用和结构方案经济合理。跨度和柱距的选择要使平面的利用和结构方案达到经济合理。工业建筑由于工艺的要求，常将个别大型设备越跨布置，采用抽柱方案，上部用托架梁承托屋架（图4-8）。根据生产工艺实际情况，适当调整跨度和柱距，达到结构统一，充分利用面积，达到较好的经济效益。

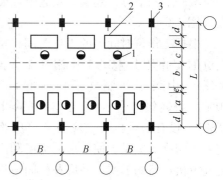

图 4-8   跨度尺寸与工艺布置的关系

1—操作位置；2—生产设备；3—柱子；a—设备宽度或长度；b—通道宽度；c—操作宽度；d—设备与轴线间距；e—安全间距；L—跨度；B—柱距

（3）符合《厂房建筑模数协调标准》（GB/T 50006—2010）的图 5-3-38 跨越布置设备示意要求。

该标准规定，对于钢筋混凝土结构厂房和轻型钢结构厂房，当工业建筑跨度<18m 时，应采用扩大模数 30M 的尺寸系列，即跨度可取 9m、12m、15m。当跨度尺寸 ≥18m 时，按 60M 模数增长，即跨度可取 18m、24m、30m、36m、42m、48m 等。对于普通钢结构厂房，当工业建筑跨

度<30m 时，应采用扩大模数 30M 的尺寸系列；当跨度尺寸≥30m 时，按 60M 模数增长。钢筋混凝土结构厂房柱距采用 60M 数列，即 6m、12m、18m，普通钢结构厂房和轻型钢结构厂房柱距按 15M 模数增长，即 6m、7.5m、9m、12m 等。

（4）扩大柱网及其优越性。现代工业生产的生产工艺、生产设备和运输设备在不断更新变化，且其周期越来越短。为适应这种变化，工业建筑应具有相应的灵活性与通用性，在设计中还应考虑可持续性使用，扩大柱网是途径之一。将柱距由 6m 扩大至 12m、18m 乃至 24m，如采用柱网（跨度 X 柱距）为 12m×12m、15m×12m、18m×12m、24m×12m、18m×18m、24m×24m 等。采用钢结构工业建筑，扩大柱网更易于实现。

有研究成果证明：扩大柱网的主要优点为：

1）可以有效提高工业建筑面积的利用率；

2）有利于大型设备的布置及产品的运输；

3）能提高工业建筑的通用性，适应生产工艺的变更及生产设备的更新；

4）有利于提高起重机的服务范围；

5）能减少建筑结构构件的数量，加快建设速度。

4.4 生活间的布置

为了满足工作人员在生产过程中卫生、生活的需要，保证产品质量，提高劳动效率，除在全厂房中设有行政管理及生活福利设施外，每个车间也应设有这类用房。这种用房为生活间。

4.4.1 生活间组成

（1）生产卫生用房：包括浴室、厕所、存衣室、洗室等。我国原卫生部主编的（工业企业设计卫生标准》（T36-79），将一般工业企业按卫生特征分为四级，每一级都有它最基本的生产卫生用房。

（2）生活福利用房：包括休息室、女工卫生室、吸烟室、厕所、饮水间、小吃部、保健室等。厕所内的大小便器按规范和有关规定计算。浴室、盥洗室、厕所的设计计算人数按最大班工人总数的 93% 计算。

（3）行政办公用房：包括党、政、工、团办公室及会议室、值班室、计划调度室等。生产辅助用房包括工具室、材料库、计量室等。

4.4.2 生活间设计原则

（1）生活间应尽量布置在车间主要人流出入口处，且与生产操作地点有方便的联系，并避免工人上下班时的人流与厂区内主要运输线（火车、汽车等）的交叉。人数较多集中设置的生活间以布置在厂区主要干道两侧且靠近车间为宜。生活间应有适宜的朝向，使之获得较好的采光、通风和日照。同时，生活间的位置也应尽量减少对厂房天然采光和自然通风的影响。

（2）生活间不宜布置在散发粉尘、毒气及其他有害气体车间的下风侧或顶部，并尽量避免噪声振动的影响，以免被污染和干扰。

（3）在生产条件许可及使用方便的情况下，应尽量利用车间内部的空闲位置设置生活间，或将几个车间的生活间合并建造，以节省用地和投资。

（4）生活间的平面布置应面积紧凑、人流通畅、男女分设、管道尽量集中。

（5）建筑形式与风格应与车间和厂区环境相协调。

4.4.3　生活间布置

4.4.3.1　毗连式生活间

紧靠厂房外墙（山墙或纵墙）布置的生活间称为毗连式生活间。主要优点是：生活间至车间的距离短捷，联系方便；生活间和车间共用一道墙，节省材料；可将车间层高较低的房间布置在生活间内，以减少建筑体积，占地较省；寒冷地区对车间保温有利；易与总平面图人流路线协调一致；可避开厂区运输繁忙的不安全地带。其缺点是：不同程度地影响车间的采光和通风，如图4-9（a）所示，其生活间较长，影响车间的天然采光和自然通风，这种情况下，边跨应设采光天窗；车间对生活间有干扰，危害较大。毗连式生活间平面形式见图4-10。

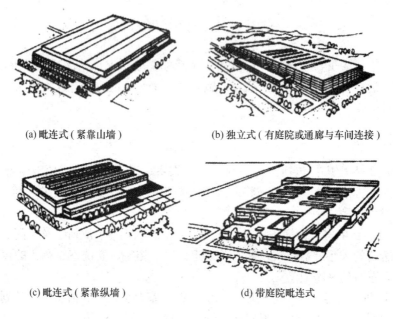

(a) 毗连式（紧靠山墙）　　　(b) 独立式（有庭院或通廊与车间连接）

(c) 毗连式（紧靠纵墙）　　　(d) 带庭院毗连式

图4-9　位于厂房外部不同位置的生活间鸟瞰图

在毗连式生活间中，大多数是将生活间紧靠厂房山墙布置。因为山墙开设门窗洞口较少，而纵墙门窗洞口很多。生活间靠山墙布置，对车间的采光和通风影响较小；但当厂房较长时，生活间的服务半径较大。

毗连式生活间平面组合的基本要求是：职工上下班路线应与服务设施路线一致，避免迂回；在生产过程中使用的厕所、休息室、吸烟室、女工卫生室等的位置相对集中，位置恰当。毗连式生活间和厂房的结构方案不同，荷载相差也很大，在两者毗连处，应设置沉降缝。设置沉降缝的方案有以下两种：

（1）当生活间高于厂房时，毗连墙应设在生活间一侧，而沉降缝则位于毗连墙与厂房之间（图4-11a）。无论毗连墙为承重墙还是自承重墙，墙下的基础按以下两种情况处理：若带形基础与车间柱式基础相遇，应将带形基础断开，增设钢筋混凝土抬梁，承受毗连墙的荷载；柱式基础应与厂房柱式基础交错布置，然后在生活间的柱式基础上设置钢筋混凝土抬梁，承受毗连墙的荷载。

（2）当厂房高度高于生活间时（图4-11b），毗连墙设在车间一侧，沉降缝则设于毗连墙与生活间之间。毗连墙支撑在车间柱式基础的地梁上。

4.4.3.2 独立式生活间

距厂房一定距离、分开布置的生活间，称为独立式生活间（图4-9b）。其优点是：生活间和车间采光、通风互不影响；生活间布置灵活；生活间和车间的结构方案互不影响、结构、构造容易处理。其缺点是：占地较多；生活间至车间的距离较远，联系不方便。独立式生活间平面形式如图4-12所示。

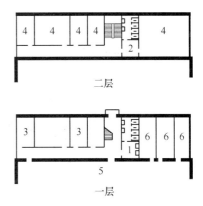

图4-10 毗连式生活间平面

1—男厕；2—女厕；3—学习、休息、存衣室；
4—办公室；5—车间；6—生产辅助用房

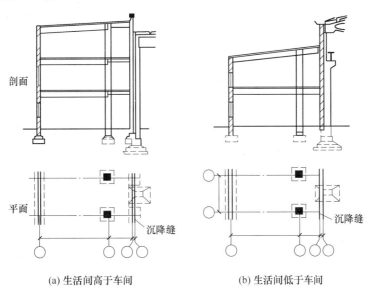

(a) 生活间高于车间　　　(b) 生活间低于车间

图4-11 毗连式生活间沉降缝处理

独立式生活间适用于散发大量生产余热、有害气体及易燃易爆炸的车间，与车间的连接方式以下有三种（图4-13）：

（1）走廊连接，连接方式简单、适用。

（2）天桥连接，有利于车辆运输和行人的安全。

（3）地道连接，立体交叉处理方法之一。

4.4.3.3 厂房内部式生活间

厂房内部式生活间是将生活间布置在车间内部可以充分利用的空间内，只要在生产工

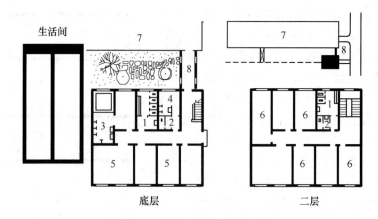

图 4-12 独立式生活间平面图

1—男厕；2—女厕；3—男浴室；4—女浴室；5—存衣室；6—办公室；7—车间；8—通廊

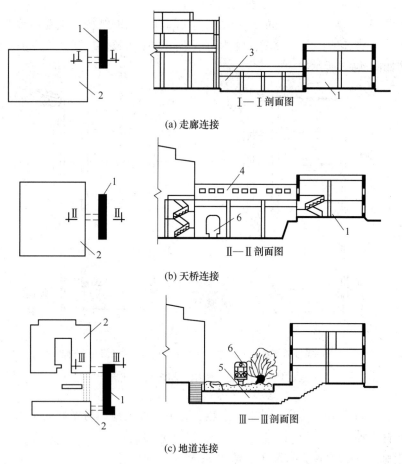

图 4-13 独立式生活间与车间的三种连接方式

1—生活间；2—车间；3—走廊；4—天桥；5—地道；6—火车

艺和卫生条件允许的情况下，均可采用这种布置方式。其优点是：使用方便；经济合理、节约建筑面积和体积。其缺点是：只能布置部分生活间，车间的通用性受到限制。

内部式生活间布置方式有：在边角、空余地段；在车间上部设夹层；利用车间一角；在地下室或半地下室，但采用较少。利用工具室顶部设置的生活间如图4-14所示。

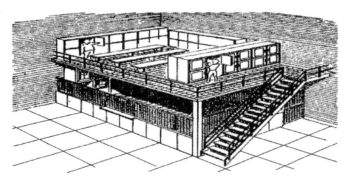

图 4-14　利用工具室顶部设置生活间

5 冶金类单层工业厂房剖面设计

剖面设计是厂房建筑设计的一个组成部分，是在工艺设计的基础上，主要考虑建筑空间如何满足生产工艺各项要求的问题。

剖面设计应满足以下要求：

(1) 适应生产需要的足够空间；

(2) 良好的采光和通风条件；

(3) 满足室内保温隔热和屋面排水要求的围护结构；

(4) 经济合理的结构方案。

5.1 厂房高度的确定

单层厂房的高度，是指厂房室内地坪到屋面承重结构下表面之间的距离。在一般情况下，它与柱顶距地面的高度基本相等，所以常以柱顶标高来衡量厂房的高度。屋面承重结构是倾斜的，其计算点应算到屋面承重结构的最低点。柱顶高度仍应满足模数协调标准的要求。

(1) 无吊车厂房的柱顶标高，通常指最大生产设备及其使用、安装、检修时所需的净空高度，一般不低于 3.9m，以保证室内最小空间，并满足采光、通风的要求。柱顶高度应为 300mm 的整倍数；若为砖石结构承重，柱顶高度应为 100mm 的倍数。

(2) 有吊车厂房的柱顶标高，由以下七项（$h_1 \sim h_6$，C_h）组成（图 5-1）：

柱顶标高 $\qquad\qquad H = H_1 + H_2$

轨顶标高 $\qquad\qquad H_1 = h_1 + h_2 + h_3 + h_4 + h_5$

轨顶至柱顶高度 $\qquad H_2 = h_6 + C_h$

式中 h_1——需跨越的最大设备，室内分隔墙或检修所需的高度；

$\qquad h_2$——起吊物与跨越物间的安全距离，一般为 $400 \sim 500mm$；

$\qquad h_3$——被吊物体的最大高度；

$\qquad h_4$——吊索最小高度，根据加工件大小而定，一般大于 $1000mm$；

$\qquad h_5$——吊钩至轨顶面的最小距离，由吊车规格表中查得；

$\qquad h_6$——吊车梁轨顶至小车顶面的净空尺寸，由吊车规格表中查得；

$\qquad C_h$——屋架下弦至小车顶面之间的安全间隙，此值应保证屋架产生最大挠度以及厂房地基产生不均匀沉陷时吊车能正常运行。

《通用桥式起重机界限尺寸》中根据吊车起重量大小，将 h_7 分别定为 300mm、400mm、500mm。如屋架下弦悬挂有管线等其他设施时，还需另加必要尺寸。

《厂房建筑模数协调标准》（GB/T 50006—2010）中规定，钢筋混凝土结构的柱顶标高应按 300mm 数列确定，轨顶标高按 600mm 数列确定，牛腿标高也按 300mm 数列确定。

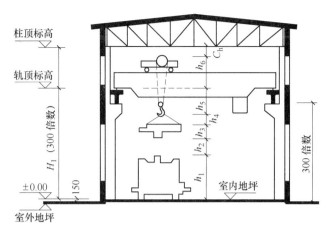

图 5-1 厂房高度组成

柱子埋入地下部分的深度，也须满足模数化要求。

在平行多跨厂房中，由于各跨设备和吊车不同，厂房高低不齐，这样在高低跨错落处需增设牛腿、墙垛、女儿墙、泛水等，导致构件类型增多，结构构造复杂，施工麻烦。若两跨间高差相差不大时，可将低跨标高升至高跨的标高，虽然增加了材料，但可使结构构造变得简单便于施工，是比较经济的。

《厂房建筑模数协调标准》中规定，在工艺有高低要求的多跨厂房中，当高差值不大于 2m 时，不宜设置高度差；在不采暖的多跨厂房中，高跨一侧仅有一个低跨，且高差值不大于 1.8m 时，也不宜设置高度差。所以，剖面设计中应尽量采用平行等高跨。

5.2 剖面空间的利用

厂房高度对造价有直接的影响。在确定厂房高度时，应在不影响生产使用的前提下，有效地节约并利用空间，使柱顶标高降低，从而降低建筑造价：

（1）利用地下空间。图 5-2（a）所示为某变压器修理车间工段的剖面图，如把需要修理的变压器放在低于室内地坪的地坑内，则可起到缩短柱子长度的作用。

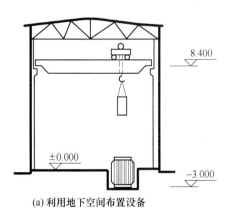

(a) 利用地下空间布置设备

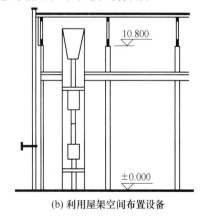

(b) 利用屋架空间布置设备

图 5-2 剖面空间的利用

（2）利用屋架之间的空间。图 5-2（b）所示为某铸铁车间砂处理工段的纵剖面图，混砂设备高度为 10.8m。在不影响吊车运行的前提下，把高大的设备布置在两榀屋架之间，利用屋面空间起到缩短柱子长度的作用。

5.3　室内外地坪标高

单层厂房室内地坪的标高由厂区总平面设计确定，其相对标高定为±0.000。

一般单层厂房室内外需设置一定的高差，以防止雨水流入室内。同时，为便于汽车等运输工具通行，室内外高差宜小，一般取 100～150mm。应在大门处设置坡道，其坡度不宜过大。

当厂房内地坪有两个以上不同的地坪面时，主要地坪面的标高为±0.000（图 5-3）。白天，室内通过窗口取得天然光进行照明的方式称为天然采光。采光设计即根据室内生产对采光的要求来确定窗口大小、形式及其布置，保证室内采光强度、均匀度及避免眩光。采光面积的多少是根据采光的要求，按采光系数的标准值进行计算得到的。

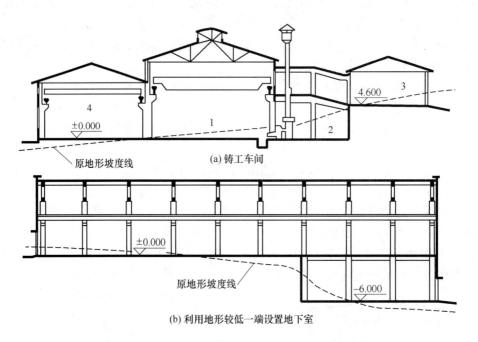

图 5-3　厂房的室内外地坪标高
1—大件造型；2—熔化；3—炉料；4—小件造型

5.4　天然采光

采光设计就是根据室内生产对采光要求来确定窗口大小、形式及其布置，保证室内采光强度、均匀度并避免眩光。采光面积的多少是根据采光要求，按采光系数的标准值进行计算的。

5.4.1　天然采光的基本要求

（1）满足采光系数最低值的要求。室内工作面上应有一定光线，光线的强弱是用"照度"（即单位面积上所受的光通量）来衡量的。

在单层厂房天然采光设计中，为满足车间内部有良好的视觉工作条件，生产车间工作面上的采光系数最低值不应低于《作业场所工作面上采光系数标准值》中规定的数据。

在单层厂房天然采光设计中，为使车间内部有良好的视觉工作条件，生产车间工作面上的采光系数最低值不应低于表 5-1 中规定的数值。天然采光等级分为五级，最高是 I 级，其采光系数最大。

表 5-1　作业场所工作面上的采光系数标准值

采光等级	视觉作业分类		侧面采光		顶部采光	
	作业精确度	识别对象的最小尺寸 d/mm	室内天然光照度/lx	采光系数 C/%	室内天然光照度/lx	采光系数 C/%
I	特别精细	$d \leqslant 0.15$	250	5	350	7
II	很精细	$0.15 < d \leqslant 0.3$	150	3	250	5
III	精细	$0.3 < d \leqslant 1.0$	100	2	150	3
IV	一般	$1.0 < d \leqslant 5.0$	50	1	100	2
V	粗糙	$d > 5.0$	25	0.5	50	1

（2）满足采光均匀度的要求。所谓采光均匀度，是指假定工作面上采光系数的最低值与平均值之比。为了保证视觉舒适，要求室内照度均匀，可以根据车间的采光等级及采光口的位置来确定。

（3）避免在工作区产生眩光。在人的视野范围内出现的比周围环境特别明亮而又刺眼的光，称眩光。设计时应避免工作区出现眩光。

表 5-2 为生产车间和作业场所的采光等级举例。

表 5-2　生产车间和作业场所的采光等级举例

采光等级	生产车间和工作场所
I	精密机械和精密机电成品检验车间，精密仪表加工和装配车间，光学仪器精加工和装配车间，手表及照相机装配车间，工艺美术厂绘画车间，毛纺厂造毛车间
II	精密机械加工和装配车间，仪表检修车间，电子仪器装配车间，无线电元件制造车间，印刷厂排字及印刷车间，纺织厂精纺、织造和检验车间，制药厂制剂车间
III	机械加工和装配车间，机修车间，电修车间，木工车间，面粉厂制粉车间，造纸厂造纸车间，印刷厂装订车间，冶金工厂冷轧、热轧、拉丝车间，发电厂锅炉房
IV	焊接车间，钣金车间，冲压剪切车间，铸工车间，锻工车间，热处理车间，电镀车间，油漆车间，配电所，变电所，工具库
V	压缩机房，风机房，锅炉房，泵房，电石库，乙炔瓶库，氧气瓶库，汽车库，大、中件贮存库，造纸厂原料处理车间，化工原料准备车间，配料间，原料间

5.4.2 采光面积的确定

采光面积一般根据采光、通风、立面设计等综合因素来确定，首先大致确定窗面积，然后根据厂房对采光的要求进行校核，验证是否符合采光标准值。

5.4.3 采光方式及布置

为了取得天然采光，需在建筑物外围护结构（外墙或屋顶）上开设各种形式的洞口，并安装玻璃等透光材料，形成采光口。

5.4.3.1 采光方式

按采光口在外围护结构上的不同位置，采光方式分为三种：

（1）侧窗采光。又可分为单侧采光和双侧采光两种方式。当房间较窄时，采用单侧采光，光线不均匀。单侧采光的有效进深约为侧窗口上沿至工作面高度的两倍，若进深增大，超过了单侧采光的有效范围，则需要采用双侧采光或是人工照明等方式。

由于侧面采光的方向性强，故布置侧窗时要避免可能产生的遮挡。在有桥式吊车的厂房中，吊车梁处不宜开设侧窗，可把外墙上的侧窗分为上下两段，形成高低侧窗。高侧窗投光远，光线均匀，能提高远窗点的采光效果；低侧窗投光近，对近窗点采光有利。两者的有机结合，解决了较宽厂房采光的问题。

高侧窗窗台宜高于吊车梁面约 600m，低侧窗窗台高度一般应略高于工作面。工作面高度一般取 1000mm 左右。设计多跨厂房时，可以利用厂房的高低差来开设高侧窗，使厂房的采光均匀。

（2）顶部采光。当厂房是连续多跨时，中间跨无法从侧窗满足工作面上的照度要求，或是侧墙上由于某种原因不能开窗采光时，可在屋顶处设置天窗。顶部采光易使室内获得较均匀的照度，采光率也比侧窗高。但它的结构和构造复杂，造价也比侧窗采光高。

（3）混合采光。是在多跨厂房中，边跨利用侧窗、中间跨利用天窗的综合方法。如图 5-4 所示。

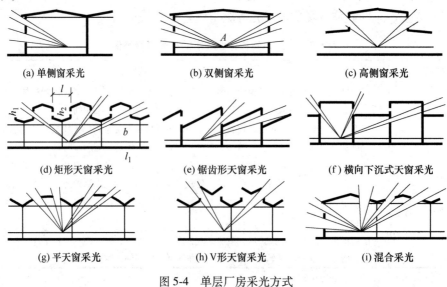

(a) 单侧窗采光   (b) 双侧窗采光   (c) 高侧窗采光

(d) 矩形天窗采光   (e) 锯齿形天窗采光   (f) 横向下沉式天窗采光

(g) 平天窗采光   (h) V形天窗采光   (i) 混合采光

图 5-4 单层厂房采光方式

5.4.3.2 采光天窗的形式

采光天窗的形式有矩形、梯形、M形、锯齿形、下沉式、三角形、平天窗等,最常采用的是矩形、锯齿形、下沉式和平天窗四种(见图5-5)。

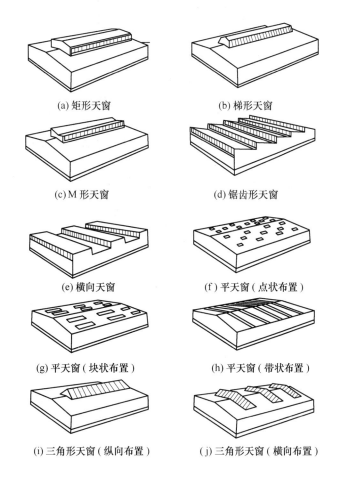

(a) 矩形天窗 (b) 梯形天窗

(c) M形天窗 (d) 锯齿形天窗

(e) 横向天窗 (f) 平天窗(点状布置)

(g) 平天窗(块状布置) (h) 平天窗(带状布置)

(i) 三角形天窗(纵向布置) (j) 三角形天窗(横向布置)

图5-5 工业厂房采光天窗的形式

(1)矩形天窗。其采光特点与侧窗采光类似,具有中等照度,若天窗扇朝向南北,室内光线均匀,可减少直射光线进入室内。

为了获得良好的采光效果,合适的天窗宽度等于厂房跨度的1/3~1/2,且两天窗的边缘距离应大于相邻天窗高度和的1.5倍。天窗的高宽比宜为0.3左右,不宜大于0.45,因为天窗过高会降低工作面上的照度。

(2)锯齿形天窗。将厂房屋盖做成锯齿形,在两齿之间的垂直面上设窗扇,构成单面顶部采光,多适用于要调节温湿度的厂房。

(3)横向下沉式天窗。将相邻柱距的屋面板上下交错布置在屋架的上下弦上,通过屋面板位置的高差作采光口而形成的,多适用于东西向的冷加工车间(天窗朝南)。横向下沉式天窗纵向剖面图及轴侧投影图见图5-6。

(4)平天窗。直接在屋面板上设置接近水平的采光口而形成。

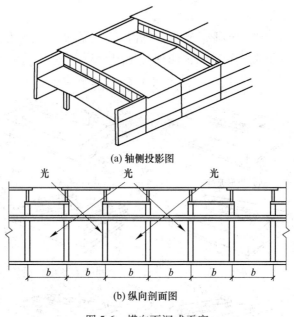

(a) 轴侧投影图

(b) 纵向剖面图

图 5-6 横向下沉式天窗

5.5 自然通风

5.5.1 自然通风的基本原理

单层厂房自然通风是利用空气的热压和风压作用进行的。

5.5.1.1 空气的热压作用

厂房内部各种热源（如工业炉、机械加工产生的热量）使室内空气温度升高、体积膨胀、体积质量变小而自然上升。室外冷空气温度相对较低，单位体积质量较大，便由围护结构下部的门窗洞口进入室内。进入室内的冷空气又被热源加热、变轻上升，从上部窗口排出。如此循环形成空气对流与交换，达到通风的目的。这种利用室内外温差产生空气压力差而进行通风的方式，称为热压通风。图 5-7 为开设矩形天窗的单层厂房热压通风示意图。

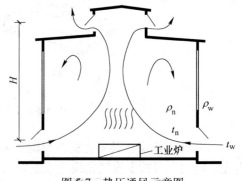

图 5-7 热压通风示意图

热压通风的表达式为：

$$\Delta p = g \cdot H(\rho_w - \rho_n)$$

式中　Δp——热压，Pa；

　　　g——重力加速度，m/s^2；

　　　H——上下进排风口的中心距离，m；

　　　ρ_w——室外空气密度，kg/m^3；

ρ_n——室内空气密度，kg/m^3。

公式表明，热压的大小与上下进排风口中心线的垂直距离以及室内外温度差成正比。为了加强热压通风，可以设法增大上下进排风口的距离。

5.5.1.2　空气的风压作用

当风吹向房屋迎风面墙壁时，由于气流受阻，速度变慢，迎风面的空气压力增大，超过大气压力，此区域称为正压区；背风面的空气压力小于大气压力，此区域称为负压区（图5-8）。在正压区设进风口，而在负压区设置排风口，使室内外空气进行交换。这种利用风压产生空气压力差从而进行通风的方式，称为风压通风。

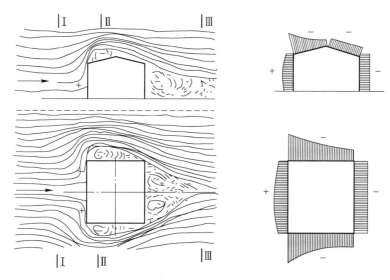

图 5-8　风绕房屋流动时压力状况示意

在剖面设计中，根据自然通风的原理，正确布置进、排风口的位置，合理组织气流，使室内达到通风换气及降温的目的。应当指出，为了增大厂房内部的通风量，需考虑主导风向的影响，特别是夏季主导风向的影响。风压作用在建筑物中，正压区的洞口为进风口，负压区的洞口为排风口，这样，就会使室内外空气进行交换。

5.5.1.3　风压和热压共同作用

风压和热压共同作用，如图5-9所示。

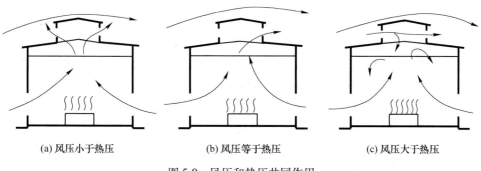

(a) 风压小于热压　　　　(b) 风压等于热压　　　　(c) 风压大于热压

图 5-9　风压和热压共同作用

5.5.2　自然通风设计的原则

（1）合理选择建筑朝向。为了充分利用自然通风，应限制厂房宽度并使其长轴垂直于当地夏季主导风向。从减少建筑物的太阳辐射和组织自然通风的综合角度来说，厂房南北朝向是最合理的。

（2）合理布置建筑群。选择了合理的建筑朝向，还必须布置好建筑群体，才能组织好室内通风。建筑群的平面布置有行列式、错列式、斜列式、周边式、自由式等，从自然通风的角度考虑，行列式和自由式均能获得较好的朝向，自然通风效果良好。

（3）厂房开口与自然通风。一般来说，进风口直对着出风口，会使气流直通，风速较大，但风场影响范围小。人们把进风口直对着出风口的风称为穿堂风。如果进出风口错开，风场影响的区域会大些。如果进出风口都开在正压区或负压区一侧或者整个房间只有一个开口，则通风效果较差。

为了获得舒适的通风，开口的高度应低些，使气流能够作用到人身上。高窗和天窗可以使顶部热空气更快散出。室内的平均气流速度只取决于较小的开口尺寸，通常，取进出风口面积相等为宜。

（4）导风设计。中轴旋转窗扇、水平挑檐、挡风板、百叶板、外遮阳板及绿化均可以起到挡风、导风的作用，可以用来组织室内通风。

5.5.3　冷加工车间自然通风

冷加工车间内无大的热源，室内余热量较小，一般按采光要求设置的窗，其上有适当数量的开启扇和门，就能满足车间的通风换气要求。故在剖面设计中，以天然采光为主；在自然通风设计方面，应使厂房纵向垂直于夏季主导风向，或不小于45°角，并限制厂房宽度。在侧墙上设窗，在纵横贯通的端部或在横向贯通的侧墙上设置大门，室内少设或不设隔墙，使其有利于穿堂风的组织。为避免气流分散，影响穿堂风的流速，冷加工车间不宜设置通风天窗，但为了排除积聚在屋盖下部的热空气，可以设置通风屋脊。

5.5.4　热加工车间的自然通风

热加工车间除有大量热量产生外，还可能有灰尘，甚至存在有害气体。因此，热加工车间更要充分利用热压原理，合理设置进排风口，有效地组织自然通风。

5.5.4.1　进排风口设计

我国南北方气候差异较大，建造地区不同，热加工车间进、排风口布置及构造形式也应不同。南方地区夏季炎热，且延续时间长、雨水多；冬季短，气温不低。南方地区散热量较大的车间剖面形式可如图 5-10（a）所示。墙下部为开敞式，屋顶设通风天窗。为防雨水溅入室内，窗口下沿应高出室内地面 600~800cm。因冬季不冷，不需调节进排风口面积控制风量，故进排风口可不设窗扇，但为防雨水飘入室内，必须设挡雨板。

对于北方地区散热量很大的厂房，厂房剖面形式如图 5-10（b）所示。由于冬季、夏季温差较大，进排风口均需设置窗扇。夏季可将进排风口窗扇开启组织通风，根据室内外气温条件，调节进排风口面积进行通风。侧窗窗扇开启方式有上悬、中悬、立旋和平开四种（图 5-11）。其中，平开窗、立旋窗阻力系数小、流量大，立旋窗还可以导向，因而常

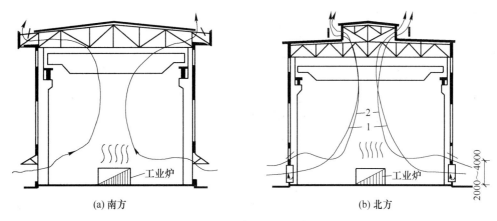

图 5-10 热车间通风示意图

1—冬季气流；2—夏季气流

用于进气口的下侧窗。其他需开启的侧窗可以用中悬窗（开启角度可达 80°），便于开关。上悬窗开启费力，局部阻力系数大，因此，排风口的窗扇也用中悬。冬季，应关闭下部进风口，开上部（距地面大于 2.4~4.0m）的进气口，以防冷气流直接吹至工人身上，对健康有害。

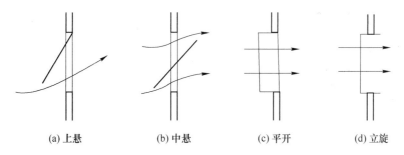

图 5-11 单层厂房常用侧窗开启方式

根据热压通风原理，排风口的位置应尽可能高，一般设在柱顶端处，或靠近檐口处（图 5-12a）。若设有天窗时，排风口多设在靠屋脊处（图 5-12b），或直接设在发热量大的设备上方以使气流排除的路线缩短（图 5-12c）。

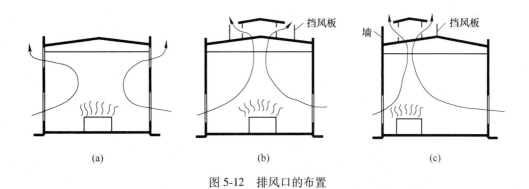

图 5-12 排风口的布置

5.5.4.2　通风天窗的选择

无论是多跨或单跨热车间，仅靠侧窗通风往往不能满足要求，一般在屋顶上设置通风天窗。通风天窗的类型主要有矩形和下沉式两种。

A　矩形通风天窗

当热压和风压共同作用时，厂房迎风面下部开口的热压和风压的作用方向是一致的，因此，从下部开口的进风量比热压单独作用时大，如图5-13所示。而此时厂房迎风面外墙上部开敞口，热压和风压方向相反，因此从上部开口排风量比单独热压作用要小，如风压大于热压时，上部开口不能排风，从而形成所谓的"倒灌风"现象。为了避免这种情况，在天窗侧面设置挡风板，当风吹到挡风板时产生气流飞跃，在天窗口与挡风板之间形成负压区，保证天窗在任何风向的情况下都能稳定排风。这种带挡风板的矩形天窗称为矩形通风天窗或避风天窗。挡风板与窗口的距离影响天窗的通风效果，根据实验，挡风板距天窗的距离 L 和天窗口高 h 的比值应在 $0.6\sim2.5$ 范围内。当天窗挑檐较短时，可用 $1.1\sim1.5$ 的比值范围；当天窗的挑檐较长时，比值范围可用 $0.9\sim1.25$。大风多雨地区，此值还可偏小。

当平行等高跨两矩形天窗排风口的水平距离 L 小于或等于天窗高度 h 的5倍时，可不设挡风板，因为该区域的风压始终为负压，如图5-14所示。

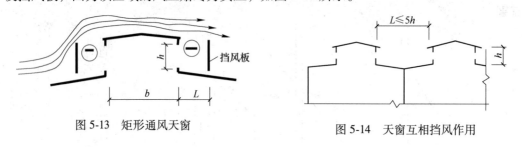

图5-13　矩形通风天窗　　　　　　　　　图5-14　天窗互相挡风作用

B　下沉式天窗

下沉式天窗的优点是：可降低厂房高度 $4\sim5$m，减少了风荷载及屋架上的集中荷载，可相应减小柱、基础等结构构件的尺寸，节约建筑材料，降低造价；由于重心下降，抗震性能好；通风口处于负压区，通风稳定；布置灵活，热量排除路线短，采光均匀等。其缺点是：屋架上下弦受扭，屋面排水复杂；因屋面板下沉，有时室内会产生压抑感。

下沉式通风天窗有纵向下沉、横向下沉以及井式下沉三种布置方式。纵向下沉天窗是沿厂房的纵向将一定宽度的屋面板下沉（图5-15a），根据需要可布置在屋脊处或屋脊两侧。横向下沉式天窗每隔一个柱距或几个柱距将整个跨度的屋面板下沉（图5-15b）。井式天窗是每隔一个柱距或几个柱距将一定范围的屋面板下沉，形成天井，可设在跨中（图5-15c），也可设在跨边，形成中井式或边井式天窗。除矩形通风天窗、下沉式通风天窗外，还有通风屋脊、通风屋顶（图5-16）。

C　开敞式厂房

炎热地区的热加工车间，为了利用穿堂风促使厂房通风与换气，除采用通风天窗外，外墙可不设窗扇而采用挡雨板，形成开敞式厂房。这种形式的厂房气流阻力小，通风量大，散热快，通风降温好；构造简单，施工方便。但防寒、防雨、防风沙的能力差，尤其

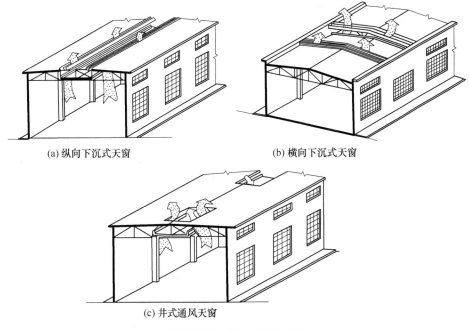

(a) 纵向下沉式天窗　　　　　　(b) 横向下沉式天窗

(c) 井式通风天窗

图 5-15　下沉式通风天窗

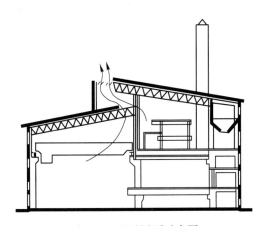

图 5-16　通风屋顶示意图

是风速大时，通风不稳定。按开敞部位不同，可分成四种形式，如图 5-17 所示。

5.5.4.3　合理布置热源

在利用穿堂风时，热源应布置在夏季主导风向的下风位，进出风口应布置在一条线上。以热压为主的自然通风热源应布置在天窗口下面，使气流排出路线短，减少涡流。设下沉式天窗时，热源应与下沉底板错开布置。

5.5.4.4　其他通风措施

在多跨厂房中，为有效地组织通风，可将高跨适当抬高，增大进、排风口高差。此时不仅侧窗进风，低跨的天窗也可以进风，但低跨天窗与高跨之间的距离不宜小于 24~40m，以免高跨排出的污染空气进入低跨。在厂房各跨高度基本相等的情况下，应将冷热跨间隔

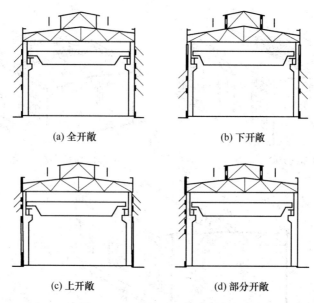

(a) 全开敞   (b) 下开敞

(c) 上开敞   (d) 部分开敞

图 5-17   开敞式厂房剖面示意图

布置，并用轻质吊墙把两者分隔，吊墙距地面 3m 左右。实测证明，这种措施通风有效，气流可源源不断地由冷跨流向热跨，热气流由热跨通风天窗排出，气流速度可达 1m/s 左右。

<table>
<tr><td>**6**</td><td># 冶金类单层工业厂房立面造型设计</td></tr>
</table>

6.1 单层工业厂房造型设计

对于建筑造型的设计，并非仅仅是对于建筑某个局部的设计，而是一个统筹概念下的综合设计。建筑造型以建筑的形体为依托，建筑的色彩设计、质感设计都依附于建筑的形体，没有建筑形体的存在，建筑的色彩和质感便没有了载体，只有以建筑的形体为基础，建筑造型设计的各个方面才能展开。

6.1.1 影响单层工业建筑造型生产的基本要素

建筑是一门造型的艺术，但与其他艺术门类不同，建筑必须同时满足艺术性与实用性。建筑造型是由建筑的内部功能、建筑的结构、表皮材料、文化因素等共同决定的。同时，工业建筑作为建筑的组成类别之一，也有其独特的影响因素，设备对于工业建筑造型设计的影响也是举足轻重的。

6.1.1.1 功能空间与单层工业建筑造型

在工业建筑中，我们已经总结出主要的功能空间可分为两大类：生产空间和辅助生产空间。它们之间相互配合，共同为工业生产保驾护航。没有辅助空间，生产空间就无法保障工业生产的顺利进行；没有生产空间，辅助空间也便没有了存在的价值。只有在它们的共同协作下，工业生产才能高效、稳定地进行。

生产空间与辅助空间相互依存又各自独立，它们之间的组合方式有很多种，但不论怎样组合，都必须遵守一个原则：辅助生产空间既要便捷地为生产空间提供帮助，又要保持自身的独立性，这样才能组成一个有机的整体，为工业生产服务。

如图 6-1 所示，功能对于建筑造型要素（形状、大小、色彩、质感）的影响主要体现

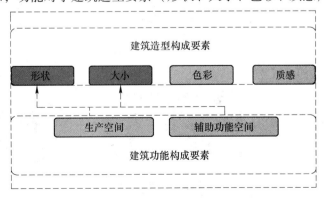

图 6-1 建筑功能与建筑造型构成要素的影响关系

在建筑造型的形状和大小上。不同的生产工艺对于建筑空间的形状和大小都有不同的要求，这要根据具体的生产工艺，进行具体的分析。例如，需要配备吊车的生产类工业建筑中，吊车的起吊高度就决定了建筑的高度。如图 6-2 所示，业主要求吊车的起吊高度为 4000mm，通过推算，轨顶标高就为 4900mm，吊车梁的高度为 1000mm，小车的运行高度最小为 1500mm，这样计算下来，整个建筑的檐口高度为 8000mm。由此一来，整个建筑生产部分的基本形体就确定下来，长度 120m，跨度 48m，檐口高度 8m，屋顶高度 9.7m。

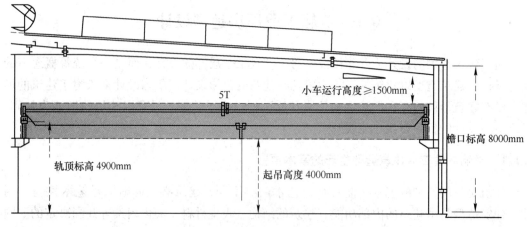

图 6-2   西诺公司厂房吊车高度对建筑高度的影响分析

从表 6-1 可以看出，不同的平面组合类型，生成的建筑造型各不相同。功能空间与辅助空间是单层工业建筑最核心的环节，它们的组合关系直接影响着建筑造型的生成。

表 6-1   生产空间与辅助空间组成平面关系

平面组成类型	相互关系	平面组成示意	建筑实例
并列型 A	辅助功能区位于生产空间的进深侧		
并列型 B	辅助空间位于生产空间的开间侧		

平面组成类型	相互关系	平面组成示意	建筑实例
凹字型	辅助空间位于生产空间两支之间		
L 型	辅助空间位于 L 形生产空间的进深侧		

图例：  生产空间 　　 辅助空间

平面组成类型	造型特点	建筑实例	
规整几何体型	以规整的建筑形体与建筑平面，容纳整个生产和辅助空间		
变异几何体型	以不规则的建筑平面与建筑形体，容纳整个生产和辅助空间		

　　不同的组合关系，蕴含着不同的美学原则在里面。对比与微差、均衡与稳定、主从与重点等这些基本美学规律，不仅在民用建筑中被使用，在单层工业建筑当中也被广泛使用着，甚至在单层工业建筑中，这些美学规律被运用得更加纯粹。因为相比于民用建筑来

讲，由于功能的限制，往往很难表现极为纯粹的美学特点；但在单层工业建筑当中，大体量、极简洁基本形体，为美学原则的表达提供了充分优质的土壤。

表6-2列举了在单层工业建筑当中，最基本的功能组合关系生成的建筑造型特征。

表6-2 单层工业建筑以空间为基础的造型生成特点分析

平面组成类型	造型特点	美学手法	分析示意
并列型 A	竖向的辅助功能区与横向的生产区形成对比，同时，两个部分也形成了动态的均衡、稳定的建筑构图	对比与微差 均衡与稳定	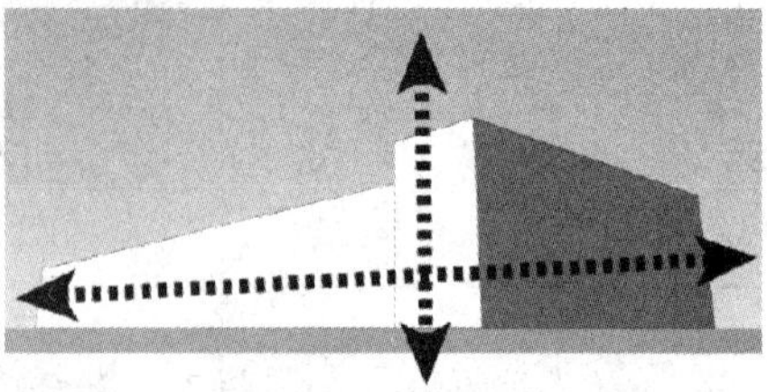
并列型 B	大体量的生产区域小体量的辅助空间形成一主一从的形态关系，从属服从于主体，主体决定着从属的性质	主从与重点	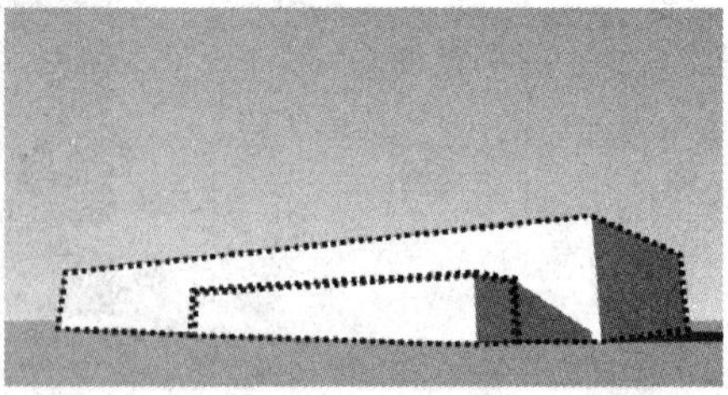
凹字型	大体量的生产区域小体量的辅助空间形成一主一从的形态关系，从属部分被包含于主体部分，形成很强的层次感	主从与重点	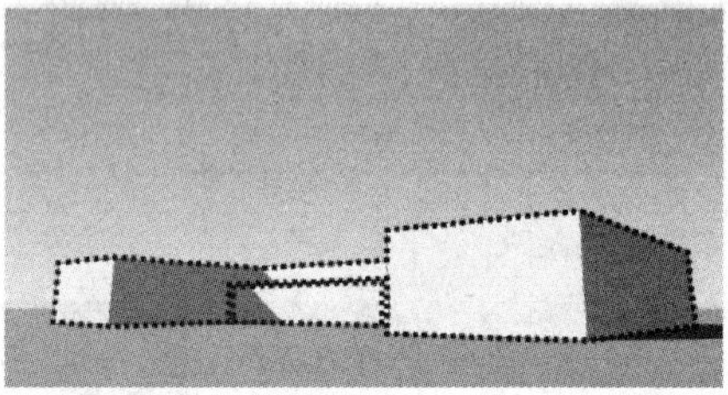
规整的几何体型	以规整的几何体进行造型的生成，造型的效果通过具体的细节进行调控辅助空间位于L形生产空间的进深侧	对比微差	
变异的几何体型	变异的建筑平面与建筑形态，新颖、别致	动态的美学规律	

6.1.1.2 结构形态与单层工业建筑造型

单层工业建筑的常用结构类型：梁架结构、刚架结构、形态作用下的结构系统（悬索结构、拱结构）以及向量作用下的结构系统（折板结构、薄壳结构）。对于不同的结构类型，每一种都有其独特的形态特点。

表 6-3 列举了不同结构类型的单层厂房与造型的关系。

表 6-3 单层工业建筑的结构形态与建筑形态分析

平面结构体系

梁架结构体系

结构形态（立面）	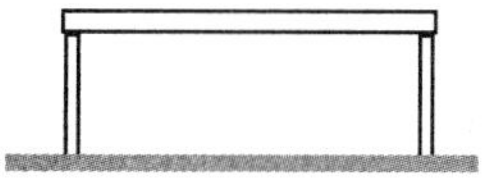	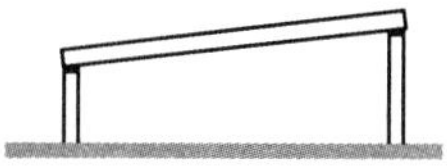	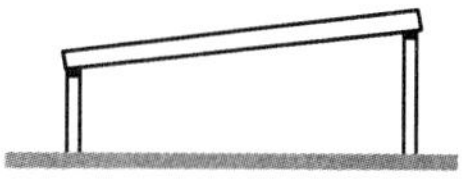
结构形态（鸟瞰）			
建筑基本形态（立面）	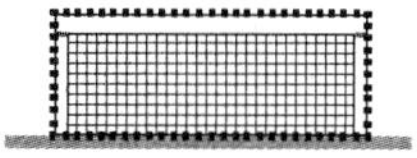	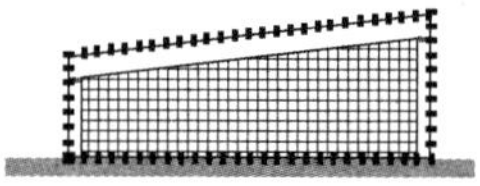	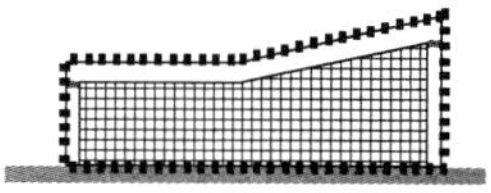
建筑基本形态（鸟瞰）	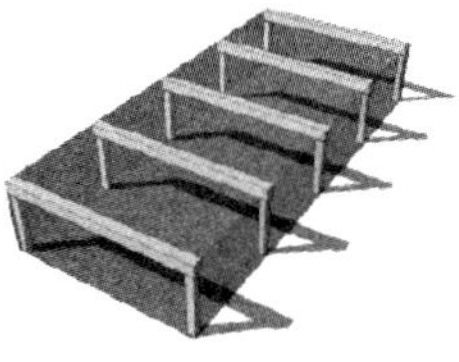		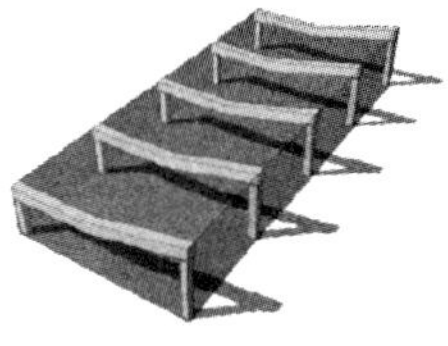

刚架结构体系

门式刚架			
结构形态（立面）	结构形态（鸟瞰）	建筑基本形态（立面）	建筑基本形态（鸟瞰）

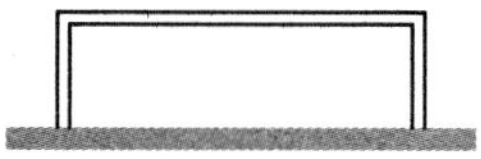

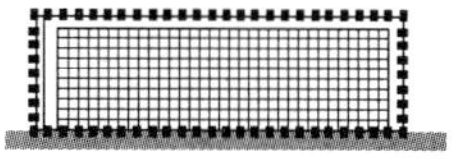

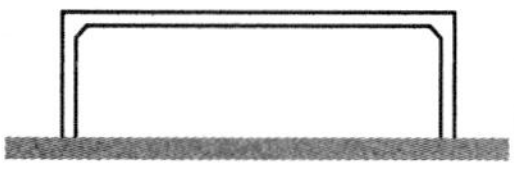

续表 6-3

<table>
<tr><td colspan="4">门式刚架</td></tr>
<tr><td>结构形态（立面）</td><td>结构形态（鸟瞰）</td><td>建筑基本形态（立面）</td><td>建筑基本形态（鸟瞰）</td></tr>
<tr><td>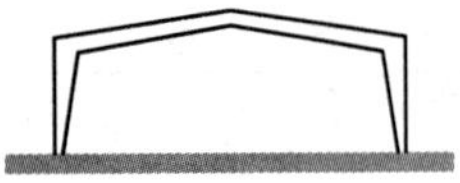</td><td>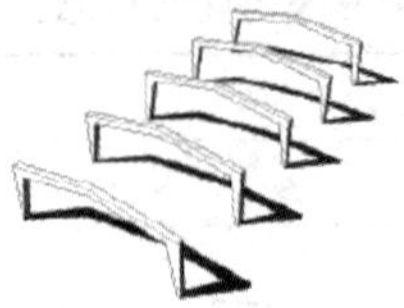</td><td rowspan="2">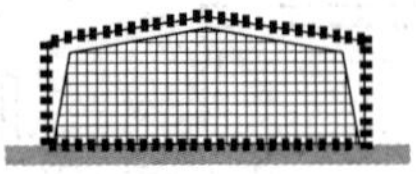</td><td rowspan="2">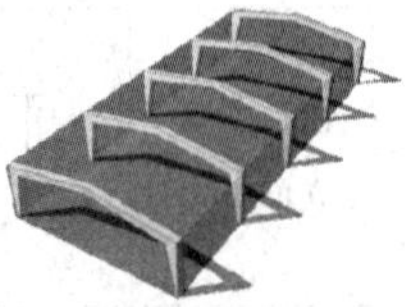</td></tr>
<tr><td>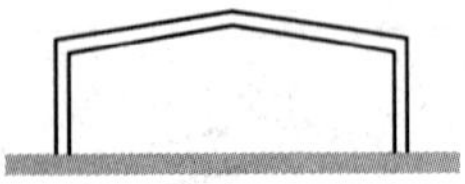</td><td>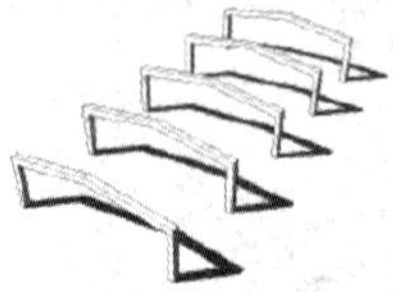</td></tr>
<tr><td colspan="4">空间结构体系</td></tr>
<tr><td colspan="4">形态作用下的结构体系</td></tr>
<tr><td colspan="4">悬索结构</td></tr>
<tr><td>结构形态（立面）</td><td>结构形态（鸟瞰）</td><td>建筑基本形态（立面）</td><td>建筑基本形态（鸟瞰）</td></tr>
<tr><td>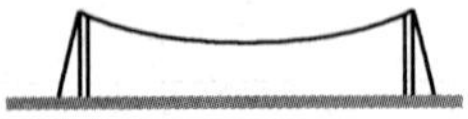</td><td>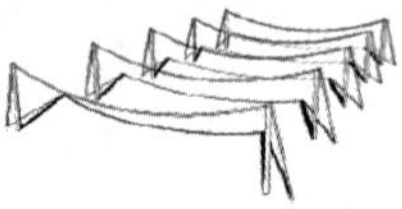</td><td>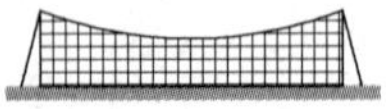</td><td>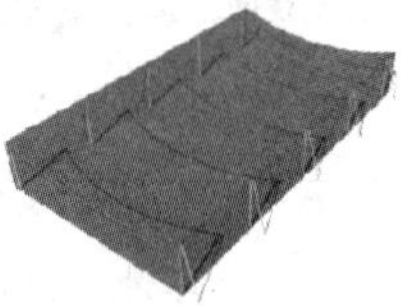</td></tr>
<tr><td colspan="4">拱结构</td></tr>
<tr><td>结构形态（立面）</td><td>结构形态（鸟瞰）</td><td>建筑基本形态（立面）</td><td>建筑基本形态（鸟瞰）</td></tr>
<tr><td>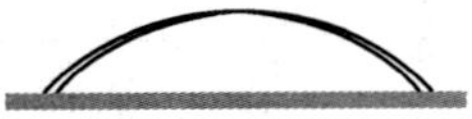</td><td>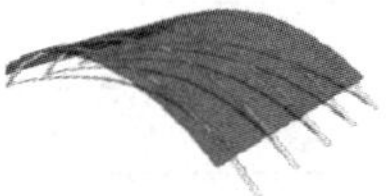</td><td>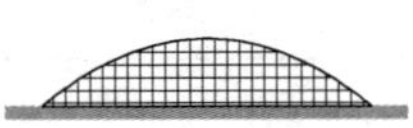</td><td>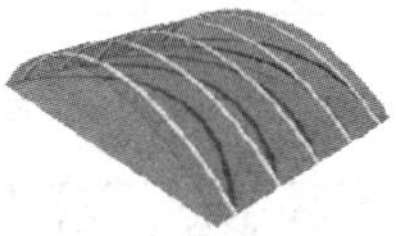</td></tr>
<tr><td>结构形态（立面）</td><td colspan="3">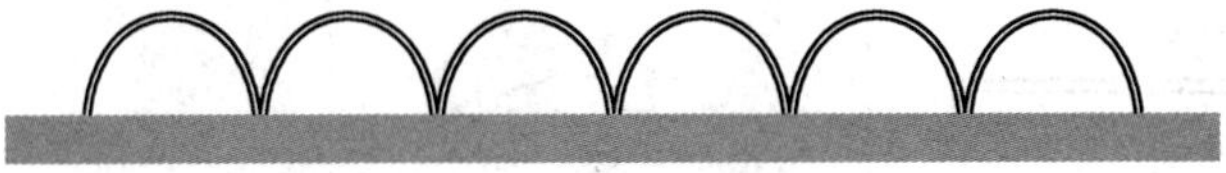</td></tr>
<tr><td>建筑基本形态（立面）</td><td colspan="3">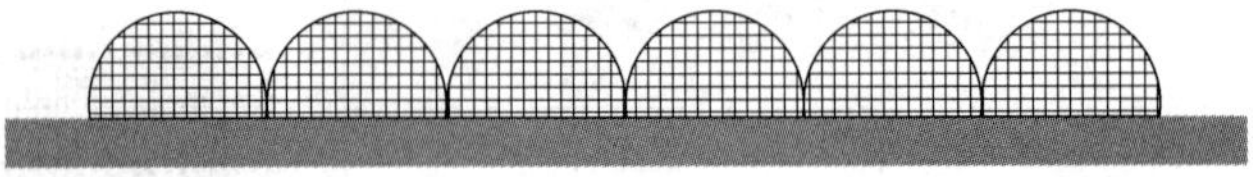</td></tr>
<tr><td>结构形态（鸟瞰）</td><td>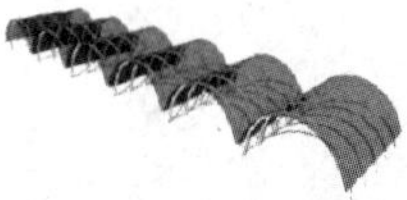</td><td>建筑基本形态（鸟瞰）</td><td>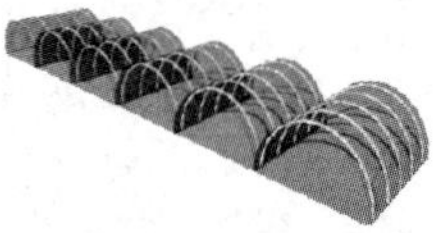</td></tr>
</table>

面作用下的结构体系

折板结构

结构形态（立面）	
建筑基本形态（立面）	
结构形态（鸟瞰）	建筑基本形态（鸟瞰）

薄壳结构

结构形态（立面）	
建筑基本形态（立面）	
结构形态（鸟瞰）	建筑基本形态（鸟瞰）

向量作用下的结构体系

桁架体系

| 结构形态（立面） | 结构形态（鸟瞰） |
| 建筑基本形态（立面） | 建筑基本形态（鸟瞰） |

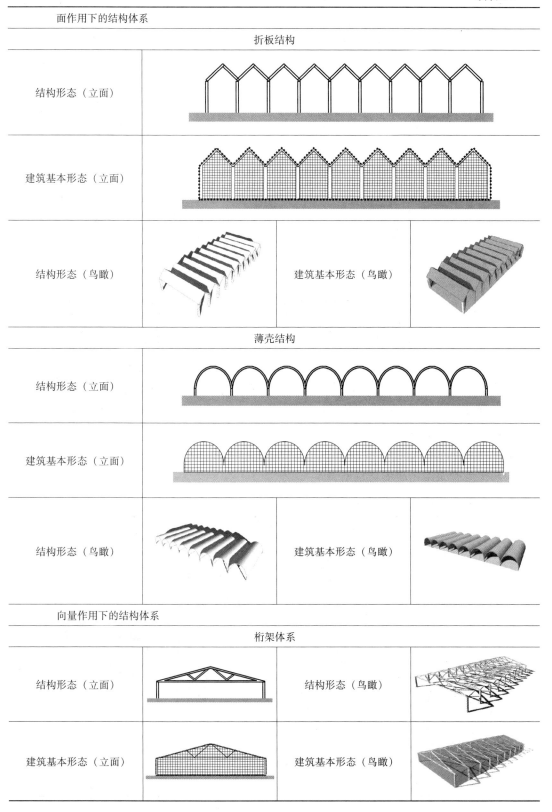

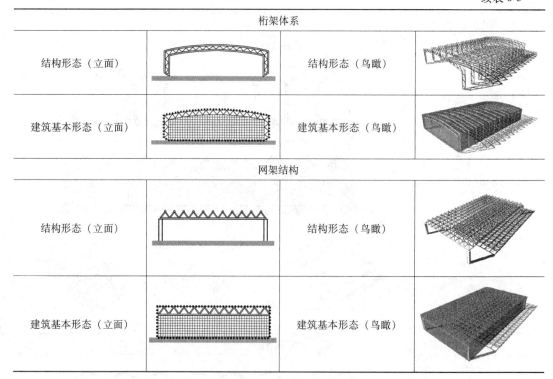

桁架体系			
结构形态（立面）		结构形态（鸟瞰）	
建筑基本形态（立面）		建筑基本形态（鸟瞰）	
网架结构			
结构形态（立面）		结构形态（鸟瞰）	
建筑基本形态（立面）		建筑基本形态（鸟瞰）	

从表 6-3 可以看出，对于主流的单层工业建筑结构所塑造出的建筑形态，主要以简洁的基本几何体为主，根据不同建筑结构的形态特点，建筑形态略有不同，但都是以简洁为最基本的特征，不会人为地加入过多的装饰。这也符合工业建筑本身的特点。

6.1.1.3　建筑表皮材料与单层工业厂房建筑造型

单层工业建筑常用表皮材料见表 6-4。

表 6-4　单层工业建筑常用表皮材料

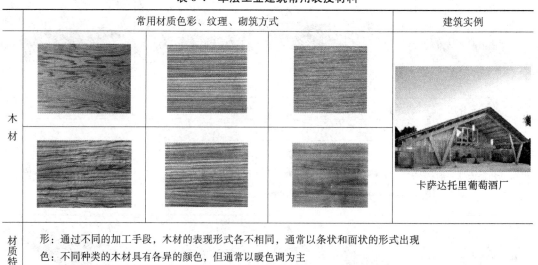

	常用材质色彩、纹理、砌筑方式			建筑实例
木材				卡萨达托里葡萄酒厂
材质特点	形：通过不同的加工手段，木材的表现形式各不相同，通常以条状和面状的形式出现 色：不同种类的木材具有各异的颜色，但通常以暖色调为主 质：木材本身的纹理不同，质感各不相同，通常给人温暖、亲近之感			

续表 6-4

	常用材质色彩、纹理、砌筑方式			建筑实例
砖	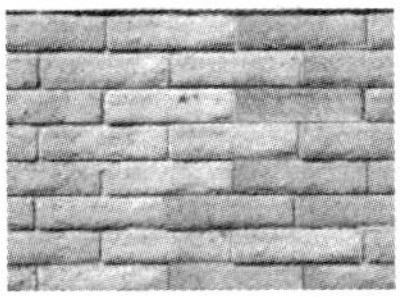			 佩特拉葡萄酒厂

材质特点	形：基本的形体一般为立方体，通过不同的砌筑方式，表现出不同的形式感 色：砖有多种色彩，主流的砖有红色、青灰色、土黄色 质：砖的表面一般比较粗糙，表面有烧结时所留下的气泡孔，整体给人的感觉是传统、古朴			
石材	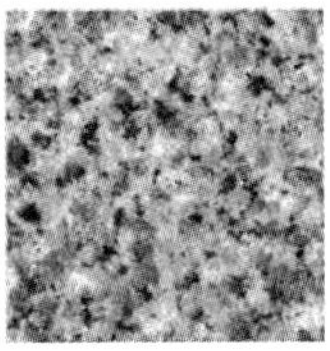			 多米纳斯酿酒厂
	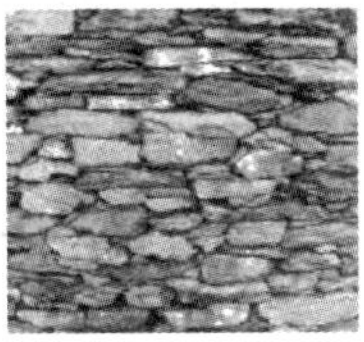	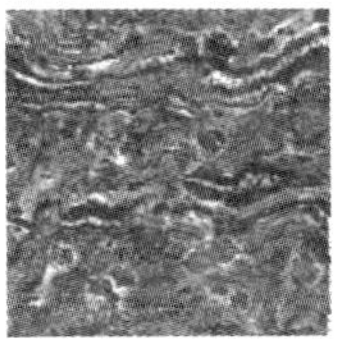		
材质特点	形：通过不同的加工手段，石材的表现形式各不相同，通常以矩形的面状形式出现，亦有用碎石块结合结构表达的实例 色：不同种类的石材具有各异的颜色，冷色调与暖色调均有 质：石材本身的纹理不同，质感各不相同，不同的后期加工工艺也可赋予石材以光滑、亚光、粗糙等不同的质感特征，通常给人以庄重、严肃之感			

常用材质色彩、纹理、砌筑方式	建筑实例

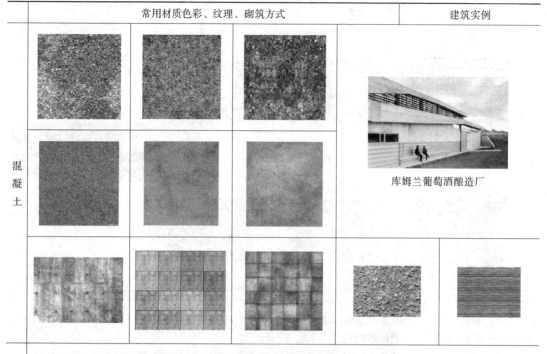

库姆兰葡萄酒酿造厂

混凝土

材质特点

　　形：混凝土具有极强的可塑性，可以根据建筑的需求，支模成多种不同的形态

　　色：混凝土具有多种多样丰富的色彩来满足建筑师对建筑表皮材料色彩的需求

　　质：混凝土由于其本身的可塑性，质感表现多种多样，粗犷豪放、光滑细腻、精致精美等各种质感都可以用混凝土塑造出来

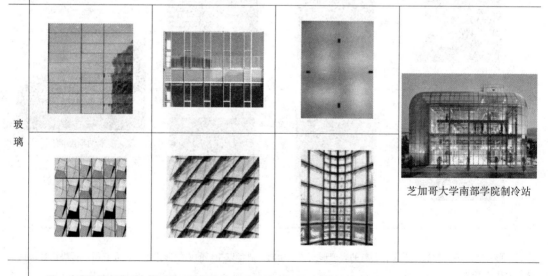

芝加哥大学南部学院制冷站

玻璃

材质特点

　　形：玻璃的形态有面和体两种，根据建筑造型的需要，通过不同的组织形式，玻璃可以呈现出多样的建筑形态

　　色：根据不同的建筑效果的需求，玻璃可以呈现出多种不同的色彩

　　质：通过不同的加工工艺，玻璃可以呈现出光滑、通透的效果，也可以呈现出朦胧的神秘感，厚度较大的玻璃块还可以呈现出神秘的光感

	常用材质色彩、纹理、砌筑方式			建筑实例
金属	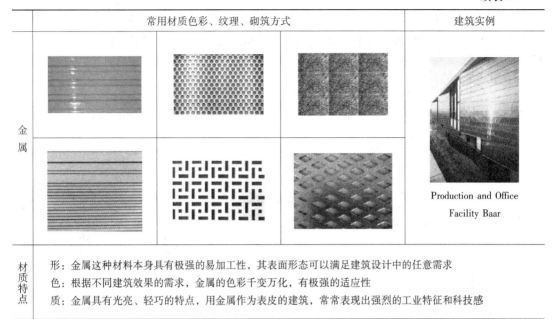			Production and Office Facility Baar
材质特点	形：金属这种材料本身具有极强的易加工性，其表面形态可以满足建筑设计中的任意需求 色：根据不同建筑效果的需求，金属的色彩千变万化，有极强的适应性 质：金属具有光亮、轻巧的特点，用金属作为表皮的建筑，常常表现出强烈的工业特征和科技感			

对于单层工业建筑来讲，建筑表皮材料在很大程度上影响着工业建筑的性格和外在感觉。在其他类型建筑的构成手法中，形体和结构的可变形式要比工业建筑丰富得多，因此表皮对于其他类型的建筑来讲，只是构成的一个重要因素；而对于工业建筑来讲，表皮所占的比重却要大得多。

单层工业建筑中常用的表皮材料有木材、砖、石材、玻璃、混凝土、金属、塑料，这些材料的形、色、质各有不同，因此所表现出的建筑造型效果也各不相同。

对于一个建筑来讲，建筑表皮材料的选择直接决定了建筑给人的外在感受。

可以看出，在单层工业建筑中，不同的表皮材料塑造出的建筑性格各有不同：木材塑造出的工业建筑温暖而平易近人，少了一份工业建筑的冰冷，多了一份工业建筑的人文关怀；砖作为表皮材质在今天的工业建筑领域已经很少应用，但其所传达出的传统、古朴的特质也是其他建筑表皮材料所无法替代的；石材的使用带给工业建筑的是庄重、正式之感；混凝土本身就具有多重的特质，不同的处理方式，或传达出精致、细腻之感，或传达出粗犷、豪放之感；由于建筑结构的不断发展，玻璃作为表皮出现在工业建筑当中，使原本大体量的工业建筑变得轻盈起来；金属材料作为工业建筑的表皮是最为常见的，工业建筑的科技感与高技术特性的最直接表达就是金属表皮。

A　金属材料

金属材料作为最能象征工业建筑的建筑表皮材料，被建筑师经常使用。不同的形、色、质特点为建筑带来了多种多样的表现形式，同时也使工业建筑的表现力达到了一个新的高度。

a　形状对于单层工业建筑造型的影响

金属材料本身具有质量小、延展性强、自身强度大的特点，具有很强的可塑性，可以根据需要随意加工成不同的形态，对建筑师来讲具有很强的可操作性。

　　常用的用金属制成的表皮材料有钢板（压型钢板、耐候钢板）、冲孔板、网形金属包层等，它们虽然都属于金属类的表皮材料，都能表现出工业建筑的特征，但不同种类的表皮材料以不同的截面形态出现在工业建筑表皮中时，最终生成的建筑造型效果却各有不同，见表6-5。

表6-5　金属材料常用截面的基本类型与建筑实例效果

截面类型	对建筑造型的影响	截面形态效果	建筑造型效果
波纹形	波纹形的截面形态，使工业建筑显得灵动而富有诗意		
U形	U形截面起伏明确，线条硬朗，表现出强烈的节奏感	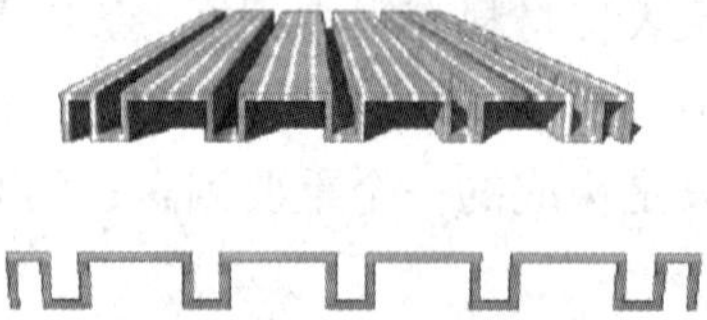	
V形	V形截面相对于U型截面来讲，更加艺术化，面的效果更加丰富，阴影关系更加明显	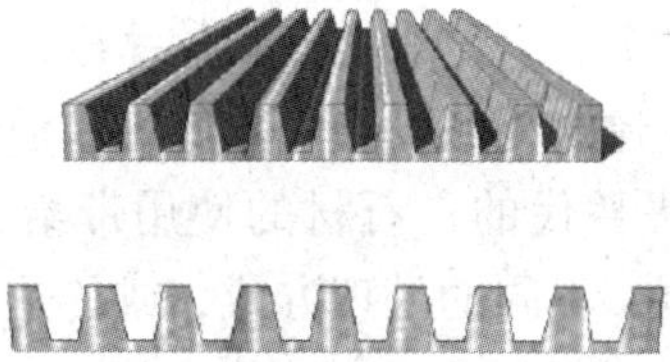	
板形	一字型的截面常以"块"的形式出现，通过面本身的特性变化及相互拼贴、叠加等手法来进行建筑造型	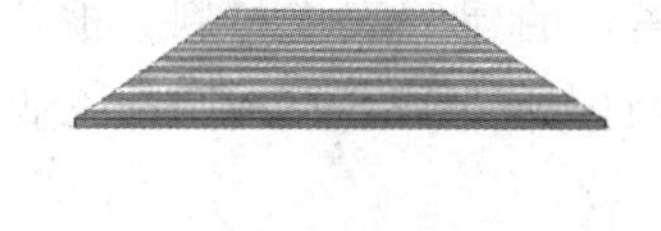	

在以上基本类型的基础上，还有很多衍生的截面类型，虽然表现形式上略有不同，但都能归到基本的截面类型当中。

在同样的截面类型下，不同的金属材料所表达出的建筑造型特征也各有不同。如钢板（压型钢板、耐候钢板）在建筑造型表现手法中，常常所表现出的是工业建筑的纯净感、科技感，在大体量的工业建筑中，肌理的组合变化使工业建筑在细节上富于变化，不再显得单调无味。例如，耐候钢板在工业建筑中的处理，虽然常常采用的仅仅是平面型的拼贴，但由于材料本身的表现力，工业建筑的历史传承油然而生；冲孔板的使用相对于彩钢板来讲，更具科技感与工业感，由于冲孔的存在，不仅使建筑在细节上有了变化，同时增加了大体量工业建筑的通透感，不同的冲孔形状又有各自的质感特点（图6-3），建筑所呈现出的造型质感也有所差别；网形金属包层作为建筑的表皮具有双重特性，从远处看，它是不透明的，以体或面的视觉感受为人们所接收，但从近处看上去，它又是透明的，是"可呼吸"的表皮材料，与冲孔板比较起来，更加消解了工业建筑的大体量感，不同的组合方式又会产生不同的质感与肌理特征，建筑造型效果丰富多彩。

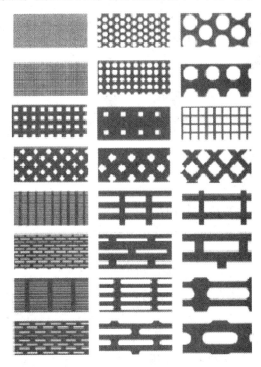

图6-3 富马勒冲孔板孔洞样式图案

b 色彩对于单层工业建筑造型的影响

金属材料的色彩根据建筑师的需要，是非常多变的。不同的色彩，建筑造型效果不相同。

以钢板（压型钢板、耐候钢板）、冲孔板、网形金属包层三种工业建筑中常用的金属表皮材料来分析材质色彩与工业建筑造型的关系。

（1）钢板（压型钢板、耐候钢板）。

钢板的颜色多种多样，可以满足建筑师对色彩的多样需求。从图6-4可以看出，不同色调下均有多种的颜色类型可以选择。

首先，同样的形体，不同的色调，所表现出的建筑造型效果截然不同。暖色调的压型钢板作为建筑表皮，具有视觉的扩张感，同时给人以亲切、易于靠近之感；鲜艳明亮的颜色易给人以兴奋感，而冷色调的压型钢板作为建筑表皮，给人的感受则为严肃和正式；较为稳重的颜色易给人以沉静的感受。其次，同样的色调中，比较沉稳、明度高的颜色给人的感受更加轻盈，而明度低的颜色给人的感受则相对厚重。

如图6-5所示，Urban Solid Waste Collection Central 简单的建筑形体中，以绿色系的金属材料作为建筑的表皮，不同明度的同色金属板材交错排列，形成整个建筑的外观造型效果。作为垃圾处理的场所，绿色的选用给人传达出一种清新、明快的心理感受，一改垃圾处理站的传统印象。

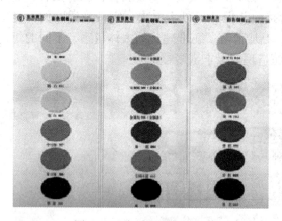

图6-4　宝钢压型钢板色板

图6-5　金属表皮的使用效果

（2）冲孔板与网形金属包层。

冲孔板、网形金属包层可以有各种各样的颜色满足建筑师对其色彩的需求，但总的来看，这类金属材料配合材质本身的质感特点，主要还是显露金属本身的颜色，不做过多人为的改变。

CIB biomedical research centre 对冲孔板的使用可谓使建筑造型产生了让人耳目一新的效果（图6-6）。在整个建筑立面上，被加工成三角形的冲孔板面板四瓣组合成一个单元，每个单元由下至上错位排列，形成鳞状的建筑表皮系统，厚度仅3mm的银灰色金属板面使整个建筑显得轻薄而富有张力，光线透过金属表皮间的孔道，反射的金属光泽、透过孔道的光线、交错的穿孔板形成的阴影三者互相交织，建筑灵动、通透、生机盎然。

图6-6　冲孔板表皮的使用效果

c　质感对于单层工业建筑造型的影响

质感是一个综合的概念，它不仅包含了形和色的因素，同时也包含了人的感受。

不同金属材料的质感，有相同点，但也各自不同。相同的是，作为金属制造的表皮材料，无论如何加工，其材料的特性和表达出的感受是基本相同的，都给人以强烈的工业感和科技感，这是由其本身的生产特点所造就的。经过不同的后期处理，也会产生不同的质感特点。就拿抛光这个处理过程来说，不同的抛光程度，最终金属材料的质感是不同的，高光的抛光方式会显示出强烈的科技感，而亚光的抛光方式就会使材料显得略微粗糙，光线反射效果较为柔和，更能体现金属自身的光感。

B 混凝土

混凝土是当代最为常见的建筑材料之一，它具有原材料丰富、价格低廉、生产工艺简单的特点。作为表皮材料使用的混凝土一般为清水混凝土，它表面平整光滑、色泽均匀、棱角分明，充分显示建筑材料本身的质感和特征。

单层工业建筑对于混凝土的使用，最突出且区别于其他建筑材料的特点是它的质感。因此，在下面的分析中，我们将着重就单层工业建筑中混凝土的质感对建筑造型的影响进行分析讨论。

混凝土材料质感的生成，主要是通过模板。因为清水混凝土是通过模板一次性浇筑完成的，所以它的表皮感觉是由模板决定的。想获得什么特殊纹理，只需先在模板上制作出相应的纹理就可以了，任何可能性都是存在的，主要看建筑师想要什么效果。

在工业建筑中，混凝土的质朴与工业建筑本身的特点具有相似之处，它能够表达出工业建筑的理性特征。清水混凝土施工完经脱模之后所呈现的是一种其他人工建筑材料无法模仿的天然质朴和厚重大气。但清水混凝土是一种十分多变的建筑材质，通过颜色和纹理的控制，其质感效果十分丰富多变，建筑的气质也不尽相同。

图6-7和图6-8所示的斯托比葡萄酒酿造厂，通体虽然采用的均是清水混凝土材料，但同传统意义上的造型效果却并不相同，表面的混凝土虽然进行了拉毛处理，但整体效果并不显得粗犷，从中透出了一种精致感。由远而近，不同的距离都有不同的感受冲击着观赏者的视觉神经。远看时，体块的穿插与均质的表皮材料效果，是整个建筑层次感十分丰富；慢慢靠近，混凝土质感的视觉冲击慢慢加强，与远看相比，它透出一丝皮质的效果；再靠近时，混凝土最真实的感受映入眼帘，拉毛的外墙表面，粗犷中透着一丝精细。

图6-7 斯托比葡萄酒酿造厂混凝土
表皮材质细部效果

图6-8 斯托比葡萄酒酿造厂混凝土表皮材质整体效果

同样是混凝土的材质，但在 Vinas 葡萄酿酒厂造型质感表达中，就完全不同于斯托比葡萄酒酿造厂。Vinas 葡萄酿酒厂中的清水混凝土充分表现出了这种材质的纯净与质朴，拆掉模板后的纹理成为材料质感的唯一表达。在主立面上，通过支模塑造出的波浪形线条，与规整的建筑形态形成强烈的对比，使整个建筑造型规整中不失灵动之感（图6-9）。

C 玻璃

a 色彩对于单层工业建筑造型的影响

以色彩来分，工业建筑中常用的玻璃颜色有无色玻璃、茶色玻璃、灰色玻璃和蓝、绿色玻璃等，不同的颜色作为单层工业建筑的表皮材料，所表达出的工业建筑造型效果各不相同。无色玻璃传达出的是纯净，茶色玻璃传达出的是质朴，灰色玻璃传达的是沉稳，蓝、绿色玻璃传达的是静谧。在不同的材质色彩的表现力下，工业建筑也表达出相应的特质与性格。

同时，透明度也影响着建筑的感官效果。高透的玻璃会使建筑显得更加轻盈，而透明度越低，建筑的体量感与重量感也会越强。

b 质感对于单层工业建筑造型的影响

对于玻璃这种建筑表皮材料来讲，其特有的透明、半透明、反光特性，为工业建筑的造型表达提供了多种选择条件，为工业建筑的丰富性奠定了坚实的基础。

图 6-10 所示的是财政时报印刷厂的立面效果，高透明度玻璃的使用，使整个建筑显得十分精致，反射天空朵朵白云的影像使建筑立面产生了一种动态化的效果，同时也具有了多层次的外观效果。室内的摆设若隐若现，玻璃倒映着天空的白云，结构的逻辑性表达在视线的最近端整齐而又富有节奏的排列开来，不同的层次和不同的主题，使整个建筑都引人入胜。

图 6-9 Vinas 葡萄酿酒厂

图 6-10 财政时报印刷厂玻璃幕墙立面效果

又如图 6-11 所示的维尔·阿雷兹设计的
Factory&Office Lensvelt，淡绿色的半透明玻璃隐
约渗透出建筑内部的状况，同时又倒映着建筑
的周边环境。大面积的玻璃使整个建筑如同一
个漂浮的物体，悬在空中，轻巧、灵动。

从上面的例子可以看出，与其他材料的质
感特性相比，玻璃对于建筑造型的塑造具有其
独特性，单层工业建筑造型的质感要素，通过
玻璃的表达，使原本很笨重的工业建筑变得轻
盈、通透且充满诗意。

6.1.1.4 设备与单层工业厂房建筑造型

工业设施中，各种复杂的管线、设备、构
筑物交错地组合在一起，有的在给人以工业技

图 6-11 Factory&Office Lensvelt

术震撼的同时，如不加以很好的设计的话，也会给人以眼花缭乱、凌乱破败的感觉。因
此，通过建筑塑造的手法在美学法则的约束下，进行工业设备与建筑造型的系统化设计，
对于工业建筑造型设计来讲，显得尤为重要。

设备对工业建筑本体来讲，主要还是对"形状"方面的影响。设备的"形"是整个
建筑设备其他造型影响要素的载体，也是根本。没有了"形"的要素，色与质便无以附
着；"色"为"形"增添了一种视觉感受，可以使"形"产生更加丰富的效果，但并不改
变"形"的本质特征；"质"与"色"一样，也是"形"的附着物，使"形"的视觉感
受更加丰富。其他大小、色彩、质感方面，主要还是由其本身所决定，设备对它们的影响
较小。因此，在以下的分析中，主要还是以建筑设备对建筑"形状"特征的影响为主要的
讨论点（图 6-12）。

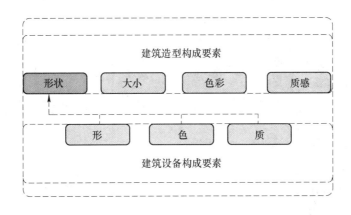

图 6-12 建筑设备与建筑造型构成要素的影响关系

在单层工业建筑造型设计中，常用的整合手法有完整统一法、重点突出法和穿插点缀
法（表 6-6）。

表6-6 常用单层建筑设备与建筑造型设计手法

设计手法	说明	建筑造型效果	
完整统一法	将建筑设备通过形、色、质这三个方面，进行整合，达到与建筑本身协调统一的效果		
重点突出法	将建筑设备通过形、色、质三个方面进行强调和突出，同时对非主要的要素进行弱化和简化		
穿插点缀法	将建筑设备、管线融入建筑造型的生成过程中来，用它们对建筑本体进行艺术化的装饰和点缀		

A 完整统一法

建筑设备是建筑功能不可或缺的一个要素，没有它的支撑，单层工业建筑只是一个空壳，没有任何生产方面的意义。

建筑造型这个艺术化方面的建筑要素，使建筑在美学方面有了实质性的突破。没有建筑造型的雕琢，就没有建筑艺术化的表现。

相比一群个体，完整清晰的想象更容易突出于背景之上，并且容易被人感知。人们的视觉从完形心理学的角度来讲，并不是对单一要素的简单的复制，而是对于事物整体的样式的把握。这种整体的样式，被人们称为完型。这种理论认为完整的造型在塑造人们对于一个事物的心理认知方面总是占有绝对的优势。知觉在组织空间中相邻的视觉刺激时，有使对象尽可能简单的倾向，因此视觉组织易将能够组成对称、规则、简单形态的一组刺激视为一个整体。

根据这个原则，在建筑造型的生成过程中，对建筑设备的放置不再局限于"封闭"的构筑手法，也不再局限于封闭的建筑轮廓当中。通过建筑设备与造型的统一，完全可以将建筑形体与建筑设备相融合，使建筑设备与建筑要素一起，共同生成建筑的造型效果。如图 6-13 所示的 INMOS 微电子工厂中，建筑的主体结构成为建筑造型的主要构成要素，建筑的大型设备集中在建筑结构的核心区域。与一般的处理方式不同，建筑设备并没有用"板子"封闭起来形成硬朗的建筑、设备边界，而是裸露在外，与建筑本身统一在一起。同样的手法，在 ENEL Bagnore 3 地热发电所也有采用（图 6-14）。蓝色所示意的区域是设备的所在，里面包含了大型的风机和管线设备，如果不进行处理，建筑设备与建筑之间就会完全脱节，没有任何的联系。但在设计当中，建筑师将建筑所用的耐候钢板通过架子的形式表现出来，覆盖在设备的上方，并运用"咬合"的方式与设备相联系，不仅将繁杂的设备统一在建筑的"形"当中，同时也通过材料加强了建筑设备与建筑之间的呼应关系。

图 6-13 INMOS 微电子工厂设备的"完型"化处理

图 6-14 ENEL Bagnore 3 地热发电所完整统一手法的运用

B 重点突出法

重点突出法是指在工业建筑设计中，根据具体的建筑特点，将设备通过形、色、质三个方面进行强调和突出，同时对非主要的要素进行弱化和简化，使设备成为整个建筑造型的重点和中心，统领整个建筑，塑造出主从分明、重点突出的建筑造型模式。

单层工业建筑中，常常会出现高大的设备构件，如烟囱、冷却塔等，它们的存在丰富了建筑构图要素，同时也为大体量的工业建筑增加了视觉中心。图6-15为一汽大众佛山分厂的汽车生产厂房，在长达几百米的厂房中，将冷却塔进行构图上的强调和突出，并加入色彩的运用，更加突出了这个生产构件的统领地位，同时也凸显了其作为一个工业建筑的建筑特质。

IBC创新工厂（IBC Innovation Factory）是一个用来生产油漆的工业建筑，生产过程中需要利用烟囱进行排烟，在与建筑造型的组合当中，建筑师采用了重点突出的工业建筑设备的处理方式，平衡了建筑在水平方向的体量感，同时形成了建筑纵向与水平方向的对比，并呈现三角形稳定的美学构图（图6-16）。烟囱的体量并不大，在整个建筑造型的塑造中，没有喧宾夺主，只是将纵向的构图要素引入整个建筑的造型当中。

图6-15　一汽大众佛山分厂汽车生产厂房

图6-16　IBC创新工厂设备与建筑造型生成分析

图6-17中是Ravenna的Centrale Teodora热电厂，由意大利著名的建筑及家具设计师Marco Mulazzani设计。该发电厂最突出的形象就是在高大的烟囱统领下的两座动力机组。为了强调这两组设备的中心地位，设计师强化了对烟囱的处理，用红白相间的警示色对其进行粉刷。这种色彩上的对比，虚与实的对比，使烟囱成为视觉中心。设计者还利用半透明材料对设备的底部进行包装，这就更加突出了这

图6-17　Centrale Teodora热电厂

两组设备的形态。同时，将其他周边的建筑设备也包含其中，使原本杂乱的建筑设备统一在了弧形的金属外皮之下，简洁而富有工业建筑的质感。远远望去，本应处于从属地位的设备成了整个建筑造型的核心，建筑却成为配角。

C　穿插点缀法

工业企业中种类繁多、纵横交错的设备、管线，虽然给企业建设带来了很多的不便，但是这也成为工业建筑的一大特色。过去在建筑设计中，常把外露的设备、管线看成艺术处理的障碍，觉得它们的存在影响着建筑造型的生成效果，经常想尽办法将它们隐藏起

来；而现代的工厂建筑艺术中，则采用完全相反的设计手法，在设计中常常将它们外露出来，通过艺术化的加工，从而塑造出极其具有工业化特征的建筑造型。因此，在对这些设备、管线进行设计时，不应只考虑"藏"的处理，还可以积极利用他们的个性；将建筑设备、管线融入建筑造型的生成过程中来，用它们对建筑本体进行艺术化的装饰和点缀，也许会收到更好的建筑造型效果。

图 6-18 的 Sapeg 水处理厂在建筑造型塑造上，将水处理设备与建筑的造型塑造进行了统一化的设计，并利用高起的水处理罐使本身平直的建筑在局部有了变化，丰富了建筑造型效果。

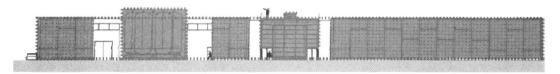

图 6-18　Sapeg 水处理厂设备与建筑立面造型生成分析

6.1.2　单层工业建筑造型设计手法分析

6.1.2.1　单层工业建筑形体的生成手法

单层工业建筑常常以大体量为主要特征，这样的尺度对于进行工业生产的人们来讲，并不适宜。因此，在工业建筑的设计当中，常常运用不同形体的生成手法对这种巨大的体量感进行消解，使之更加符合人们感官上的尺度标准。

对于工业建筑来讲，形体的生成并非是随意进行的，而是由建筑本身的特点所决定的。工业建筑的根本是服务于工业生产，因此，工业生产的流程直接制约着建筑形体的生成，脱离开工业建筑生产的形体是无意义的。例如，对于大型机库来讲，其形体就无法进行大的分割和位移，规整的形体和连续的内部空间是其功能使用的基本保障；对于仓储类的单层工业建筑来讲，建筑的形体和空间形式虽然相对于机库来说较为自由，可以采用更多几何形状，但为了保证仓储效率的最大化，规整依然是最基本的要求；但对于供应处理类的工业建筑来讲，它的建筑形体可以根据内部的设备进行自由化的表现，将设备作为形体构成的一个部分进行建筑造型的塑造。

在单层工业建筑形体的生成过程中，经常使用的有排列、分割、连接、位移等手法。不同的形体生成手法，所塑造出的建筑造型效果各有不同。但在这里需要再次强调的是，无论采用哪种形体生成手法，它都必须满足功能的基本需求，保证空间对于工业生产的可利用性。离开了这个基本的原则，形体的生成便是空中楼阁，没有任何实际意义。

A　排列

排列是指通过对母题形态按照一定的规则进行重复的建筑形体生成手法。在这种形体生成手法中，母题根据规则进行重复，形成有条理的、重复的具有连续性的形式美特征。

梅赛德斯奔驰设计中心便是这种形体构成方式最好的例证（图 6-19）。设计师伦佐·皮亚诺通过梯形作为整个建筑造型生成的母题，通过对其比例的调整变化，根据地形将其进行弧形排列，最终形成整个建筑的形体。不断重复、排列的母题，使整个建筑造型的生成充满了韵律感。同时，这种交错的形体设计手法，也为采光、通风带来了极大的便利。

B 分割

将一个完整的形体，根据内部功能的需要进行割裂，从而形成新的个体。这种对于形体的处理方式，称为"分割"。

Heinrich Nolke GmbH&Co Meat Processing Plant Versmold 的建筑形体设计采用的是将建筑形体进行分割的建筑形体设计手法，根据生产和辅助部分将建筑分为两个不同而独立的建筑单元，这样不仅对整个建筑的体量做了一定的消减，也让功能变得更加合理，在增加了整体的艺术效果同时，两个不同体量的同一建筑也形成了对比的关系（图 6-20）。

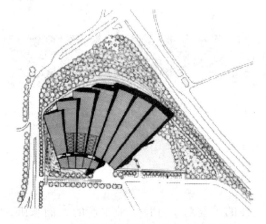

图 6-19 梅赛德斯奔驰设计中心总平面图

图 6-20 Heinrich Nolke GmbH&Co Meat Processing Plant Versmold 分割手法的采用

C 连接

由于内部功能的需要，将分割开来的形体进行连接，并对"连接体"进行艺术化处理的建筑形体生成手法，称为"连接"。在某转运站的设计中，通过连接体将大体量的工业建筑进行分割，并用艺术化处理的连接体进行连接，从而消减了过长体量所带来的尺度、比例的不适宜感（图 6-21）。

图 6-21 某转运站方案设计

D 位移

先根据功能对基本的建筑形体进行分割，再将分割出的部分进行相应的平面旋转或位移。这样的形体生成手法，称为"位移"。

在 Ventolera 葡萄酒酿造厂中，根据功能的分布，建筑的形体分成了两个部分：一个是主要生产区，另一个是辅助功能区。在两个分割开的建筑形体中，各个功能区完成着各自不同的使命。在造型的表达上，也突破了以往整体式的建筑构成方式，具有自身的独特性（图 6-22）。

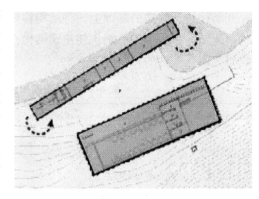

图 6-22 Ventolera 葡萄酒酿造厂位移手法的运用

6.1.2.2 基于结构系统的单层工业建筑造型设计手法

A 结构外露的建筑造型手法

a 单纯外露的建筑结构造型手法

将结构构件作为建筑外部形体的视觉中心，以结构构件作为建筑艺术化表达的基本要素，运用建筑结构自身的逻辑性、韵律感来进行建筑造型的生成和建筑的艺术化表达（表 6-7）。

表 6-7 单纯外露的建筑结构造型手法实例分析

案例名称	结构要素的特征	建筑造型的美学特征	建筑造型效果
Hawaii Gateway Energy Center	用网架结构搭成的构筑物用来放置能源中心太阳能板，每个网架结构的支撑杆以线形的表达方式对建筑造型进行塑造	支撑杆塑造出了体的概念，但体却显现出了轻盈的特质，同时与建筑本体的石材墙面形成了虚实的对比	
雷诺汽车中心	以四边为结构支撑点，通过钢梁、悬索进行力的传递，外部形态充分反映结构自身的受力特点	通过结构单元的排列组合进行整个建筑的塑造，建筑造型特点突出	
Transcend Primary Store	通过桁架结构进行整个结构的生成，以椎体作为基础的结构单元不断重复，将力进行传递	通过一榀一榀桁架的不断重复，既作为建筑结构系统的组成要素，又作为建筑造型的要素，生成了强烈的节奏感与韵律感	

　　b　刻意强调的建筑结构造型手法

　　在结构进行外露的基础上，将结构构件通过一定的手段进行强调，从而更加强化建筑结构对建筑造型生成的影响，使建筑结构在建筑造型生成逻辑中所占的比重加大，从而达到建筑艺术化表达的目的（表6-8）。

表6-8　刻意强调的建筑结构造型手法实例分析

案例名称	结构要素的特征	建筑造型的美学特征	建筑造型效果
NP Gas 加油站	由于建筑本身的特点，维护结构可以极大程度的弱化，"伞"状的建筑结构撑起了整个建筑所需的空间	通过支撑结构与围护结构的相互配合，整个建筑造型飘逸而流畅	
牙买加热电联厂	将整个结构裸露在外，支撑结构通过构件将力传递至地面，结构既作为建筑表皮，又作为支撑体系	看似虚化的结构表达，再加上色彩的大胆使用，使整个结构成为建筑的视觉中心，充分表达了结构的逻辑性和理性特征	

　　B　结构隐匿的建筑造型手法

　　结构的隐匿是指将建筑的真实结构隐藏在表面的装饰物之下，建筑造型的表现是通过装饰物来实现的。也就是说，结构体系被装饰体系所替代，通过装饰体系这个新的"结构体系"来完成对建筑造型的设计。

　　对于结构隐匿的建筑造型设计手法，其基本的设计逻辑还是基于建筑结构的逻辑之上的。整个建筑造型的生成，都是根据建筑结构系统进行外部形体的表达，并非通过肆意的手法用表皮材料进行表达。这一点是需要强调的。

　　在Winery 14 Vinas的建筑造型塑造过程当中，整个建筑的结构被表面装饰所覆盖，结构体系完全无法在建筑的造型中被分辨出来，从室内来看，甚至连建筑结构都被隐藏起来，无法分辨（图6-23）。

6.1.2.3　基于建筑表皮材料的单层工业建筑造型设计手法

　　对于单层工业建筑表皮材料的形式特征，主要表现在对表皮材料形、色、质的选择和处理上。同种材料通过不同的形式进行组合，就能形成统一中富有变化的建筑造型效果；

不同种材料的组合，就能形成对比中协调统一的造型效果。每种材料又具有不同的形、色、质特点，因此它们之间通过不同形式特征的组合，可以塑造出非常丰富多变的建筑造型效果。

形的方面，多是通过同种材料的组合形成的，主要手段是通过不同的拼接方式，依附于建筑本身的形态特征塑造而成的。这种塑形手段能使建筑造型产生统一多变的美学特征。

色的方面，多是通过对比的手段，突出强调建筑中的一个或多个建筑造型

图 6-23 通过结构隐匿手法塑造的 Winery 14 Vinas

要素。这种塑形手段能使建筑产生对比协调的美学特征，同时常常削弱了工业建筑沉闷、严肃的性格特征。

质的方面，多采用不同材料的不同特性，通过不同材料、不同质感的对比来塑造整个建筑的建筑造型。这种塑形手段与色的方面一样，也会使建筑产生出对比协调的美学特征（表6-9）。

表 6-9 基于表皮材料形式特征的造型手法实例分析

特征	项目名称	建筑造型的生成手法概述	建筑造型效果
形	Heating Infrastructure Building	通过金属表皮的排列组合和拼贴，"鳞"状的表皮依附在结构逻辑下的外墙上，形成节奏感十足的建筑造型效果	
色	Artisticamenity Stadshaand	将色彩与花纹加入建筑表皮的设计当中，整个建筑朴素、典雅	

续表 6-9

特征	项目名称	建筑造型的生成手法概述	建筑造型效果
质	Water Filtration Plant	对建筑材料不加任何修饰，材质的质感依附于形体充分地表达出来，质朴而丰富	

A　基于表皮材料信息特征的建筑造型设计手法

对于建筑来讲，建筑表皮从来都是走在建筑设计潮流的最前端，因此，通过表皮传达工业建筑的信息特征，也无可厚非地在工业建筑中被建筑师所利用。

运用表皮材料的信息特征进行建筑造型的设计，建筑造型表现出强烈的信息感与科技感，使单层工业建筑的造型出现了新的塑造形式。

GH genhelix biopharmaceutical facilities 是一个生物制药厂的配套建筑，表皮采用轻薄的冲孔板，通过弧形的弯曲塑造最外层的建筑表皮。通过冲孔板的孔洞，内层还通过不同明度的绿色印有生物制药厂的名字，不仅成为建筑造型的一部分，同时也将整个建筑塑造成为一个大型的"广告牌"（图 6-24）。

图 6-24　GH genhelix biopharmaceutical facilities 表皮的信息化表达

B　基于表皮材料生态特征的建筑造型设计手法

生态性的建筑表皮在建筑中已经经过了很多实例的验证，它对于建筑内环境的体征有着非常积极的作用。

工业建筑的本质是进行生产活动，在这个活动的进行过程中，人对环境的感受直接影响着整个生产活动的效率，采光、通风等客观条件对于工业建筑的作用举足轻重。同时，采用生态技术，使建筑对外界条件进行主动的调节，从而降低建筑本身的能耗，这对于工业建筑来说具有非常重要的意义。

图 6-25 所示的 Olive Oil factory，采用双层建筑表皮，在表皮的底部开槽，使空气从双层表皮间的夹层中流过。在空气流动的过程中，内层建筑表皮所传递的建筑内部的热量对夹层中的空气进行加热，空气受热上升，形成了夹层中空气的流动，由此起到了对内层建筑表皮降温的作用。这样就降低了建筑整体的运行能耗，实现了生态手段的建筑塑形。

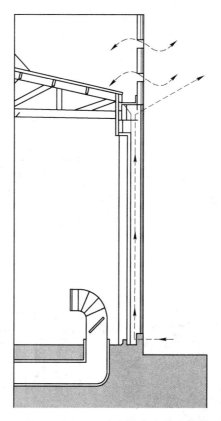

图 6-25 Olive Oil factory 生态性表皮的运作原理分析

6.2 单层工业厂房立面设计

立面设计是厂房建筑设计的一个组成部分。在实际工作中，平、剖、立面设计是统一考虑、综合解决的。在进行平、剖面设计时，就建筑形体的组合，门、窗与梁、柱的布置等，已做了一定的考虑。立面设计是在这一基础上，将平、剖两个方面的尺度统一起来，较全面地反映出整个厂房的形体和门窗与各种构件的配置部位、大小及外形，以及它们与墙面分隔的相互关系。

立面是反映厂房外观形象的，要求厂房具有简洁明朗、朴素大方、与时俱进的形象。在设计中，应认真贯彻适用、经济、安全和美观的设计原则。

6.2.1 使用要求对立面设计的影响

厂房是为生产服务的，生产使用功能反映在立面设计上应是主要的，外部形象的处理必须符合适用、经济的前提。所以，立面设计是建筑形象与使用功能和物质技术的辩证统一，也就是内容与形式的统一。

工艺流程、设备和运输对厂房平、剖面的严格要求以及工艺管道的组合和构筑物的设置，都会反映在立面设计上。例如，图 6-26 中的两栋厂房，虽在细部的立面处理上不尽相同，但它们通过加煤间、锅炉间、汽机间、除氧间等几个空间，按严格的工艺过程，组成阶梯状的体型，却基本上是相同的，反映了热电站的特征。又如机械加工车间，厂房内设备多、厂房跨数多、面积大，形成扁平的体形，如图 6-27 所示，与热电站的形象有很大的不同。

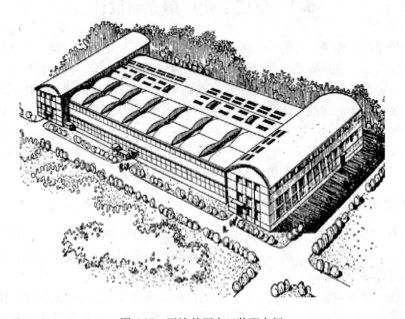

图 6-26　热电站

图 6-27　天津某厂金工装配车间

纺织厂类型的厂房，生产过程中对温、湿度有一定的要求，为了采光均匀并避免眩光，一般都采用连续的北向锯齿形天窗。为了有利于保持室内温湿度，沿厂房四周外墙布置辅助及生活、管理用房，从而形成了纺织厂在体形上所固有的特点（图6-28）。

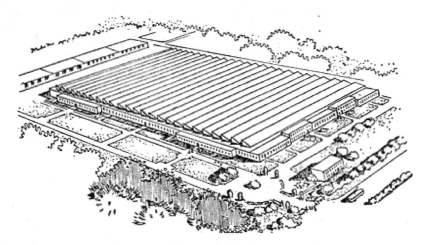

图 6-28　纺织厂

在南方炎热地区的一些热加工车间，为了获得较好的自然通风条件，采用开敞式或半开敞式的厂房形式；为了防止雨水飘进车间，一般沿垂直方向设置数道挡雨板，形成一种横向分割并较空透的立面形式。如图6-29所示。

图 6-29　热加工车间

6.2.2　结构形式、建筑材料与构造方式对立面设计的影响

采用不同的结构形式、墙体材料与构造方式，对立面设计都会产生一定的影响，设计时应结合实际情况，因地制宜地做出相应的立面处理。

不同的结构形式对厂房整个体形的影响很大，如大连港的一个转运仓库，采用双曲抛物面扭壳屋顶，并利用仓库四周扭壳边拱的起拱部分设置采光窗，构成新颖、简朴的建筑形象（图6-30）。

图 6-30　大连港某运转仓库扭壳的屋顶

　　由于采用的墙体材料和构造方式不同，立面的处理也会不同。比如天津某厂金工装配车间（柱距 12m），立面设计时考虑的三个方案：（a）在 12m 柱距中间设置墙加柱，借以铺设 6m 大型墙板；（b）不设墙加柱，而加设墙梁，窗间墙按 6m 划分，用钢筋混凝土窗间墙板作竖向布置，分别连接于托架梁和墙梁上；（c）不设墙柱，依靠 12m 长的墙梁与加厚砖墙体来保证墙身的刚度。由于考虑（a）方案的钢用量大，（b）方案钢筋混凝土用量大，且构造、施工较复杂，最后采用了（c）方案（图 6-31）。

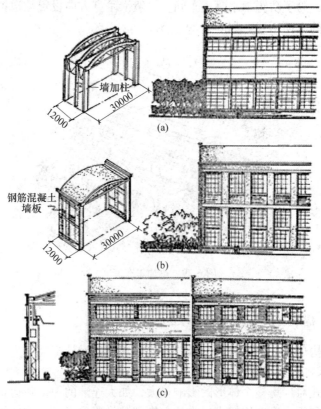

图 6-31　金工装配车间

由以上可看出，墙体材料的选用或构造方式的不同，其立面处理的效果是很不同的。（a）为横向处理，虚实对比强烈；（b）为竖向处理，改善了厂房扁平的感觉；（c）为吊车以上采用横向窗，以下采用竖向窗，上下之间既在基本上统一，又有横竖对比，富有变化。

6.2.3　环境和气候条件对立面设计的影响

不同和环境和气候条件对厂房的体形组合和立面处理也有一定的影响。对城市建设有要求的厂房，立面设计应尽量符合城市建设的需要。北方寒冷地区和南方湿热地区的厂房体形，由于保温及通风散热要求不同，前者一般要求紧凑、集中、厚实，后者则要求分散、狭长、空透（图6-32）。

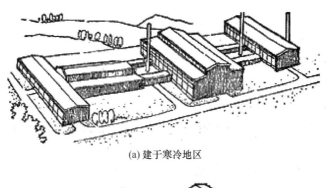

(a) 建于寒冷地区

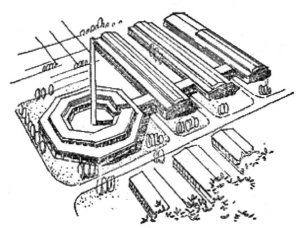

(b) 建于湿热地区

图 6-32　立面设计

冶金类工业厂房节点设计

7.1 单层厂房外墙构造

7.1.1 概述

单层厂房外墙按其材料类别可分为砖墙、砌块墙、板材墙、开敞式外墙、压型钢板墙等；按其承重形式分为承重墙、自承重墙和框架墙等。

（1）外墙与柱的相对位置。分为两种情况：

1）墙体在柱外侧。墙体在柱外侧时（图7-1a、图7-1b），构造简单，施工方便，可以避免产生"热桥"。

2）墙体在柱中间。墙体在柱中间时（图7-1c、图7-1d），可以节约土地和砖料，能省去柱间支撑。

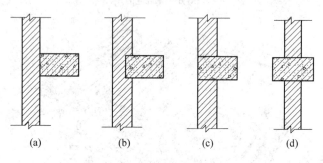

(a)　　　(b)　　　(c)　　　(d)

图7-1　墙与柱的相对关系

（2）柱的截面形式与柱的预埋件。单层厂房的钢筋混凝土柱基本上可分为单肢柱和双肢柱两类：单肢柱的截面形式有矩形、工字形和单管圆形；双肢柱是由两肢矩形截面或圆形截面柱用腹杆连接而成的，按腹杆式双肢柱又分为平腹杆双肢柱和斜腹杆双肢柱两种。钢筋混凝土柱的截面形式如图7-2所示。

柱的预埋件是指预先埋设在柱身，用以与其他构件连接用的各种铁件（如钢板、螺栓及锚拉钢筋等）。图7-3所示为柱的预埋件图。

7.1.2 墙体的细部构造

非承重的围护墙通常不做墙身基础，下部墙身通过基础梁将荷载传至柱下基础，上部墙身支撑在连系梁上，连系梁通过柱子将荷载传至基础，如图7-4所示。

7.1.2.1 基础梁与基础的连接

基础梁的顶面标高应低于室内地面50mm，以便在该面设置墙身防潮层，或利用门洞

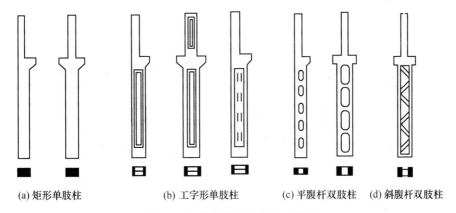

图 7-2 钢筋混凝土柱的截面形式

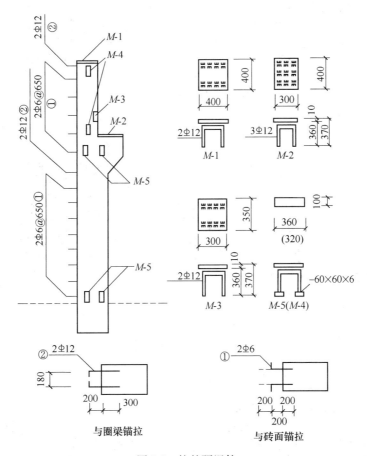

图 7-3 柱的预埋件

口处的地面做面层以保护基础梁（图 7-5）。

　　为保证基础梁与柱下基础有共同的沉降，基础梁下的回填土要虚铺或留有 50~100mm 的空隙。

　　在寒冷地区的冬季，为防止冻胀对基础及墙身产生反拱的不利影响，既可在基础梁的下部填铺炉渣等松散材料，也可在基础梁下预留空隙（图 7-6）。

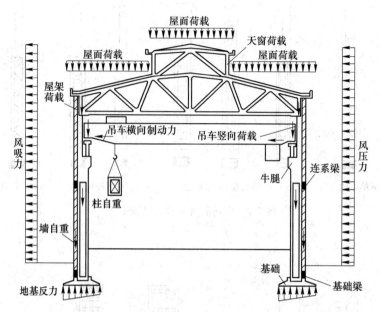

图 7-4   墙体的传力方式

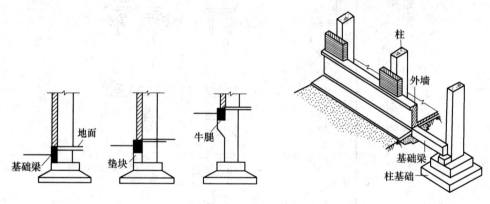

图 7-5   基础梁的设置

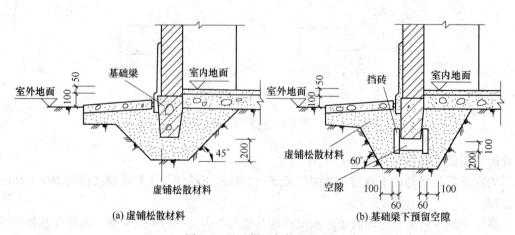

(a) 虚铺松散材料   (b) 基础梁下预留空隙

图 7-6   基础梁下部构造处理

7.1.2.2 连系梁与柱的连接

对于现浇非承重连系梁，可以将柱中的预留钢筋与连系梁整浇在一起；对于预制非承重连系梁，可用螺栓与柱子连接。

承重连系梁与柱的连接，是将连系梁搁置在支托连系梁的牛腿上，用螺栓连接或焊接的方法连接牢固。

连系梁与柱的连接如图 7-7 所示。

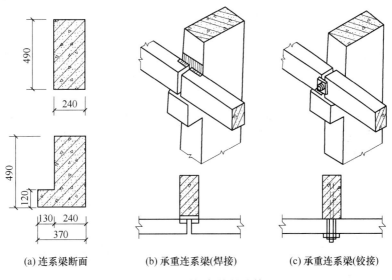

(a) 连系梁断面　　　　(b) 承重连系梁(焊接)　　　　(c) 承重连系梁(铰接)

图 7-7　连系梁与柱的连接

7.1.2.3 墙体与柱、屋架的连接

（1）墙体与柱的连接（图 7-8、图 7-9）。外墙与厂房柱一般采用拉结筋连接：沿柱高度方向每隔 500~600mm 伸出 2Φ6 钢筋砌入砖缝内，以达到锚拉作用。

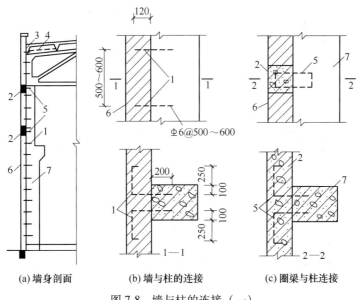

(a) 墙身剖面　　　　(b) 墙与柱的连接　　　　(c) 圈梁与柱连接

图 7-8　墙与柱的连接（一）

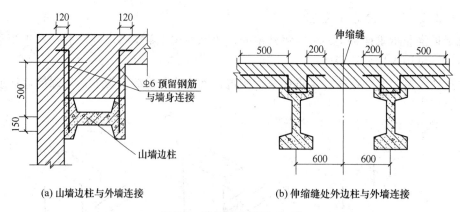

(a) 山墙边柱与外墙连接　　　　　(b) 伸缩缝处外边柱与外墙连接

图 7-9　墙与柱的连接（二）

圈梁的布置原则：振动较大的厂房，如锻工车间、压缩机房等，沿墙高每隔 4m 左右设置；其他厂房在柱顶及吊车梁附近设置，特别高大的厂房则应适当增加。

（2）墙体与屋架的连接（图 7-10）。墙体与屋架的连接最常见的做法是采用钢筋拉结。

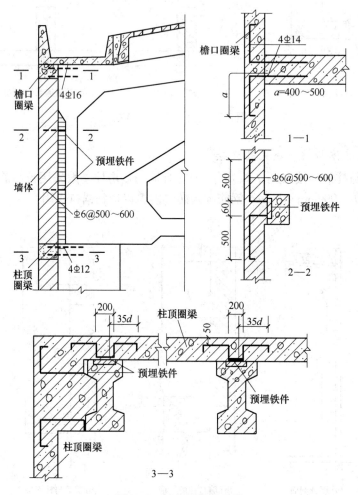

图 7-10　墙与屋架的连接

7.1.2.4 抗风柱与屋架的连接（图 7-11）

山墙承受水平荷载，应设置钢筋混凝土抗风柱来保证自承重山墙的刚度和稳定性。抗风柱的间距以 6m 为宜，个别可采用 4.5m 和 7.5m 柱距。抗风柱的下端插于基础杯口，其上端通过一个特制的"弹簧"钢片与屋架相连接，使两者之间只传递水平力而不传递垂直力。

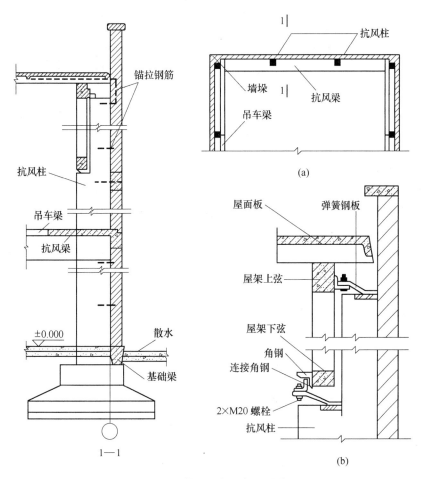

图 7-11 抗风柱与屋架的连接

7.1.3 大型板材墙和轻质板材墙

7.1.3.1 大型板材墙

大型板材墙是我国工业建筑优先采用的外墙类型之一，因为它可成倍提高工程效率，加快建设速度，同时还具有良好的抗震性能。

A 墙板的类型

墙板的类型很多，按受力状况分为承重墙板和非承重墙板；按其保温性能分为保温墙板与非保温墙板；按所用材料分为单一材料墙板和复合材料墙板；按其规格分为基本板、异形板和各种辅助构件；按其在墙面的位置分为一般板、下板和山尖板。

B   墙板的布置

墙板在墙面上的布置方式，应用最多的是横向布置，其次是混合布置，竖向布置应用较少。

横向布置时板型少，以柱距为板长，板柱相连，板缝处理较方便。山墙墙板布置与侧墙相同，山尖部位可布置成台阶形、人字形、折线形等（图7-12）。台阶形山尖异形墙板少，但连接用钢较多；人字形则与之相反，折线形介于两者之间。

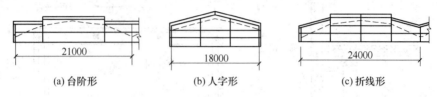

(a) 台阶形	(b) 人字形	(c) 折线形

图 7-12   山墙山尖墙板的布置

C   墙板的规格

单层厂房基本板的长度应符合（厂房建筑模数协调标准）（GB/T 50006—2010）的规定，并考虑山墙抗风柱柱距，有 4500mm、6000mm、7500mm、12000mm 等规格。根据生产工艺的要求，也可采用 9000mm 的板长。基本板高度应符合 3M 模数，规定为 1800mm、1500mm、1200mm 和 900mm 四种。基本板厚度应符合 1/5M 模数，并按结构计算确定。

D   墙板连接

a   板柱连接

板柱连接应安全可靠，便于制作、安装和检修，一般分为柔性连接和刚性连接两类：

（1）柔性连接的特点是墙板与厂房骨架以及板与板之间在一定范围内可以有相对独立的位移，能较好地适应振动引起的变形，设计烈度高于 7 度的地震区宜用此法连接墙板。

图 7-13（a）所示为螺栓挂钩柔性连接。其优点是安装时一般无焊接作业，维修换件也较容易，但用钢量较大，暴露的零件较多，在腐蚀性环境中必须严加防护。图 7-13（b）所示为角钢挂钩柔性连接。其优点是用钢量较小，暴露的金属面较少，有少许焊接作业，但对土建施工的精度要求较高；角钢挂钩连接施工方便快捷，但相对独立位移较差。

（2）刚性连接就是将每块板材与柱子用型钢焊接在一起，无须另设钢支托，如图 7-13（c）所示。其突出的优点是连接钢材少，但由于失去能相对位移的条件，对不均匀沉降和振动较敏感，主要用在地基条件较好、振动影响小和地震烈度低于 7 度的地区。

b   板缝处理

对板缝的处理首先要求防水，并应考虑制作及安装方便，对保温墙板尚应注意满足保温要求。板缝的构造见图 7-14。

7.1.4 轻质板材墙

在单层厂房外墙中，石棉水泥波瓦、塑料外墙板、金属外墙板等轻质墙板的使用日益广泛。它们的连接构造基本相同，后文钢结构厂房外墙构造中将做进一步介绍。

7.1.5 开放式外墙

南方炎热地区热加工车间常采用开敞或半开敞式外墙，其主要特点是既能通风又能防

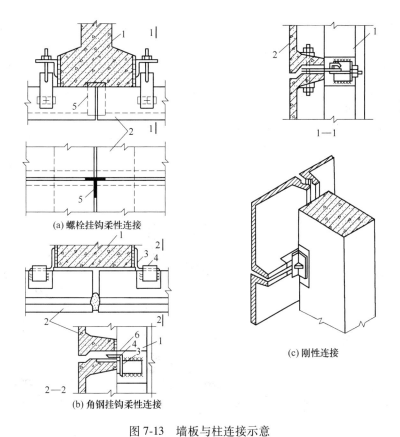

图 7-13　墙板与柱连接示意

1—柱；2—墙板；3—柱侧预埋角钢；4—墙板预埋角钢；5—钢支托；6—上下板连接筋

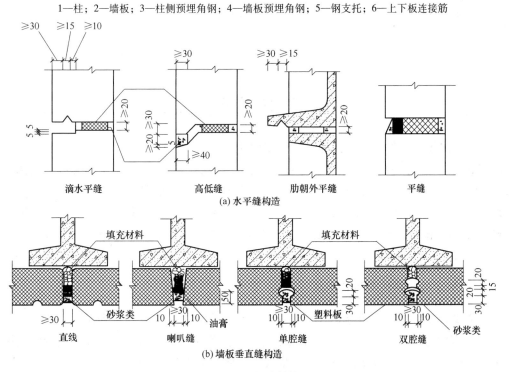

图 7-14　板缝构造

雨，其外墙构造主要就是挡雨板的构造，常用的有石棉水泥波瓦挡雨板和钢筋混凝土挡雨板。

（1）石棉水泥波瓦挡雨板。石棉水泥波瓦挡雨板的特点是质轻，基本构件有型钢支架（或钢筋支架（图7-15a）、型钢檩条、中波石棉水泥波瓦挡雨板及防溅板。挡雨板垂直间距视车间挡雨要求与飘雨角而定。

（2）钢筋混凝土挡雨板。钢筋混凝土挡雨板基本构件有支架（图7-15b）、挡雨板和防溅板。无支架挡雨板（图7-15c）构件最少，但风大雨多时飘雨多。室外气温高、风沙大的干热地区不宜采用开敞式外墙。

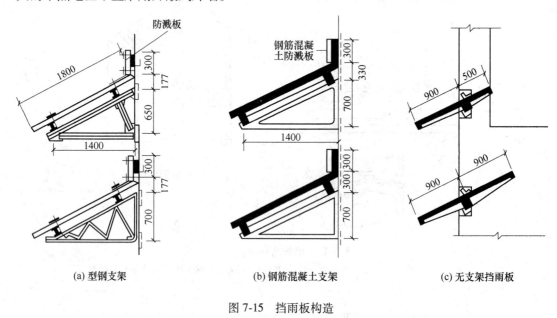

(a) 型钢支架   (b) 钢筋混凝土支架   (c) 无支架挡雨板

图 7-15   挡雨板构造

7.2   单层厂房屋面构造

单层厂房屋面的作用，设计要求与民用建筑屋面基本相同，但也存在一定的差异，主要有以下几个方面：一是单层厂房屋面面积大，屋面上常设置各种天窗、天沟、檐沟、雨水斗及雨水管等，构造较复杂；二是承受生产机械的振动、吊车的冲击荷载，屋面要有足够的刚度、强度、整体性、耐久性；三是单层厂房屋面对一般厂房而言，仅在柱顶标高较低的厂房屋面采取隔热措施，柱顶标高在8m以上时可不考虑隔热；四是屋面对厂房的造价影响较大。

7.2.1   厂房屋面结构的类型与组成

厂房屋面基层结构类型分为有檩体系与无檩体系两种，如图7-16所示。

（1）有檩体系。有檩体系由搁置在屋架上的檩条支承小型屋面板构成。这种体系构件尺寸小、重量轻、施工方便，但构件数量较多，施工周期长。

（2）无檩体系。无檩体系是指将大型屋面板直接搁置在屋架上。无檩体系的构件尺寸

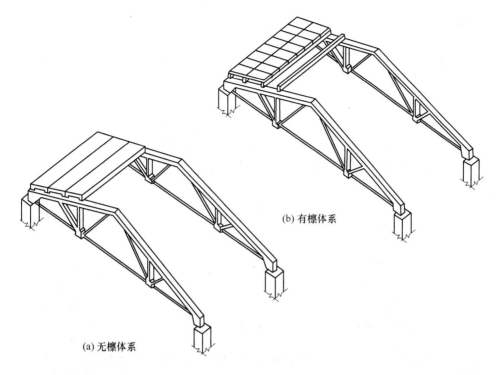

(b) 有檩体系

(a) 无檩体系

图 7-16 厂房基层结构类型

大、型号少,有利于工业化施工。

单层厂房常用的大型屋面板和檩条形式如图 7-17 所示。

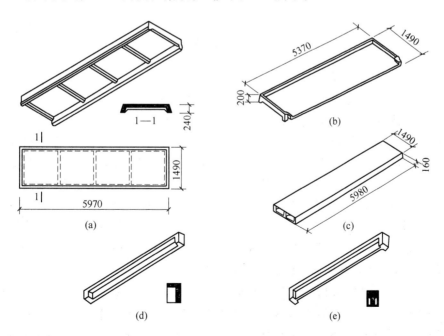

图 7-17 单层厂房常用大型墙面板和檩条形式

7.2.2 单层厂房屋面的防水

单层厂房屋面的防水，根据防水材料和构造不同，分为卷材防水屋面、各种波形瓦防水屋面及钢筋混凝土构件自防水屋面。

7.2.2.1 卷材防水屋面

单层厂房卷材防水屋面的防水构造做法类同于民用建筑（图7-18），不同的是单层厂房卷材防水屋面的防水层易出现拉裂破坏的现象，其主要原因是屋顶的温度变形、挠度变形及厂房的结构变形。为防止屋面卷材开裂，应选择刚度大的构件并改进构造做法，以增强屋面基层的刚度和整体性，减少屋面基层变形。如在大型屋面板或保温层上做找平层时，先在与厂房纵向垂直的横向板缝处做分隔缝，缝内用油膏填充，沿缝干铺300mm的油毡做缓冲层，以减少基层变形对面层的影响。

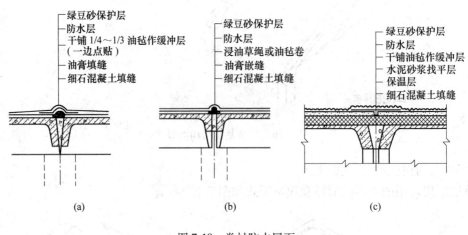

图7-18　卷材防水屋面

7.2.2.2 波形瓦防水屋面

波形瓦防水屋面属于有檩体系屋面。波形瓦类型主要有石棉水泥瓦、镀锌铁皮瓦、压型钢板瓦及玻璃钢瓦等。这里主要介绍压型钢板瓦屋面。

压型钢板瓦是用0.6~1.6mm厚的镀锌钢板或冷轧钢板经辊压或冷弯形成各种不同形状的多棱形板材，表面一般带有彩色涂层，分为单层板、多层复合板、金属夹芯板等。钢板可预压成型，但其长度受运输条件限制不宜过长；亦可制成薄钢板卷，运到施工现场后，再用简易压型机压成所需要的形状。因此，钢板可做成整块无纵向接缝的屋面，接缝少，防水性能好，屋面也可采用较平缓的坡度（2%~5%）。钢板瓦具有自重轻、防腐、防锈、美观、适应性强、施工速度快的特点，但耗用钢材多、造价高，目前在我国应用较少。单层W形压型钢板瓦屋面的构造如图7-19所示。

7.2.2.3 钢筋混凝土构件自防水屋面

钢筋混凝土构件自防水屋面是利用钢筋混凝土板本身的密实性，对板缝进行局部防水处理而形成的防水屋面。该屋面比卷材屋面轻，一般每平方米可减少35kN恒荷载，相应地也可减轻各种结构构件的自重，从而节省钢材和混凝土的用量，可降低屋顶造价，施工

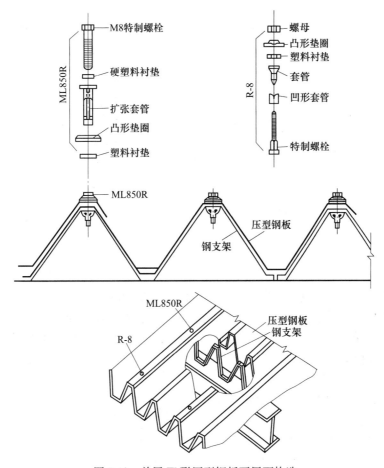

图 7-19　单层 W 形压型钢板瓦屋面构造

方便，维修也容易。但是，板面容易出现后期裂缝而引起渗漏；混凝土暴露在大气中容易引起风化和碳化等。可通过提高施工质量、控制混凝土配合比、增强混凝土的密实度等措施，从而增强混凝土的抗裂性和抗渗性；也可在构件表面涂以涂料（如乳化沥青），减少干湿交替的作用，改善板面性能。根据对板缝采用的防水措施不同，分为嵌缝式、脊带式和搭盖式三种屋面。

（1）嵌缝式、脊带式防水构造。嵌缝式构件自防水屋面利用大型屋面板作为防水构件并在板缝内嵌灌油膏。嵌油膏的板有纵缝、横缝和脊缝，如图 7-20 所示。嵌缝前，必须将板缝清扫干净，排除水分，嵌油膏要饱满。脊带式防水构造为嵌缝后再贴防水卷材，防水性能有所提高。

（2）搭盖式防水构造。搭盖式构件自防水屋面采用 F 形大型屋面板作为防水构件，板的纵缝上下搭接，横缝和脊缝用盖瓦覆盖。这种屋面安装简单、施工速度快；但板型复杂，盖瓦在振动影响下易滑脱，造成屋面渗漏。

7.2.3　单层厂房屋面细部构造

厂房屋面细部构造包括檐口、天沟、泛水、变形缝等，其构造类同于民用建筑。现以

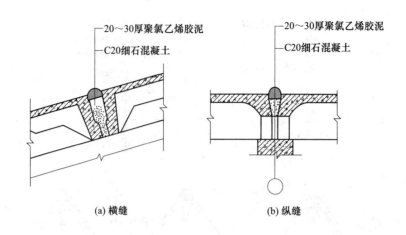

(a) 横缝　　　　　(b) 纵缝

图 7-20　嵌缝式防水构造

卷材与非卷材防水屋面为例，简要介绍各部位的防水处理。

（1）挑檐。采用卷材防水时应注意卷材收头，其构造与民用建筑相同。

（2）纵墙外檐沟。对于卷材防水屋面，在防水层底应附加一层防水卷材。对于非卷材防水屋面，除在檐沟与屋面板相接处做两道卷材外，还应在雨水口处增加一道卷材附加层或涂膜附加层。

（3）边天沟。将槽形天沟板布置在女儿墙内侧，支承于屋架端部，形成边天沟。边天沟排水有内排水和外排水之分。边天沟内排水是在天沟板或屋面板上开孔，使雨水管通入室内（图 7-21）。

（4）中间天沟。南方地区多跨厂房常用两块槽形天沟板在两坡屋面之间并排布置，形成中间天沟。其构造做法有两种：一种是中间天沟处没有变形缝时，可在两块天沟板之上砌砖，并将卷材连续铺设；另一种是有变形缝时，可在两块天沟板上附加一道卷材，填泡沫棒背衬材料，并在上面覆盖镀锌铁皮或钢筋混凝土盖板（图 7-22a）。北方地区多用带预制孔

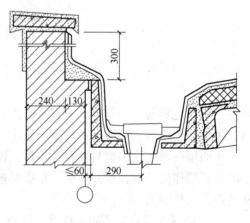

图 7-21　边天沟构造

洞的普通屋面板，天沟处不设或少设保温层，形成中间天沟（图 7-22b）。

（5）泛水。高低跨处泛水是最常见的泛水形式。

高低跨处无变形缝泛水构造如图 7-23 所示，高低跨处有变形缝泛水构造如图 7-24 所示。

（6）变形缝。厂房变形缝包括等高平行跨变形缝（图 7-25）、高低跨处的变形缝。变形缝上附加油毡、镀锌铁皮，或用预制钢筋混凝土盖板盖缝，缝内填沥青麻丝，并保证变形要求。

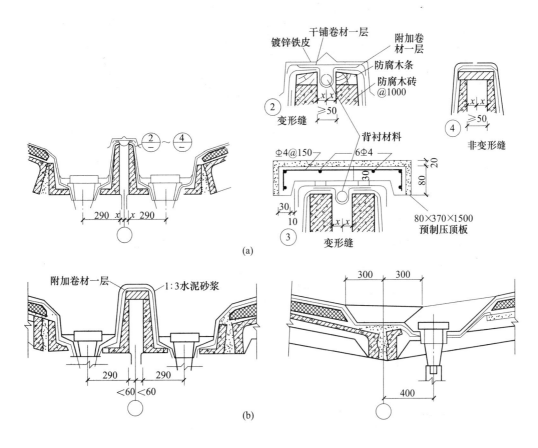

图 7-22 中间天沟构造

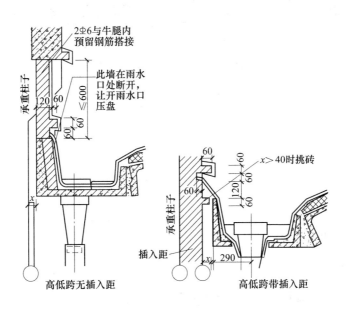

图 7-23 高低跨处无变形缝泛水构造

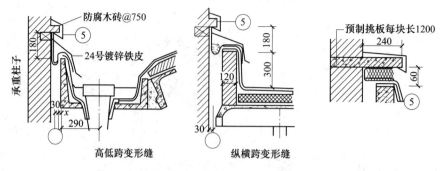

图 7-24　高低跨处有变形缝泛水构造

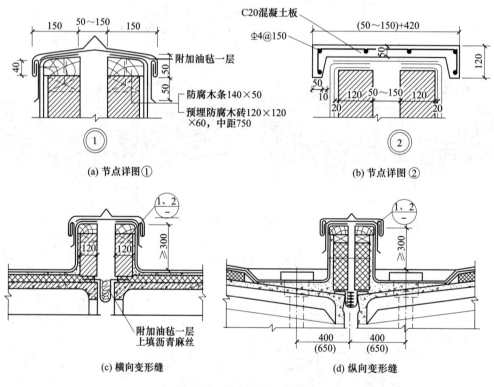

(a) 节点详图①　　　　　　　　　(b) 节点详图②

(c) 横向变形缝　　　　　　　　　(d) 纵向变形缝

图 7-25　等高平行跨变形缝

7.3　单层厂房天窗构造

在单层厂房屋面上，为满足厂房天然采光和自然通风的要求，常设各种形式的天窗。常见的天窗形式有矩形天窗、平天窗和下沉式天窗等。

7.3.1　矩形天窗

矩形天窗沿厂房的纵向布置，为简化构造和检修的需要，在厂房两端及变形缝两侧的第一个柱间一般不设天窗，天窗的两侧根据通风要求可设挡风板。矩形天窗主要由天窗架、天窗扇、天窗屋面板、天窗侧板及天窗端壁等组成（图 7-26）。

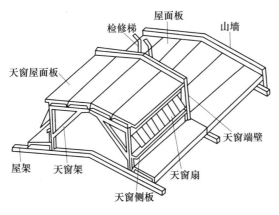

图 7-26 矩形天窗构造组成

（1）天窗架。天窗架是矩形天窗的承重构件，常用的形式有钢筋混凝土天窗架或钢天窗架，如图 7-27 所示。

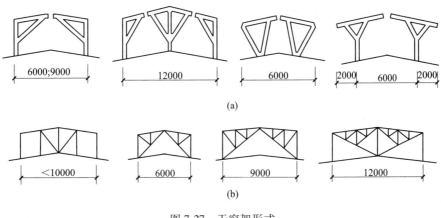

图 7-27 天窗架形式

钢筋混凝土天窗架一般由两榀或三榀预制构件拼接而成，各榀之间采用螺栓连接，支脚与屋架采用焊接（图 7-28）。

钢天窗架重量轻，制作、吊装方便，常采用桁架式，其支脚与屋架节点的连接一般也采用焊接。天窗架的跨度，一般为厂房跨度的 1/3～1/2，且应符合扩大模数 3M。天窗架的高度应结合天窗扇的尺寸确定，多为天窗架跨度的 30%～50%。

（2）天窗屋面板及侧板构造。天窗屋面板多采用无组织排水的带挑檐屋面板，挑出长度 300～500mm。需要有组织排水时，可采用带檐沟的屋面板，或用焊在天窗架上采用钢牛腿支承的天沟板排水，或用固定在檐口板上的金属天沟排水。

天窗侧板是天窗扇下部的围护构件，相当于侧窗的窗台。天窗侧板一般高出屋顶不少于 300mm，但也不能过高，因为过高会增加天窗架的高度。

（3）天窗端壁。天窗两端的山墙称为天窗端壁。钢筋混凝土端壁板用于钢筋混凝土屋架，可根据天窗的跨度不同，由两块或三块拼装而成。端壁板及天窗架与屋架上弦的连接

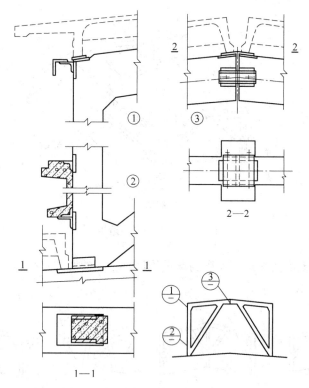

图 7-28　天窗架的拼接与屋架的连接

均通过预埋件焊接，端壁板下部与屋面板相接处要做泛水。需要保温的厂房，一般在端壁板内侧加设保温层。

（4）天窗扇。矩形天窗设置天窗扇的作用主要是为了采光、通风和挡雨。其常用的类型有钢制和木制两种。

上悬式钢天窗扇防雨性能较好，由于其最大开启角度为 45°，故通风功能较差。上悬式钢天窗扇有通长式和分段式两种布置方式，开启扇与天窗端壁之间以及扇与扇之间均须设置固定扇，以起竖框的作用（图 7-29）。

7.3.2　矩形通风天窗

矩形天窗两侧加设挡风板，窗口不设窗扇，增加挡雨设施。这种天窗称为矩形避风天窗，也可称为矩形通风天窗（图 7-30）。挡风板的高度不宜超过天窗檐口的高度，挡风板与屋面板之间应留有 50~100mm 的间隙，兼顾排除雨水和清灰的作用。在多雪地区，间隙可适当增加，但不宜超过 200mm。如间隙过大，易产生"倒灌风"现象，影响天窗通风效果。

（1）挡风板。挡风板可垂直或外倾布置。

挡风板中间应设小门，供检修、清灰和扫雪时进出之用。挡风板两端应封闭，以使挡风形式布置灵活，但这样做增加了天窗架的荷载，对抗震不利。

（2）挡雨设施。矩形通风天窗的挡雨设施有在天窗檐口设大挑檐、水平口设挡雨片和垂直口设挡雨片 3 种情况（图 7-31）。

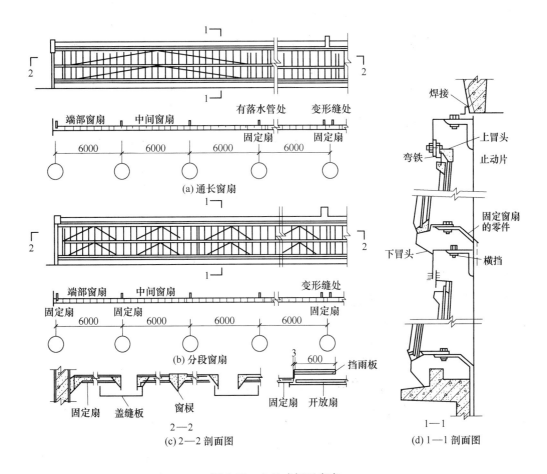

图 7-29 上悬式钢天窗扇

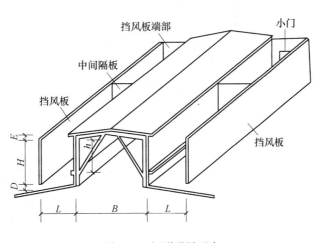

图 7-30 矩形通风天窗

挡雨片按材料分，有石棉水泥瓦、钢丝网水泥板、钢筋混凝土板、薄钢板等类型。当有采防光要求时，可采用铅丝玻璃、钢化玻璃、玻璃钢瓦等透明材料。

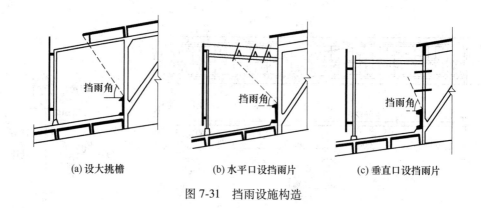

(a) 设大挑檐　　　　　　(b) 水平口设挡雨片　　　　　(c) 垂直口设挡雨片

图 7-31　挡雨设施构造

7.3.3　平天窗

7.3.3.1　平天窗的形式

平天窗主要有采光板、采光罩和采光带等形式。

（1）采光板：在屋面上开孔，然后装设平板透光材料（图 7-32）。

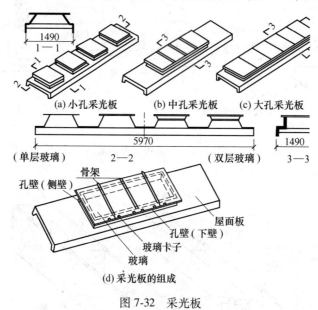

(a) 小孔采光板　　　(b) 中孔采光板　　　(c) 大孔采光板

图 7-32　采光板

（2）采光罩：在屋面板上开孔，然后装上弧形或锥形透光材料，构成采光罩（图 7-33）。

（3）采光带：将部分屋面板的位置空出来，铺上透光材料做成较长的（6m 以上）横向或纵向采光带（图 7-34）。

平天窗的优点是屋顶荷载小、构造简单、施工方便，但易造成炫光和太阳直射，易积灰，防雨能力差。随着采光材料的发展，近年来平天窗的应用越来越多。

7.3.3.2　平天窗的构造

设置平天窗的目的，主要是为了解决防水、防太阳辐射和眩光、安全防护及通风等问题。

（1）防水。为加强防水，应设防水井壁，井壁是平天窗采光口四周凸起的边框，应高出屋面150~250mm，并做泛水构造。井壁的形式有垂直和倾斜两种。大小相同的采光口，倾斜井壁采光较好。

（2）透光材料与安全防护。

1）透光材料。

①选择有扩散性的透光材料，减少眩光和增加采光均匀度。

②当车间内有保温、隔热要求时，应采用双层中空玻璃。

③选择平板玻璃时，要进行表面处理，以改

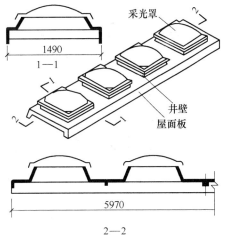

图 7-33　采光罩

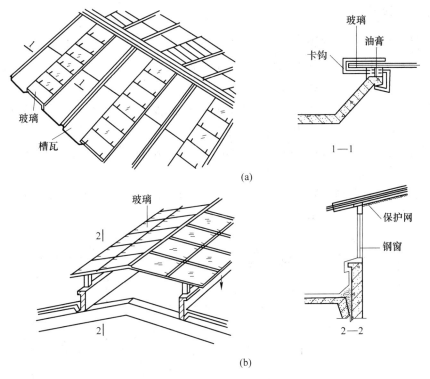

图 7-34　采光带的形式

善其扩散性，消除眩光。

2）安全防护。

①采用安全玻璃（钢化玻璃、夹丝玻璃或玻璃钢罩等）。

②非安全玻璃下应设安全网，安全网一般用托铁与井壁固定。

（3）通风措施。目前采用的通风措施有以下两类。

1）采光和通风结合处理，即采用可开启的采光板或采光罩，单独通风型和组合通风型采光罩（图 7-35）。

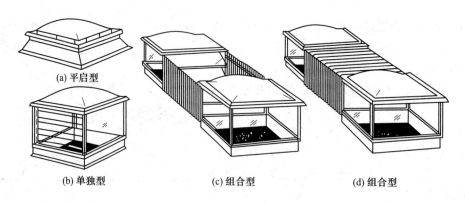

(a) 平启型

(b) 单独型　　　　　　(c) 组合型　　　　　　(d) 组合型

图 7-35　通风性采光罩

2）将采光和通风分开，利用平天窗采光，另设通风屋脊通风。

7.3.4　下沉式天窗

下沉式天窗是在一个柱距内，将一定宽度的屋面板从屋架上弦下沉到屋架下弦上，利用上下屋面板之间的高差作为采光和通风口的天窗。

7.3.4.1　下沉式天窗的形式

下沉式天窗的形式有井式天窗、纵向下沉式天窗和横向下沉式天窗。这三种天窗的构造类同，下面主要以井式天窗为例进行介绍。

井式天窗的布置方式（图 7-36）有单侧布置、两侧对称布置、两侧错开布置和跨中布置四种。前三种为边井式，后一种为中井式。

单侧或两侧布置时通风效果好，多用于热加工车间。跨中布置能充分利用屋架中部较高的空间，采光较好，但排水、清灰较复杂。

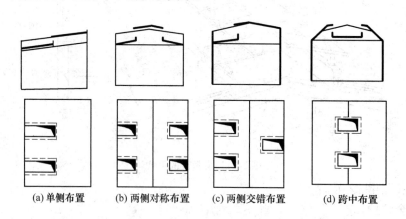

(a) 单侧布置　　(b) 两侧对称布置　　(c) 两侧交错布置　　(d) 跨中布置

图 7-36　井式天窗布置形式

7.3.4.2　下沉式天窗的构造

下沉式天窗的组成有屋架、檩条、井底板、井口板、挡风侧墙、挡雨设施和排水装置等（图 7-37）。

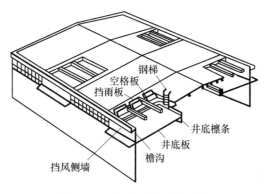

图 7-37 下沉式天窗构造形式

A 屋架选型

单侧或两侧布置的井式天窗可选用坡度平缓、端部较高的梯形屋架,这样可获得较大的排风口面积,具有良好的通风性能。对于跨中布置的井式天窗则可采用折线形、拱形、三角形屋架。为了便于铺设井底板或檩条,井式天窗宜采用双竖杆、无竖杆或全竖杆屋架。

B 井底板铺设

(1)横向铺板(有檩方案)。在双竖杆或无竖杆屋架下弦节点上搁置檩条,檩条上铺设井底板(井底板平行于屋架布置),井底板边缘应做约300mm高的泛水(图7-38)。

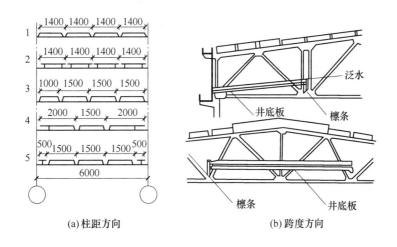

(a)柱距方向 (b)跨度方向

图 7-38 井底板的横向铺设

为了提高井底板与屋面之间的净空,增大排风口净高,可采用下卧式檩条、槽形或L形檩条(图7-39)。

(2)纵向铺设(无檩方案)。把井底板直接搁置在屋架下弦上,省去檩条,增加了天窗垂直口净空高度,但有的板端会与屋架腹杆相碰。为此,一般采用非标准的卡口板或出肋板(图7-40)。

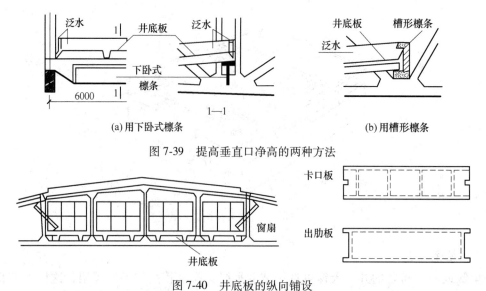

(a) 用下卧式檩条　　　　　　　　　　　　　(b) 用槽形檩条

图 7-39　提高垂直口净高的两种方法

图 7-40　井底板的纵向铺设

C　挡雨设施

常见的挡雨设施如下：

（1）井口设空格板及挡雨片（图 7-41），挡雨片的角度为 60°，材料可采用玻璃、钢等。挡雨片的连接构造做法有插槽法和焊接法。

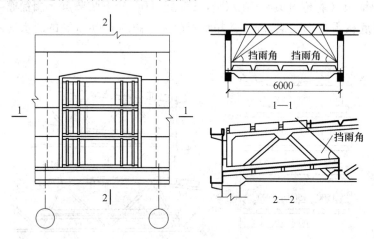

图 7-41　井口设空格板及挡雨片

（2）井口设挑檐板（图 7-42），纵向由相邻的屋面板加长挑出，横向增设屋面板形成挑檐。

D　窗扇的设置

（1）垂直口设窗扇

纵向垂直口可选用上悬或中悬窗扇；横向垂直口因有屋架腹杆的阻挡只能选用上悬窗扇。

（2）水平口设窗扇

中悬窗扇：窗扇固定在空格板肋或檩条上，可根据挡雨和保温要求调节开启角度。

推拉窗扇：每个井口上设两扇带有滑轮的水平玻璃顶盖，可沿水平口两侧的导轨移

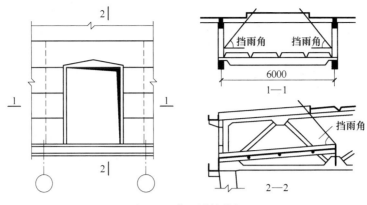

图 7-42 井口设挑檐板

动，根据挡雨和保温要求调节开口面积。

E 井底排水

井底排水可分为边井式天窗排水和中井式天窗排水。

（1）边井式天窗排水

无组织排水厂房屋面和天窗井底板均为自由落水（图 7-43a）。

单层天沟排水：指井底或井口设通长天沟外排水，有两种处理方式：一种是厂房屋顶设通长天沟，下层井底板为自由落水（图 7-43b）；另一种是厂房屋顶为自由落水，下层井底板设通长天沟，再由雨水管排出雨水（图 7-43c）。

双层天沟排水：指厂房屋顶、井底板都设通长天沟，上天沟雨水排至下天沟，再由雨水管排出（图 7-43d）。

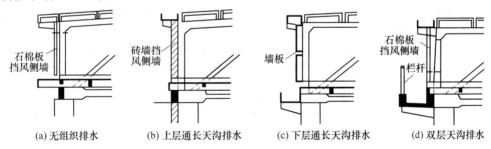

| (a) 无组织排水 | (b) 上层通长天沟排水 | (c) 下层通长天沟排水 | (d) 双层天沟排水 |

图 7-43 边井式天窗排水

（2）中井式天窗排水

间断天沟图 7-44（a）用于中井式天窗连跨布置且灰尘不大的厂房。

双层天沟图 7-44（b）用于降雨量大的地区及灰尘多的厂房，可设上下两层通长天沟。

跨中布置井式天窗时，井底板设雨水口、雨水斗，用悬吊管将雨水排出室外。

F 井底泛水与井口泛水

（1）井底泛水。井底板周围应设泛水，高度不宜小于 300mm。泛水可采用砖砌，外抹水

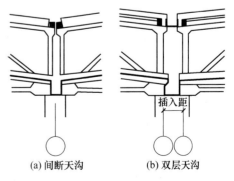

| (a) 间断天沟 | (b) 双层天沟 |

图 7-44 中井式天窗排水

泥砂浆，或用预制钢筋混凝土挡水条。

（2）井口泛水。井口周围应设 150~300mm 高的泛水，做法同井底泛水。

G　挡风侧墙及检修设施

为保证边井式天窗有稳定的通风效果，在跨边须设垂直挡风侧墙，可采用砖墙、石棉板或预制墙板（图 7-43）。在挡风侧墙与井底板之间应留 100~150mm 空隙，便于排出雨雪和灰尘。

在每个边井式天窗的挡风侧墙上设小门，或在每个天窗内设置钢梯，供清灰和检修通行。当利用下层天沟作清灰通道时，天沟外应设安全栏杆（图 7-43d），并设落灰竖管。竖管间距一般不大于 120m。

7.4　单层厂房侧窗与大门构造

7.4.1　侧窗构造

单层厂房侧窗有以下特点：

（1）侧窗的面积大；

（2）多采用拼框组合窗；

（3）根据生产工艺特点，侧窗应满足一些特殊需要。

7.4.1.1　单层厂房的侧窗类型

（1）按材料分，有木窗、钢窗和钢筋混凝土窗。

（2）按层数分，有单层窗、双层窗。

（3）按开启方式分，有中悬窗、平开窗、固定窗、立转窗等。

1）中悬窗的窗扇沿水平中轴转动，开启角度大，通风良好，便于采用侧窗开关器进行启闭，宜设在外墙的上部。

2）平开窗构造简单，通风效果好，开关方便；但防雨较差，而且只能用手开关，不便设置联动开关器，宜布置在外墙的下部作为进气口。

3）固定窗构造简单，节省材料，宜设置在外墙的中部，主要用于采光。

4）立转窗的窗扇沿竖直轴转动，通风好，可根据风向调整窗扇，常布置在热加工车间的外墙下部作为进风口。

厂房侧窗洞口尺寸一般比较大，根据车间通风的需要，通常将中悬窗、平开窗、固定窗组合在一起。为了便于安装开关器，侧窗组合时，在同一横向高度内应采用相同的开启方式。

7.4.1.2　窗的布置形式与窗口尺寸

单层厂房的侧窗可布置成矩形窗（窗与窗之间有窗间墙）或横向通长的带形窗，后者多用于装配式大型墙板厂房。

侧窗洞口的尺寸应符合《建筑模数协调统一标准》的规定，以利于窗的设计、加工制作标准化和定型化。

7.4.2　大门构造

7.4.2.1　单层厂房大门的特点

由于经常搬运原材料、成品及生产设备等，厂房的大门需要能方便地通行各种车辆所以厂房门洞尺寸一般较大。

大门门框一般采用砖砌或钢筋混凝土制作，门框与门扇的连接一般采用特制铰链。

7.4.2.2 大门洞口尺寸的确定

为了使满载货物的车辆能顺利地通过大门，门的宽度应比满载货物的车辆外轮廓宽 600~1000mm，高度则应高出 400~500mm。为了便于采用标准构配件，大门的尺寸应符合《建筑模数协调统一标准》的规定，以 300mm 作为扩大模数进阶。常见的运输车辆通行用大门的门洞尺寸见表 7-1。

表 7-1　厂房大门的规格尺寸　　　　　　　　　　　　（mm）

洞口宽 运输工具	2100	2100	3000	3300	3600	3900	4200 4500	洞口高
3t 矿车	🚃							2100
电瓶车		🚶						2400
轻型卡车			🚚					2700
中型卡车				🚗				3000
重型卡车					🚛			3900
汽车起重机						🚜		4200
火车							🚆	5100 5400

7.4.2.3 大门的类型

（1）大门按用途可分为一般大门和有特殊要求的大门（如保温、防火等）；

（2）按门扇材料分为木门、钢木门、钢板门、铝合金门等；

（3）按开启方式分为平开门、推拉门、折叠门、上翻门、升降门、卷帘门等。

7.4.2.4 大门的构造

a　平开门的构造

平开门由门扇、门框及五金零件组成。

当门洞宽度大于或等于 3m 时，应采用钢筋混凝土门框。边框与墙体之间应采用拉筋连接，并在铰链位置上预埋铁件。图 7-45 所示为钢筋混凝土门框与过梁构造。

当门洞口宽度小于 3m 时，采用砖砌门框，并在安装铰链的位置砌入有预埋铁件的预埋块，且用拉筋与墙体链接。图 7-46 所示为砖砌门框与过梁构造。

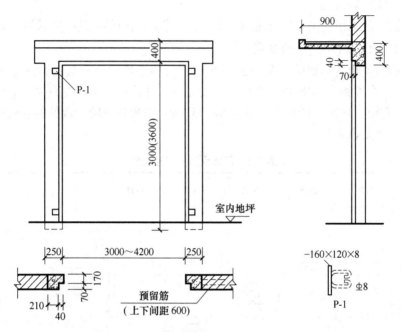

图 7-45　钢筋混凝土门框与过梁构造

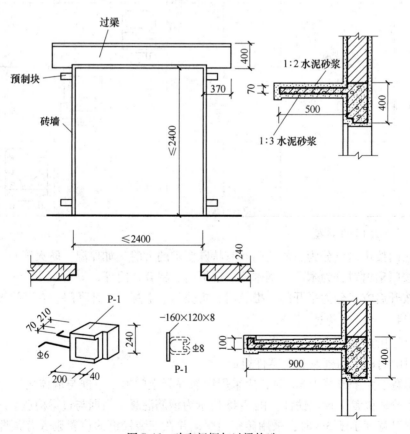

图 7-46　砖砌门框与过梁构造

钢木大门构造见图 7-47。门洞尺寸一般不大于 3.6m×3.6m，门扇较大时采用焊接型

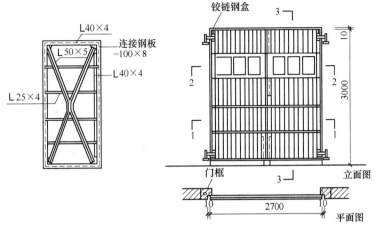

(a) 平、立面图及门扇钢骨架图

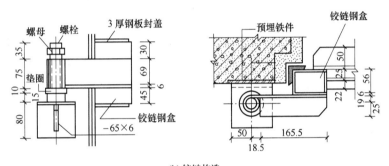

(b) 铰链构造

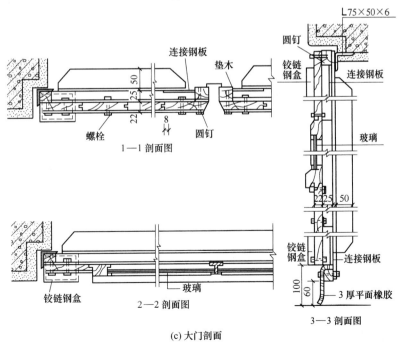

(c) 大门剖面

图 7-47　钢木大门构造

钢骨架，用角钢横撑和交叉横撑增强门扇刚度，上贴 15~25mm 厚的木门芯板。

　　b　推拉门的构造

　　推拉门由门扇、上导轨、滑轮、导饼（或下导轨）和门框组成。推拉门按门扇的支承方式分为上挂式和下滑式两种。

　　当门扇高度小于 4m 时，采用上挂式，即通过滑轮吊挂在导轨上推拉来开关门扇，固定导轨的支架与门框上的预埋件焊接。图 7-48 所示为上挂式推拉门的构造。

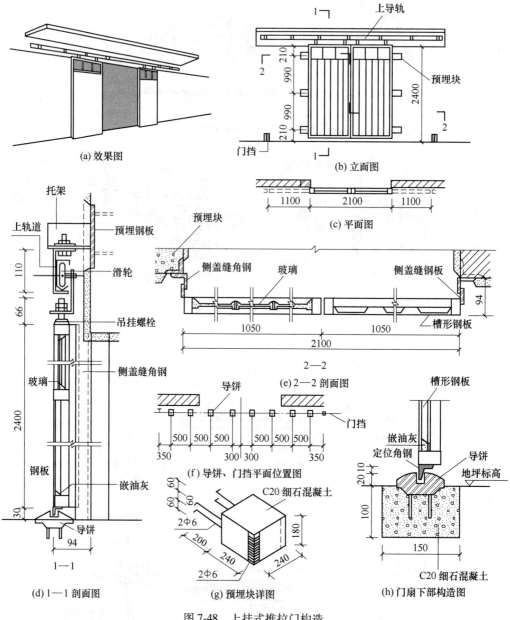

图 7-48　上挂式推拉门构造

　　当门扇高度大于或等于 4m 时，采用下滑式，即下部导轨用来支承门扇重量，上部导轨用于导向。

7.5 单层厂房地面构造

7.5.1 单层厂房地面的特点及要求

（1）具有足够的强度和刚度，满足大型生产和运输设备的使用要求，有良好的抗冲击、耐振、耐磨、耐碾压性能；

（2）满足不同生产工艺的要求，如隔热、防火、防水、防腐蚀、防尘等；

（3）合理选择材料与构造做法，降低造价；

（4）处理好设备基础、不同生产工段对地面不同要求引起的多类型地面组合拼接问题。

（5）满足设备管线敷设、地沟设置等特殊要求。

单层厂房地面构造与民用建筑地面构造基本相同，一般有面层、结构层、保温层、隔声层等功能层次。

7.5.2 常用地面的构成和做法

7.5.2.1 地面构成

（1）面层：与车间的工艺生产特点有直接关系。为便于排水，地面可设 0.5%~1%的坡度。

（2）垫层：垫层起传递荷载的作用，厚度需按计算确定。垫层有刚性垫层和柔性垫层之分。

常用的刚性垫层有混凝土垫层、碎砖三合土垫层等；柔性垫层有夯实的砂垫层、素炉渣垫层等。

为了减少温度变化产生不规则裂缝引起地面破坏，混凝土垫层上应做接缝。接缝种类有伸缝和缩缝，若厂房内温度变化不大，一般只设缩缝。垫层缩缝形式图 7-49 所示。

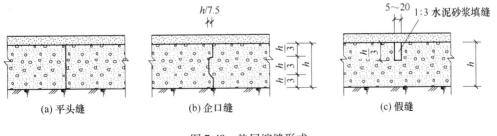

图 7-49 垫层缩缝形式

（3）基层：要有足够的承载力，有素土基层或在土中碾入碎石、碎砖等骨料的基层。

（4）附加层：

结合层：连接块材或卷材与垫层的中间层，主要起结合上下层的作用。

隔离层：防止地面的水、腐蚀性液体渗漏到地面下影响建筑结构，或防止地下的水、潮气、腐蚀性介质渗漏至地面，对构造层产生不利影响。

7.5.2.2   地面面层的选择

地面面层应根据生产特征、使用要求和影响地面的各种因素来选择（表 7-2）。

表 7-2   地面面层的选择

生产特征及对垫层的使用要求	适宜的面层	生产特征举例
机动车行驶、受坚硬物体磨损	混凝土、铁屑水泥、粗石	行车通道、仓库、钢绳车间等
坚硬物体对地面产生冲击	混凝土、块石、缸砖	机械加工车间、金属结构车间等
坚硬物体对地面有较大冲击	矿渣、碎石、素土	铸造、锻压、冲压、废钢处理等
受高温作用地段（5000℃以上）	矿渣、凸缘铸铁板、素土	铸造车间的熔化浇铸工段、轧钢车间加热和轧制工段、玻璃熔制工段
有水或其他中性液体作用地段	混凝土、水磨石、陶板	选矿车间、造纸车间
有防爆要求	菱苦土、木砖沥青砂浆	精密车间、氢气车间、火药仓库等
有酸性介质作用	耐酸陶板、聚氯乙烯塑料	硫酸车间的净化、硝酸车间的吸收浓缩
有碱性介质作用	耐碱沥青混凝土、陶板	纯碱车间、液氨车间、碱熔炉工段
不导电地面	石油沥青混凝土、聚氯乙烯塑料	电解车间
要求高度清洁	水磨石、陶板马赛克、拼花木地板、聚氯乙烯塑料、地漆布	光学精密器械、仪器仪表、钟表、电信器材装配

7.5.2.3   地面结构层的设置与选择

地面结构层可分为刚性与柔性两类。结构层的厚度主要由地面上的荷载决定，地面上的荷载较大则需经过计算确定，但一般不小于下列数值：结构层为混凝土时，厚度不小于 80mm；结构层为灰土、三合土时，厚度不小于 100mm；结构层为碎石、沥青碎石、矿渣时，厚度不小于 80mm；结构层为砂、煤渣时，厚度不小于 60mm。

混凝土结构层（或结构层兼面层）的伸缩缝一般多为平头缝，企口缝适于结构层厚度大于 150mm 时，假缝只能用于横向缝（图 7-49）。

7.5.3   地面细部构造

7.5.3.1   地面变形缝

地面变形缝的位置应与建筑物的变形缝一致。同时，在地面荷载差异较大和受局部冲击荷载的部位，亦应设变形缝。变形缝应贯穿地面各构造层次，并用沥青类材料填充。变形缝构造如图 7-50 所示。

7.5.3.2   不同材料地面的接缝

两种不同材料的地面，由于强度不同、材料的性质不同，接缝处是最易受损的地方，应根据不同的情况采取措施。面层为水泥砂浆等脆性材料时，常在接缝处预埋角钢做护边处理。接缝处两边均为砂、矿渣等非刚性垫层时，常设置混凝土块进行加固（图 7-51）。

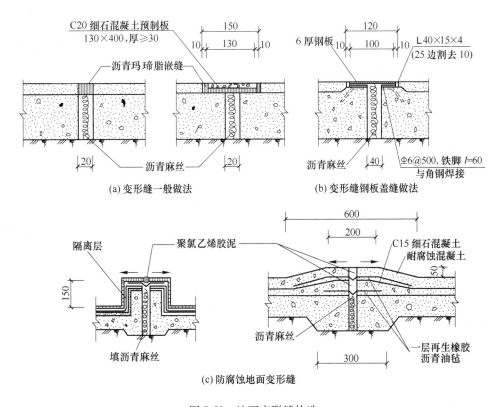

图 7-50 地面变形缝构造

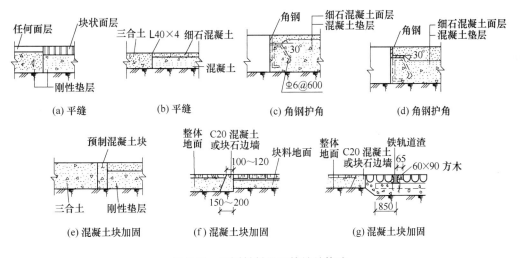

图 7-51 不同材料地面接缝处构造

7.6 钢结构厂房的构造

近年来，我国钢结构厂房以其建设速度快、适应条件广泛等特点，建成的数量越来越多，其特有的构造形式也越来越受到关注。

钢结构厂房按其承重结构的类型可分为普通钢结构厂房和轻型钢结构厂房两种。钢结构厂房在构造组成上与钢筋混凝土结构厂房大同小异。其主要差别为，钢结构厂房因使用压型钢板等外墙板和屋面板，在构造上增设了墙梁和屋面檩条等构件，从而产生了相应的变化。轻型钢结构厂房构造组成见图7-52。

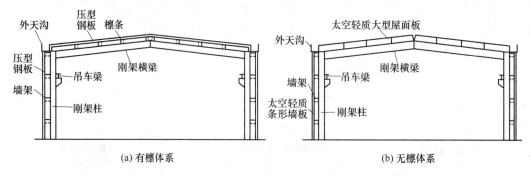

(a) 有檩体系   (b) 无檩体系

图7-52   轻型钢结构厂房构造组成

7.6.1   压型钢板外墙

7.6.1.1   外墙材料

（1）按波高可分为低波板、中波板和高波板。

1）低波板波高为12~30mm，用于墙板、室内装饰板（墙面及顶板）。

2）中波板波高为30~50mm，用于屋面。

3）高波板波高大于50mm，用于单波较长的屋面，通常配有专用固定支架。

（2）按热工性能可分为非保温的单层压型钢板和保温复合型压型钢板。

1）非保温的单层压型钢板目前使用较多的为彩色涂层镀锌钢板，一般为0.4~1.6mm的波形板。彩色涂层镀锌钢板具有较高的耐温性和耐腐蚀性，一般使用寿命可达20年。

2）保温复合型压型钢板通常做法有两种：一种是施工时在内外两层钢板中填充板状的保温材料，如聚苯乙烯泡沫板等；另一种是利用成品材料——工厂生产的具有保温性能的墙板直接施工安装，是在两层压型钢板中填充发泡型保温材料，利用保温材料自身的凝固作用使两层压型钢板结合在一起，形成复合式保温外墙板。

7.6.1.2   外墙构造

钢结构厂房的外墙一般采用下部为砌体（一般不超过1.2m）、上部为压型钢板墙体，或全部采用压型钢板墙体的构造形式。当抗震烈度为7度、8度时，不宜在柱间砌砖墙；9度时，宜采用与柱子柔性连接的压型钢板墙体。

压型钢板外墙构造力求简单，施工方便，与墙梁连接可靠；转角等细部构造应有足够的搭接长度，以保证防水效果。图7-53所示分别为保温型和非保温型外墙压型钢板墙梁、墙板及包角板的转角构造图。图7-54所示为窗户（窗侧、窗顶、窗台）包角构造。

图7-55所示为墙板与墙体节点构造。图7-56所示为山墙与屋面处泛水构造。

7.6.2   压型钢板屋面

厂房屋顶应满足防水、保温、隔热等基本要求。同时，还要根据需要设置天窗，解决

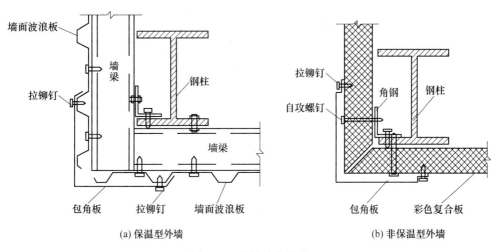

(a) 保温型外墙　　　　　　　　(b) 非保温型外墙

图 7-53　外墙转角构造

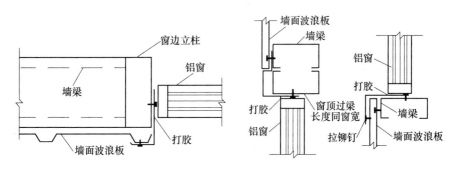

图 7-54　窗户包角构造

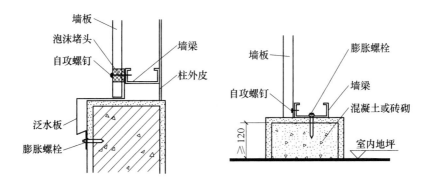

图 7-55　墙板与墙体节点构造

厂房的采光问题。

　　钢结构厂房屋面采用压型钢板有檩体系，即在钢架斜梁上设置 C 形或 Z 形冷轧薄壁钢檩条，再铺设压型钢板屋面。彩色压型钢板屋面施工速度快、重量轻，表面带有色彩涂层，防锈、防腐、美观，并可根据需要设置保温、隔热、防结露涂层等，适应性较强。

　　压型钢板屋面构造做法与墙体做法有相似之处，图 7-57 所示为压型钢板屋面及檐沟构造。图 7-58 所示为屋脊节点构造。图 7-59 所示为檐沟构造。图 7-60 所示为双层板屋面

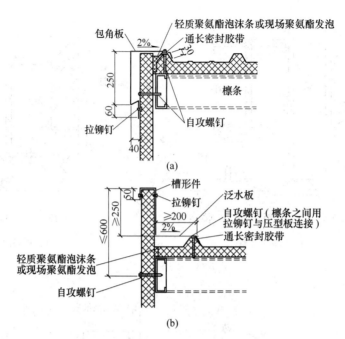

图 7-56   山墙与屋面处泛水构造

构造。图 7-61 所示为内天沟构造。

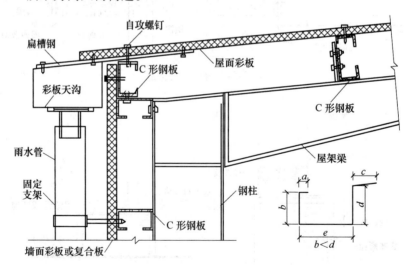

图 7-57   压型钢板屋面及檐沟构造

屋面采光一般采用平天窗,其构造简单,但天窗采光板与屋面板相接处防水处理要可靠。图 7-62 所示为天窗采光带构造做法。图 7-63 所示为屋面变形缝构造做法。

厂房屋面的保温隔热应视具体情况而定。一般情况,厂房高度较大,则屋面对工作区的冷热辐射影响随高度的增加而减小。因此,柱顶标高在 7m 以上的一般性生产厂房屋面,可不考虑保温隔热;而恒温车间,其保温隔热要求则较高。屋面保温层厚度的确定方法与墙体保温层厚度的确定方法相同。

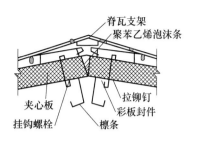

图 7-58 屋脊节点构造

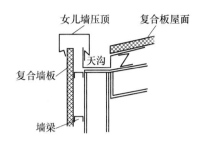

图 7-59 檐沟构造

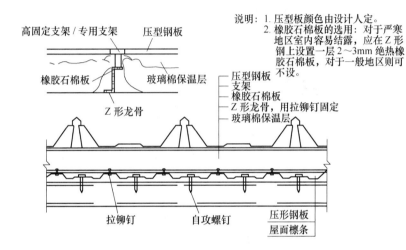

说明：1. 压型板颜色由设计人定。
　　　2. 橡胶石棉板的选用：对于严寒
　　　　 地区室内容易结露，应在 Z 形
　　　　 钢上设置一层 2～3mm 绝热橡
　　　　 胶石棉板，对于一般地区则可
　　　　 不设。

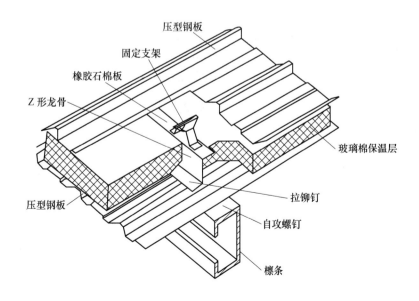

图 7-60 双层屋面构造

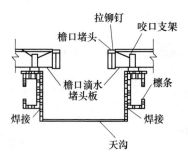

图 7-61 内天沟构造

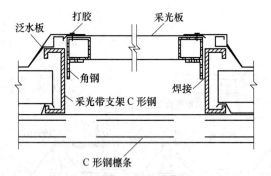

图 7-62 天窗采光带构造

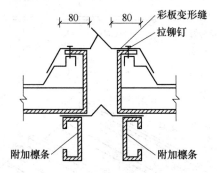

图 7-63 屋面变形缝构造做法

8 冶金类单层工业厂房方案及施工图绘制

8.1 单层工业厂房方案及施工图设计要求

8.1.1 单层工业厂房方案设计要求

8.1.1.1 总平面设计

根据城市设计和场地设计的知识，进行总平面布置，绘制总平面图：

(1) 确定场地主次入口的位置。

(2) 进行场地道路布置及绿化布置。

(3) 确定建筑物的位置及消防间距、日照间距等其他安全距离。

(4) 人流、车流的组织。

(5) 绘制建筑构造详图。

根据建筑方案的特点，准确表达设计构思，将相关构造绘制建筑详图。

8.1.1.2 平面设计

(1) 根据工艺简图及平面布置简图要求进行柱网布置。

(2) 根据柱网布置关系确定定位轴线。

(3) 根据建筑功能及消防要求确定厂房的围护结构及门窗位置。

(4) 根据工艺性质进行功能分析和平面组合。

(5) 标示吊车轮廓、吊车轨道中心线：标注吊车吨位 Q、吊车跨度 L、吊车轨道中心线与纵向定位轴线间的距离。

8.1.1.3 剖面设计

根据建筑功能及使用性质确定建筑物各部分的净高，进而确定建筑层高和空间组合方式。根据图纸的表达情况绘制 1~2 个剖面图。

8.1.1.4 立面设计

根据建筑物的性质，运用建筑美学的原理及处理手法，确定建筑立面造型；根据建筑所处位置及城市规划部门的要求，绘制正立面、侧立面和背立面图。

8.1.2 单层工业厂房施工图设计要求

8.1.2.1 施工图首页和总平面图

建筑施工图首页一般包括：图纸目录、建筑设计总说明、总平面图、门窗表、装修做法表等。总说明主要是对图样上无法表明的和未能详细注写的用料和做法等内容，作具体的文字说明。

总平面图主要是表示出新建房屋的形状、位置、朝向，与原有房屋及周围道路、绿化等地形、地物的关系；可看出与新建房屋室内、底层地坪的设计标高±0.000 相当的绝对标高，单位为米。

8.1.2.2　建筑平面图

建筑平面图应标注如下内容：

（1）外部尺寸。如果平面图的上下、左右是对称的，一般外部尺寸标注在平面图的下方及左侧；如果平面图不对称，则四周都要标注尺寸。外部尺寸一般分三道标注：最外面的一道是外包尺寸，表示房屋的总长度和总宽度；中间一道尺寸，表示定位轴线间的距离；最里面一道尺寸，表示门窗洞口、门或窗间墙、墙端等细部尺寸。底层平面图还应标注室外台阶、花台、散水等尺寸。

（2）内部尺寸。包括房间内的净尺寸、门窗洞、墙厚、柱、砖垛和固定设备（如厕所、盥洗台、工作台、搁板等）的大小、位置，以及墙、柱与轴线的平面位置尺寸关系等。

（3）纵、横定位轴线编号及门窗编号。门窗在平面图中，只能反映出它们的位置、数量和洞口宽度尺寸，窗的开启形式和构造等情况是无法表达的。每个工程的门窗号、数量都应有门窗表说明，门代号用 M 表示，窗代号用 C 表示，并加注编号以便区分。

（4）标注房屋各组成部分的标高情况。室内外地面、楼面、楼梯平台面、室外台阶面、阳台面等处，都应分别注明标高。楼地面有坡度时，通常用箭头加注坡度符号表明。

（5）从平面图中可以看出楼梯的位置、楼梯的尺寸、起步方向、楼梯段宽度、平台宽度、栏杆位置、踏步级数、楼梯走向等内容。

（6）在平面图中，通常将建筑剖面图的剖切位置用剖切符号表达出来。

（7）建筑平面图的下方标注图名及比例，底层平面图应附有指北针，表明建筑的朝向。

（8）建筑平面中应表示出各种设备的位置、尺寸、规格、型号等，它与专业设备施工图相配合供施工等用；有的局部详细构造做法，则用详图索引符号表示。

8.1.2.3　屋顶平面图

屋顶平面图应表明屋面排水分区、排水方向、坡度、檐沟、泛水、雨水下水口、女儿墙等的位置。

8.1.2.4　建筑立面图

建筑立面图反映出房屋的外貌和高度方向的尺寸。

（1）立面图上的门窗可在同一类型的门窗中较详细地各画出一个作为代表，其余用简单的图例表示。

（2）立面图中应有三种不同的线型：整幢房屋的外形轮廓或较大的转折轮廓，用粗实线表示；墙上较小的凹凸（如门窗洞口、窗台等）以及勒脚、台阶、花池、阳台等轮廓，用中实线表示；门窗分格线、开启方向线、墙面装饰线等，用细实（虚）线表示。室外地坪线可用比粗实线稍粗一些的实线表示，尺寸线与数字均用细实线表示。

（3）立面图中外墙面的装饰做法应由引出线引出，并用文字简单说明。

（4）立面图在下方中间位置标注图名及比例。左右两端外墙均用定位轴线及编号表示，以便与平面图相对应。

（5）表明房屋上面各部分的尺寸情况：如雨篷、檐口挑出部分的宽度，勒脚的高度等局部小尺寸；注写室外地坪、出入口地面、勒脚、窗台、门窗顶及檐口等处的标高。数字写在横线上的是标注构造部位顶面标高，数字写在横线下的是标注构造部位底面标高（如果两标高符号距离较小，也可不受此限制）。标高符号位置要整齐，三角形大小应该标准、一致。

（6）立面图中有的部位要画详图索引符号，表示局部构造另有详图表。

8.1.2.5 建筑剖面图

要求用两个横剖面图或一个楼梯剖面图来表示房屋内部的结构形式、分层及高度、构造做法等情况。

（1）外部尺寸有三道：第一道尺寸是窗（或门）、窗间墙、窗台、室内外高差等尺寸；第二道尺寸是各层的层高；第三道尺寸是总高度。承重墙要画定位轴线，并标注定位轴线的间距尺寸。

（2）内部尺寸有地坪、楼面、楼梯平台等处的标高；所能剖到部分的构造尺寸。必要时，要注写地面、楼面及屋面等的构造层次及做法。

（3）表达清楚房屋内的墙面、顶棚、楼地面的面层，如踢脚线、墙裙的装饰和设备的配置情况。

（4）剖面图的图名应与底层平面图上剖切符号的编号一致；与平面图相配合，可以看清房屋的入口、屋顶、天棚、楼地面、墙、柱、池、坑、楼梯、门、窗各部分的位置、组成、构成、用料等情况。

8.1.2.6 外墙身详图

实际上外墙身详图是建筑剖面图的局部放大图，可用较大的比例（如1∶20）画出。可只画底层、顶层或加一个中间层来表示。画图时，往往在窗洞中间处断开，成为几个节点详图的组合。详图的线型要求与剖面图一样。在详图中，对屋面、楼面和地面的构造，应采用多层构造说明方法表示：

（1）在勒脚部分，应表示出房屋外墙的防潮、防水和排水的做法。

（2）在楼板与墙身连接部分，应表明各层楼板（或梁）的搁置方向与墙身的关系。

（3）在檐口部分，应表示出屋顶的承重层、女儿墙、防水及排水的构造。

此外，还应表示出窗台、自过梁（或圈梁）的构造情况。一般应注出各部位的标高、高度方向和墙身细部的大小尺寸。图中标高注写有两个或几个数字时，有括号的数字表示相邻上层的标高。同时，须注意用图例和文字说明表达墙身内外表面装修的截面形式、厚度及所用的材料等。

8.1.2.7 楼梯详图

应尽可能将楼梯平面图、剖面图及踏步、栏杆等详图画在同一张图纸内，平、剖面图比例要一致，详图比例要大些。

（1）楼梯平面图：要画出房屋底层、中间层和顶层三个平面图。表明楼梯间在建筑中的平面位置，以及有关定位轴线的布置；表明楼梯间、楼梯段、楼梯井和休息平台形式、尺寸、踏步的宽度和踏步数，表明楼梯走向；标出各层楼地面和休息平台面的标高；在底层楼梯平面图中标注出楼梯垂直剖面图的剖切位置及剖视方向等。

（2）楼梯剖面图：若能用建筑剖面图表达清楚，则不必再绘。

（3）楼梯节点详图：包括踏步和栏杆的大样图，应表明其尺寸、用料、连接构造等。

8.1.2.8　其他设备详图

其他设备详图可视具体要求绘出。

8.2　单层厂房定位轴线

单层厂房定位轴线是确定厂房主要承重构件位置及其标志尺寸的基准线，同时也是厂房施工放线和设备安装的依据。为了使厂房建筑主要构配件的几何尺寸达到标准化和系列化，减少构件类型，增加构件的互换性和通用性，厂房设计应符合《厂房建筑模数协调标准》（GB 50006—2010）的有关规定。

定位轴线的划分是在柱网布置的基础上进行的。通常把垂直于厂房长度方向（即平行于屋架）的定位轴线称为横向定位轴线，在建筑平面图中，从左至右按1，2，…顺序进行编号。平行于厂房长度方向（即垂直于屋架）的定位轴线称为纵向定位轴线，在建筑平面图中由下而上按A，B，…顺序进行编号。编号时不用I、O、Z三个字母，以免与阿拉伯数字1、0、2相混。厂房横向定位轴线之间的距离是柱距，纵向定位轴线之间的距离是跨度。这种标法便于读图，有利于施工（图8-1）。

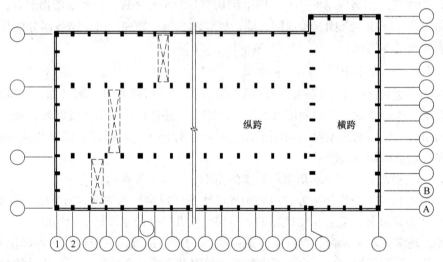

图8-1　单层厂房平面柱网布置及定位轴向划分

8.2.1　横向定位轴线

单层厂房的横向定位轴线主要用来标注厂房纵向构件，如屋面板和吊车梁的长度（标志尺寸）。

8.2.1.1　中间柱与横向定位轴线的联系

屋架（或屋面梁）支承于柱子的中心线上，中间柱的横向定位轴线与柱的中心线相重合。横向定位轴线之间的距离即为柱距，在一般情况下，也就是屋面板、吊车梁在长度方向的标志尺寸，如图8-2（a）所示。这样规定能使厂房构造简单、施工方便，有利于构配件的互换。

8.2.1.2　横向伸缩缝、防震缝与定位轴线的联系

横向伸缩缝和防震缝处的柱子采用双柱双屋架，可使结构和建筑构造简单。为了满足

伸缩缝、防震缝宽度的要求，该处应设两条横向定位轴线，并且两柱的中心线应从定位轴线向缝的两侧各移 600mm。新规范规定移 600mm（旧规定是一条定位轴线，且各移 500mm），是为考虑与扩大模数 3M 数列吻合。两条定位轴线间的插入距离 A 值，就是伸缩缝或防震缝的缝宽 C（C 值按有关规范确定）。该处两条横向定位轴线与相邻横向定位轴线之间的距离，与其他柱距保持一致，如图8-2（b）所示。

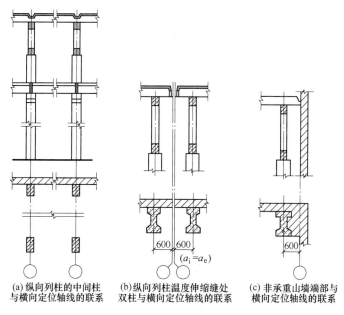

(a)纵向列柱的中间柱   (b)纵向列柱温度伸缩缝处   (c)非承重山墙端部与
与横向定位轴线的联系   双柱与横向定位轴线的联系   横向定位轴线的联系

图 8-2　横向定位轴向与墙柱的联系

8.2.1.3　山墙与横向定位轴线的联系

单层厂房的山墙，按受力情况可分为非承重墙和承重墙，其横向定位轴线的划分也不相同。

（1）山墙为非承重墙时，横向定位轴线与山墙内缘重合，并与屋面板（无檩体系）的端部形成封闭式联系。端部柱的中心线由横向定位轴线内移 600mm，目的是与横向伸缩缝、防震缝处柱子中心线内移 600mm 相统一，使端部第一个柱距内的吊车梁、屋面板等构件与横向伸缩缝、防震缝处的吊车梁、屋面板相同，以便减少构件类型，见图 8-2（c）。由于山墙面积大，为增强厂房纵向刚度，保证山墙稳定性，可将端部柱内移，也便于设置抗风柱。抗风柱的柱距采用 15M 数列，如 4500m、6000mm、7500mm 等。由于单层厂房柱距常采用 6000mm，所以，山墙抗风柱柱距宜采用 6000mm，使连系梁、基础梁等构件可以通用，如图 8-3 所示。

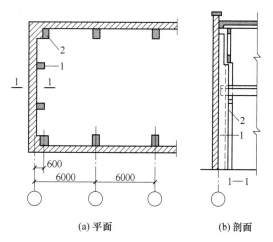

(a) 平面   (b) 剖面

图 8-3　非承重山墙与横向定位轴线的联系
1—抗风柱；2—端柱

（2）山墙为砌体承重墙时，墙体内缘与横向定位轴线的距离按砌体的块材类别分为半块或半块的倍数或墙体厚度的一半（图8-4）。例如，采用100mm厚的砌块砌成300mm厚的墙时，其值可取150mm；若采用240mm厚的普通砖墙时，则该值可取120mm。

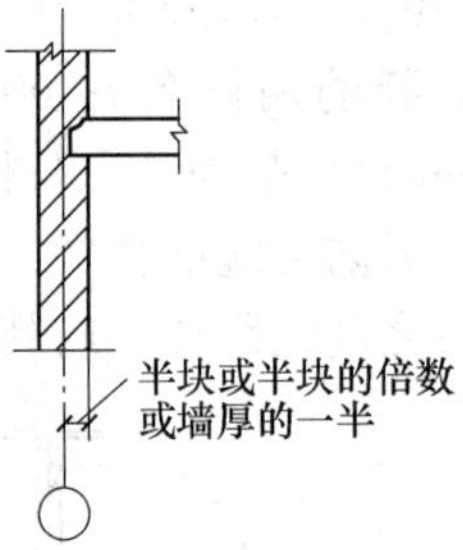

图8-4 承重山墙与横向定位轴线的联系

8.2.2 纵向定位轴线

单层厂房的纵向定位轴线主要用来标注厂房横向构件，如屋架或屋面梁长度（标志尺寸）。纵向定位轴线应使厂房结构和吊车的规格协调，保证吊车与柱之间留有足够的安全距离。必要时，还应设置用于检修吊车的安全走道板。

8.2.2.1 外墙、边柱与纵向定位轴线的联系

外墙、边柱的定位轴线在支承式梁式或桥式吊车厂房设计中，由于屋架和吊车的设计制作都是标准化的，建筑设计应满足：

$$L = L_k + 2e$$

式中 L——屋架跨度，即纵向定位轴线之间的距离；

L_k——吊车跨度，也就是吊车的轮距，可查吊车规格资料；

e——纵向定位轴线至吊车轨道中心线的距离，一般为750mm；当吊车为重级工作制需要设安全走道板或吊车起重量大于50t时，可采用1000mm。

由图8-5可知：

$$e = h + K + B$$

则

$$K = e - (h + B)$$

式中 h——上柱截面高度；

K——吊车端部外缘至上柱内缘的安全距离；

B——轨道中心线至吊车端部外缘的距离，自吊车规格资料查出。

由于吊车起重量、柱距、跨度、有无安全走道板等因素的不同，边柱与纵向定位轴线的联系有两种情况。

A 封闭式结合的纵向定位轴线

当定位轴线与柱外缘重合时，屋架上的屋面板与外墙内缘紧紧相靠，称为封闭式结合的纵向定位轴线。采用封闭式结合的屋面板可以全部选用标准板（如宽1.5m、长6m的屋面板），而无须设非标准的补充构件。

如图8-5（a）所示，当吊车起重量小于或

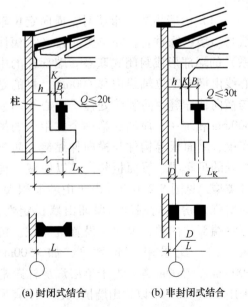

(a) 封闭式结合 (b) 非封闭式结合

图8-5 外墙边柱与纵向定位轴线的联系

等于 20t 时，查现行吊车规格资料，得 $B \leq 260mm$，$K \geq 80mm$。在一般情况下，上柱截面高度 $h = 400mm$，纵向定位轴线采用封闭式结合，轴线与外缘重合。此时，$e = 750mm$，则 $K = e - (h + B) = 90mm$，能满足吊车运行所需安全距离大于或等于 80mm 的要求。

采用封闭式结合的纵向定位轴线，具有构造简单、施工方便、造价经济等优点。

B　非封闭式结合的纵向定位轴线

所谓非封闭式结合的纵向定位轴线，是指该纵向定位轴线与柱子外缘有一定的距离。因屋面板与墙内缘之间有一段空隙，故称为非封闭式结合。

如图 8-5（b）所示，在柱距为 6m、吊车起重量大于等于 30t/5t 时，此时 $B = 300mm$，$K \geq 10mm$，上柱截面高度仍为 400m。若仍采用封闭式纵向定位轴线（$e = 750mm$），则 $K = e - (B + h) = 750 - (300 + 400) = 50mm$，不能满足要求。所以，需将边柱从定位轴线处向外移一定距离，这个值称为联系尺寸，用 D 表示，采用 300mm 或其倍数。在设计中，应根据吊车起重量及其相应的 h、K、B 三个数值来确定联系尺寸的数值。

当因构造需要或吊车起重量较大时，e 值宜采用 1000mm，厂房跨度 $L = L_k + 2e = L_k + 2000mm$。

8.2.2.2　中柱与纵向定位轴线的联系

在多跨厂房中，中柱有平行等高跨和平行不等高跨两种形式，并且中柱有设变形缝和不设变形缝两种情况，下面仅介绍不设变形缝的中柱纵向定位轴线。

（1）当厂房为平行等高跨时，通常设置单柱和一条定位轴线，柱的中心线一般与纵向定位轴线相重合（图 8-6a），上柱截面高度 a_i 般为 600mm，以满足屋架的支承长度为 300mm 的要求。

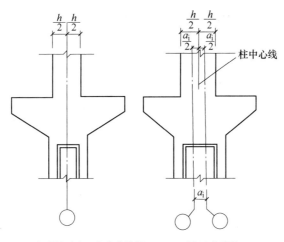

(a) 无变形缝时为一条定位轴线　　(b) 两条定位轴线

图 8-6　平行等高跨中柱与纵向定位轴线的联系

当等高跨两侧或一侧的吊车起重量大于或等于 30t、厂房柱距大于 6m 或由于构造要求等原因，纵向定位轴线需采用非封闭式结合才能满足吊车安全运行的要求时，中柱仍然可以采用单柱，但需设两条定位轴线。两条定位轴线之间的距离称为插入距，用 a_i 表示，并采用 3M 数列。此时，柱中心线一般与插入距中心线相重合（图 8-6b）。如果因设插入距而使上柱不能满足屋架支承长度要求时，上柱应设小牛腿柱。

　　（2）当厂房为平行不等高跨且采用单柱时，高跨上柱外缘一般与纵向定位轴线相重合（图8-7a），此时，纵向定位轴线按封闭式结合设计，不需设联系尺寸，也无须设两条定位轴线。当上柱外缘与纵向定位轴线不能重合时（即纵向定位轴线为非封闭式结合时），该轴线与上柱外缘之间需设联系尺寸 D。低跨度定位轴线与高跨度定位轴线之间的距离即为插入距，此时，插入距等于联系尺寸（图8-7b）。当高跨和低跨均为封闭式结合，而两条定位轴线之间又没有设封墙时，则插入距应等于墙厚 B（图8-7c）；当高跨为非封闭式结合，且高跨上柱外缘与低跨屋架端部之间设有封墙时，则两条定位轴线之间的插入距等于墙厚 B 与联系尺寸 D 之和（图8-7d）。

　　8.2.2.3　纵横跨相交处与纵向定位轴线的联系

　　纵横跨相交处一般设有变形缝，纵横跨应有各自的柱列和定位轴线；纵横跨连接处设双柱双定位轴线，两条定位轴线设插入距 A。插入距 A 等于墙体厚度 B、变形缝宽度 C 与联系尺寸 D 之和（图8-8）。

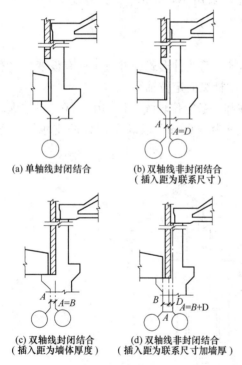

(a) 单轴线封闭结合

(b) 双轴线非封闭结合
（插入距为联系尺寸）

(c) 双轴线封闭结合
（插入距为墙体厚度）

(d) 双轴线非封闭结合
（插入距为联系尺寸加墙厚）

图 8-7　无变形缝平行不等高跨中柱纵向定位轴线

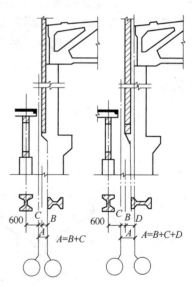

图 8-8　纵横跨相交处的定位轴线

8.3　单层厂房施工图设计任务书及设计指导

8.3.1　设计任务书

8.3.1.1　单层工业厂房定位轴线布置

A　目的要求

通过绘制平面图和平面节点详图，掌握单层厂房定位轴线布置的原则和方法。

B 设计条件

根据某机械加工厂及装配车间的生产工艺平面图进行设计，见图 8-9。

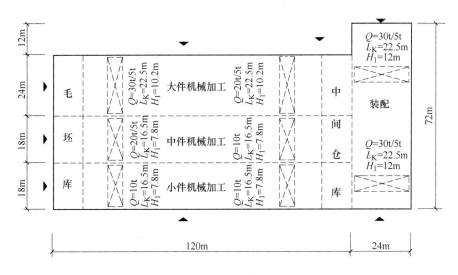

图 8-9 某金工车间工艺平面图

吊车为中级工作制：

10t 吊车轨顶至柱顶高度为 2.1m。

20t/5t 吊车轨顶至柱顶高度为 2.4m。

30t/5t 吊车轨顶至柱顶高度为 3.0m。

图 8-9 中有"▲"符号处设大门，大门尺寸为 3300mm×3000mm。

低侧窗可在每一个柱距内设一樘或两樘或做成带形窗。

C 设计内容及深度要求

本设计用 2 号图纸一张，完成下列内容：

a 平面图 1：100~1：200

（1）进行柱网布置。

（2）划分定位轴线并进行轴线编号。

（3）布置围护结构及门窗，入口处布置坡道。

（4）绘出吊车轮廓线，吊车轨道中心线，标注吊车吨位 Q、吊车跨度 L_K、规定标高 H_1、吊车轨道中心线与纵向定位轴线间的距离，柱与轴线的关系，室内外地坪标高。

（5）标注两道尺寸线（轴线尺寸、总尺寸）。

（6）绘出详图索引号。

b 平面节点详图 1：20~1：30

绘出 5 个节点详图，要求绘出柱、墙、定位轴线及编号，并标注必要的尺寸（或字母代号），平面节点详图可在以下范围内选择：

（1）外墙、边柱与纵向定位轴线的联系。

（2）不等高跨处单柱与定位轴线的联系。

（3）纵横跨相交处与定位轴线的联系。

c　设计参考数据

（1）各种预制构件（屋架、屋面梁、屋面板、天窗架、吊车梁、基础梁、连系梁、排架柱、天窗侧板、抗风柱）的形式及尺寸，参见图 8-10~图 8-23。

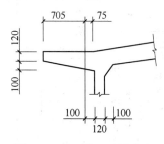

图 8-10　外天沟上弦端节点

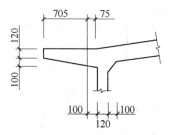

图 8-11　$I = 1/15$ 自由落水上弦端节点

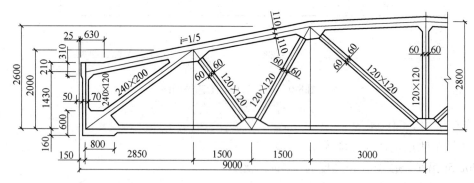

图 8-12　钢筋混凝土天窗架（卷材防水）

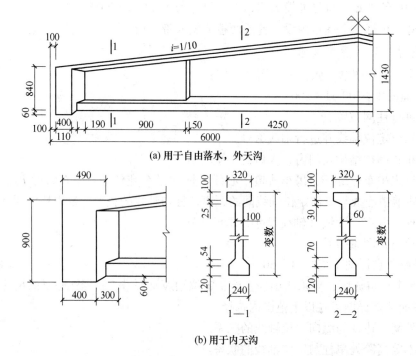

(a) 用于自由落水，外天沟

(b) 用于内天沟

图 8-13　预应力钢筋混凝土折线形屋架（18m 跨，卷材防水）

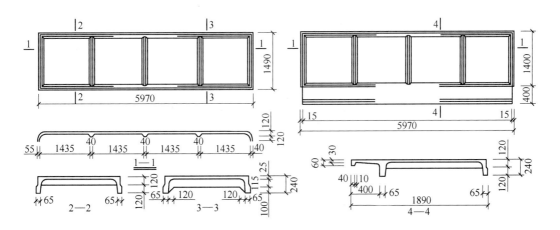

图 8-14 1.5m×1.6m 预应力混凝土屋面板（卷材防水）

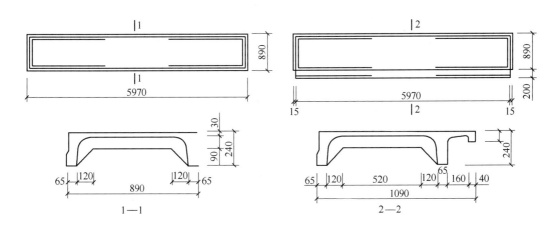

图 8-15 0.9m×6.0m 预应力混凝土嵌板、檐口板（卷材防水）

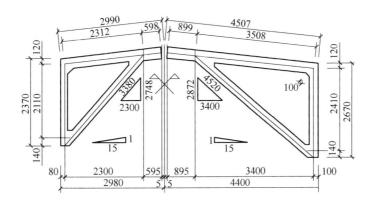

图 8-16 钢筋混凝土天窗架（卷材防水）

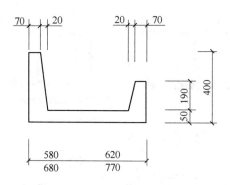

图 8-17 钢筋混凝土天沟板

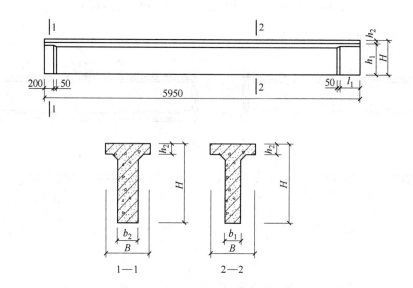

图 8-18 6m 预应力钢筋混凝土吊车梁

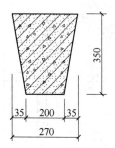

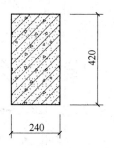

图 8-19 6m 预应力混凝土基础梁断面   图 8-20 6m 混凝土连系梁断面

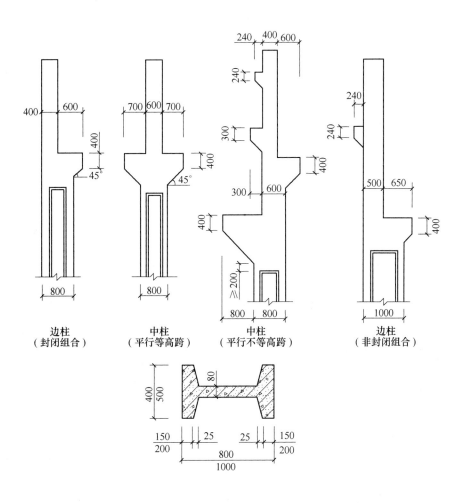

图 8-21 钢筋混凝土柱

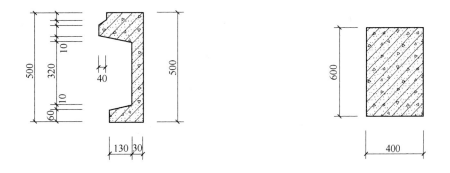

图 8-22 钢筋混凝土天窗侧板断面　　　　　图 8-23 钢筋混凝土抗风柱断面

（2）吊车轮廓尺寸及相关数据，参见图 8-24 及表 8-1。

表 8-1　吊车尺寸

吊车吨位 Q/t	10	20/5	30/5
厂房跨度 L/m			
吊车跨度 L_k/m			
吊车轨道中心线至吊车外缘宽度 B_1/mm	230	260	300
吊车轨道高 h/mm	160	190	190
吊车轨定至吊车小车顶面高度 F/mm	1893	2291	2591
吊车轨定至车大梁（或桁架）下缘距离 F/mm	928	836	790
吊车宽度 B/mm	6040	6100	6200

d　设计方法与步骤

（1）进行柱网选择，即确定跨度和柱距。跨度已由设计条件给出，柱距可选择 6m 和 12m，用点画线在图纸上表示出柱网。厂房纵跨及纵横相交处需要设置变形缝，应留出插入距尺寸。

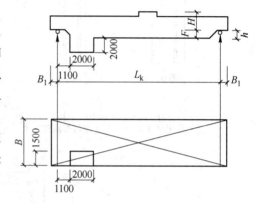

图 8-24　吊车尺寸

（2）确定柱与定位轴线的关系。根据柱距和吊车吨位确定属于"封闭结合"还是"非封闭结合"，定出每个柱子的具体位置，绘出柱子断面。

（3）布置围护结构和门窗，围护结构可采用普通砖墙。山墙处设置抗风柱，柱距可取 4~6m。画出门窗洞口并表示出门扇和窗，绘出入口处坡道。

（4）用点画线表示吊车轨道中心线，用虚线表示吊车轮廓线。标注吊车吨位 Q、吊车跨度 L_K、规定标高 H_1、吊车轨道中心线与纵向定位轴线间的距离，绘出详图索引号。

（5）标注两道尺寸并进行轴线编号。

（6）根据平面图绘制节点详图。合理选择节点位置，标注必要尺寸或文字符号，绘出材料符号、轴线号和详图号及比例。

e　设计参考书：设计指导及相关法律法规

8.3.1.2　单层工业厂房施工图设计任务书

根据单层厂房方案设计图，进行局部施工图设计，熟悉施工图的内容、表达方法及工作步骤，培养学生综合运用所学的工业建筑设计原理及构造知识来分析问题和解决问题的能力。

A　目的要求

根据某机械加工厂及装配车间的生产工艺平面图进行设计，见图 8-9。

B　设计条件

吊车为中级工作制：

10t 吊车轨顶至柱顶高度为 2.1m。

20t/5t 吊车轨顶至柱顶高度为 2.4m。

30t/5t 吊车轨顶至柱顶高度为 3.0m。

图中有 "▲" 符号处设大门，大门尺寸为 3300mm×3000mm。

低侧窗可在每一个柱距内设一樘或两樘或做成带形窗。

C 设计内容及深度要求

本设计采用工具线手工绘制，2 号图。

a 平面图比例 1：100

（1）纵横轴线及轴线编号。

（2）平面尺寸：

1）总尺寸——外边缘尺寸。

2）轴线尺寸——轴线间尺寸，还需注出端轴线与建筑外边缘间的尺寸。

3）洞间墙段及门窗尺寸——凡洞间墙段为轴线等分者，只需标注洞间总尺寸。非等分者，则应按轴线分别标注。

4）局部尺寸包括墙厚尺寸，不在轴线上的隔墙与相邻轴线间的联系尺寸，建筑内部门窗洞口及壁柜等尺寸。

（3）室外地坪及楼地面标高，楼地面坡度及坡向。

（4）注门窗编号（按各地区通用的门窗标准图集编号直接引用），门的开启方向及方式。

（5）如有楼梯，绘出踏步、平台、栏杆扶手及上下行箭头。

（6）门洞（无门扇者）等位置及尺寸。

（7）详图索引号。

（8）剖切线及剖面编号。

（9）底层平面应表示明沟、散水、台阶、入口平台等的位置和尺寸。

b 立面图比例 1：100

（1）房屋两端轴线。

（2）窗表示出窗扇形式。

（3）各部分用料及做法：包括檐口、外墙面、窗台、勒脚、雨棚、花格和角线等说明及索引。

（4）立面上的构配件及装饰等的索引号。

（5）图名（按①~⑩立面图表示）及比例。

c 剖面图比例 1：100

（1）外墙轴线及其编号。

（2）剖面尺寸：

1）总高尺寸——坡屋顶为室外地坪至檐口底部：平屋顶为室外地坪至女儿墙压顶上表面或檐口上表面。

2）门窗洞口及洞间墙尺寸由室外地坪至各门窗洞口尺寸。

3）局部尺寸如室内的门窗及窗台的高度。

d 屋顶平面图

本次设计均做平屋顶，防水方案做油毡防水屋面和刚性防水屋面：排水方案为有组织排水、屋顶根据当地气候条件考虑保温或隔热构造设计，设计内容及深度如下：

屋顶平面图比例1∶100或1∶150。

（1）各转角部分定位点轴线及其间距。

（2）四周出檐尺寸及屋面各部分的标高（屋面标高一律标注结构面标高）。

（3）屋面排水方案、坡度及各坡面交线、天沟、檐沟、泛水、出水口、水斗的位置、规格、用料说明和详图索引号。

（4）屋面上人孔或出入口、出屋面管道、烟道、拔气道及女儿墙的位置、尺寸与用料做法说明或详图索引号（因时间有限，对本条内容只表示位置、尺寸，而构造做法尽量选用当地标准图集）。

（5）图名与比例。

e　墙身大样图　比例1∶20

（1）所选墙身的轴线编号。

（2）楼地面构造节点详图与大样。

（3）屋顶构造节点详图与大样，应选择与排水、防水、保温和隔热构造有关的主要构造节点详图与大样。

（4）标注墙身各部分标高。

（5）要求有详细尺寸和详细的用料做法说明，必须把有关的结构构件的位置、形式或建筑部位的构造关系表达清楚。具体绘制内容及其深度可参考各地区的标准图集。

f　门窗表、设计说明及技术经济指标

门窗表按六层统计，按类别、设计编号、洞口尺寸、樘数、采用标准图集及编号、备注六项统计数据。

D　图纸工作量

2号图（可加长）6~7张：

（1）建筑总平面图1∶500；

（2）平面图1∶100；

（3）正立面图1∶100；

（4）侧立面图1∶100；

（5）剖面图1∶100；

（6）屋顶平面图1∶150；

（7）墙身大样图1∶20；

（8）设计说明、门窗表。

E　设计图纸要求

书写工整，一律用仿宋字。

图面整洁均衡，正确体现设计意图，构造合理，尺寸齐全。

符合建筑制图标准。

F　设计参考用书

8.3.1.3　单层厂房剖面图及详图设计任务书

A　目的要求

掌握单层厂房剖面图及详图设计的内容和方法，要求能绘出剖面图及详图。

B 设计条件

以单层厂房定位轴线布置中的设计条件和设计成果作为本次设计的基础条件。

C 设计内容及深度要求

本设计用 2 号图纸一张，完成下列内容。

a 横剖面图 1∶100～1∶200

（1）绘出柱、屋架、天窗架、屋面板、吊车梁、墙、门、窗、连系梁、基础梁、吊车等。

（2）标注两道尺寸线及标高（室内外地面、门窗洞口、女儿墙顶、轨顶、柱顶标高）画出定位轴线并进行编号。

（3）标注详图索引号。

b 详图 1∶10、1∶15、1∶20

选择屋面及天窗节点详图 2～3 个，选择构造方式，进行细部处理，标注必要尺寸、材料及做法。

D 设计参考资料

同定位轴线设计参考资料。

E 设计方法与步骤

（1）确定厂房高度。根据吊车产品目录，查吊车轨顶至吊车顶部的轮廓尺寸和吊车顶部至主要屋面承重构件下沿的安全尺寸；再根据建筑模数的要求，定出厂房的柱顶标高。

（2）估算采光口的面积和确定采光口的位置。一般情况下，边跨利用单侧窗采光，中跨利用天窗采光，两者分别估算。各跨的端柱距及横向变形缝紧邻的柱距如不设天窗，可利用其他柱距的窗获得采光，或利用山墙上开设侧窗采光。

估算采光口面积时，可用一个有代表性的柱距作为计算的标准单元，仅特殊的地方酌情调整。采光口面积估算的步骤是：首先查生产车间的采光等级，根据采光等级查出所需的窗和天窗的窗地面积比，根据所需窗地面积比即可求得所需窗面积。

根据所需的窗面积，结合平面窗洞口的宽度，即可求出所需窗高，再结合剖面设计，可以确定窗的具体位置。对于侧窗来说，还需要核对窗上沿高度，满足车间对采光进深的要求。

（3）绘制的顺序。首先，可以绘出室内地平线，然后绘出定位轴线，应注意插入距，定出吊车轨顶标高及吊车中心线至轴线的距离。其次，绘制主要承重构件，较好的顺序是吊车梁、排架柱、屋顶承重结构、天窗架。最后，绘制围护结构及其他构件，即外墙、屋面板、檐沟、天窗、散水、明沟、抗风柱等。

（4）标注标高、尺寸、构造做法及详图索引号等。

（5）详图绘制。根据剖面设计进行详图的设计，内容包括构造方式、细部处理、详细尺寸、材料及做法等。

F 设计参考用书

列出参考书目。

8.3.2 设计指导

8.3.2.1 总平面设计

一个工厂由许多建筑物和构筑物组成，在进行工厂总平面图设计时，应满足如下要求：

（1）根据全厂的生产工艺流程、交通运输、卫生、防火、风向、地形、地质等条件确定建筑物、构筑物的相对位置。

（2）合理地组织人流和货流，避免交叉和迂回。

（3）布置地上和地下的各种管线，进行厂区竖向布置，以及美化、绿化厂区等。

工厂总平面包括生产区和厂前区两部分，在生产区中布置主要生产厂房和辅助建筑、动力建筑、露天和半露天的原料堆场、成品仓库、水塔、泵房等；在厂前区布置行政办公楼、传达室、门卫等。

此外，总平面布置应紧凑，注意节约用地；建筑物外形尽量规整，并与扩建方向一致，避免不必要的浪费。

8.3.2.2 平面设计

单层厂房平面及空间组合设计是在工艺设计与工艺布置的基础上进行的，故生产工艺平面决定着建筑平面。生产工艺是工业建筑设计的重要依据之一。生产工艺平面包括工艺流程的组织、起重运输设备的选择与布置、工段的划分，生产工艺对厂房建筑的要求（如通风、采光、防震、防尘、防辐射等）。

下面以金工装配车间为例，介绍单层工业厂房的平面设计。

金工装配车间属于冷加工车间，一般包括机械加工和装配两个主要生产工段。车间的任务是对金属材料和铸锻毛坯件、零件、部件进行机械加工，并装配成成品。一般工艺流程为：

毛坯→机械加工→热处理→中间仓库→部件装配→总装配→油漆→检验→包装

车间在生产过程中不散发大量余热和粉尘，比较清洁。要求车间内有较好的天然采光，照度应均匀，避免眩光。车间生产的火灾危险性属于戊类，耐火等级一般要求二级或三级。

A　柱网选择

车间的平面形式由设计条件给定，在此基础上进行柱网选择，即确定跨度和柱距。柱距主要考虑厂房的生产性质、构配件的生产、供应情况和施工条件等因素来确定。钢筋混凝土结构的中、小型厂房大多采用6m柱距，大型厂房采用12m柱距。

B　构件定位

确定墙、柱与定位轴线的联系。

a　横向定位轴线

确定山墙、端部柱、中柱与横向定位轴线的联系。由于纵跨和横跨的长度均不超过伸缩缝的最大间距，故不需要设横向伸缩缝。

b　纵向定位轴线

根据厂房柱距和吊车起重量的大小，确定纵墙、边柱与纵向定位轴线的联系。由于纵向三跨的宽度不超过伸缩缝的最大间距，故可不设纵向伸缩缝。根据设计条件给定的轨顶标高，可初步确定相邻两跨的剖面组合形式；结合柱距和吊车起重量的大小，确定等高跨处和高低跨处中柱与纵向定位轴线的联系（中柱可采用单柱）。

c 纵横跨相交处

确定纵横跨相交处柱、墙与定位轴线的联系，纵横跨相交处需设变形缝。

C 通道、大门和侧窗设置

a 通道设置

根据生产运输要求、厂房平面形式、生产设备布置、工艺流程和防火要求，合理布置通道。车间内一般每跨设一条纵向通道，通常布置在跨中；也可根据生产设备布置情况偏在一边。横向通道应根据车间长度、工段划分和防火要求设置，通常在毛坯与加工工段间或加工工段与装配工段间设置横向通道。

b 大门设置

车间大门的位置确定应考虑生产运输要求、厂区道路布置、车间内的通道布置和防火要求等因素，通常在通道尽端应设置大门。厂房安全出口的数量不应少于2个。

根据运输工具的类型、规格和运输货物的外形尺寸，确定大门的尺寸。通行卡车的常用尺寸为3.6m×3.0m～4.2m×3.6m。

c 侧窗设置

（1）侧窗的平面布置：根据车间采光、通风要求和里面处理布置侧窗，可在每个柱距内设置，也可设带型窗。

（2）侧窗的尺寸：结合剖面设计确定。

8.3.2.3 剖面设计

A 厂房高度确定

根据设计条件给定的轨顶标高，并查出轨道顶面至吊车顶端的距离，确定厂房各跨的柱顶标高，柱顶标高应采用3m的整数倍数。

B 侧窗和天窗设置

a 确定采光方式

根据厂房的平面形式、剖面形式、各跨的跨度、高度，考虑采光要求，确定采光方式，边跨可采用单侧采光或混合采光；通常当高跨比≥1/2时，边跨可采用单侧采光；反之，应考虑混合采光，即增设天窗。中间跨应采用顶部采光。天窗形式视车间对采光和通风的要求而定，常采用矩形天窗，也可用平天窗、三角形天窗等。

b 估算采光口的面积

根据窗地面积比，估算采光口的面积。可先从生产车间和作业场所的采光等级举例表中查出车间的采光等级，再根据采光等级从窗地面积比表中查出所需侧窗或天窗的窗地面积比。选择一个有代表性的柱距计算地面面积（即柱距×跨度），根据窗地面积比即可估算出一个柱距所需的采光口面积。

c 确定采光口的尺寸和位置

（1）侧窗。根据侧窗的平面布置、厂房的高度，考虑立面处理效果，按估算所得采光口面积确定侧窗的尺寸。当采用每个柱距内设置侧窗的平面布置时，通常侧窗的宽度不小于半个柱距。侧窗沿厂房高度方向可分段设置，低侧窗的窗台高度通常为 1m 左右，高侧窗的窗台高度宜高出吊车梁顶面 600mm 左右设置。

（2）天窗。根据天窗形式按采光口的面积，确定采光口的尺寸。例如矩形天窗，其采光口的宽度通常与厂房柱距相同，根据采光口的面积即可算得天窗两侧的采光口高度。采光口的高度宜采用 3m 的整数倍数。

C 构件选型

a 柱、屋架或屋面梁

（1）柱。根据吊车设置、柱顶标高和轨顶标高等确定柱的外形。

（2）屋架或屋面梁。根据厂房屋面防水方案、厂房跨度等选择屋架或屋面梁的形式。采用卷材防水屋面的厂房常用折线形屋架，当跨度不大时，可采用屋面梁。

b 屋面板、天沟板

常用预应力钢筋混凝土大型屋面板，以及与其配套的天沟板等。

c 吊车梁

外墙采用砖墙时，应根据砖墙的厚度确定基础梁和连系梁的断面形式和尺寸。

d 天窗构件

采用矩形天窗时，应确定天窗架、天窗侧板和天窗端壁等构件的形式和尺寸。根据厂房跨度、采光口的高度和厂房采光通风要求，确定天窗架的跨度和高度。天窗架的跨度通常是厂房跨度的 1/3~1/2。天窗架的高度视采光口的高度而定。

D 确定檐口和中间天沟的形式

结合屋面设计，确定檐口和中间天沟的形式。

8.3.2.4 屋面设计

A 屋面平面设计

a 确定屋面排水方式

确定厂房檐口处的排水方式应考虑立面设计要求，可采用檐口外排水、女儿墙外排水或女儿墙内排水等。中间天沟处的排水方式可采用内排水、长天沟外排水或悬吊管外排水。天沟檐口处可采用无组织排水。

b 确定雨水管（或雨水口）的间距和位置

据当地气候条件、雨水管的大小、排水沟的集水能力等，确定雨水管的间距，结合立面设计要求确定雨水管的位置。雨水管的间距一般不超过 30m，常用 18~24m，并宜与柱距协调。

c 组织天沟或檐口内的纵向排水

天沟或檐口内应垫置坡度，其坡度值宜为 1%。

B 屋面细部构造

a 檐口构造

（1）檐口外排水。确定檐口板的支承方式、断面形式和尺寸，做好檐沟处的防水构造，确定防水层的端头的固定方式。确定屋面构造做法，是否考虑保温，视当地气候条件而定。

（2）女儿墙边天沟内排水或外排水。

根据当地气候条件和屋面汇水面积，确定天沟形式。确定泛水构造做法和女儿墙压顶的构造做法，确定女儿墙的高度。

b　等高跨处内天沟构造

确定天沟形式，可采用双槽天沟板或单槽天沟板，也可在屋面上直接做天沟。确定天沟板的尺寸，注意天沟处的防水构造。

c　高低跨处屋面泛水构造

确定柱牛腿之间的堵缝材料和做法，确定泛水高度和防水卷材端头的固定做法。

d　纵横跨相交处屋面变形缝构造

屋面变形缝处应做好防水处理，并应能保证缝两侧能自由变形。通常可在低屋面上设矮墙泛水，在缝口处设盖缝板盖缝。

e　天窗细部构造

细部构造如天窗侧板构造、天窗檐口构造、天窗端壁构造等。

（1）天窗侧板构造。确定天窗侧板的形式和支承方式，做好侧板和屋面交接处的泛水构造。

（2）天窗檐口构造。确定檐口排水方式及挑檐板或檐口板的断面形式、尺寸，以及与天窗架的连接构造。

（3）天窗端壁构造。确定天窗端壁的材料和做法，有保温要求时要设保温层。

8.3.2.5　设计参考数据及细部构造

（1）吊车工作制见表8-2。

表8-2　吊车工作制

吊车运转时间率 JC/%			
轻级	中级	重级	特重级
15	25	40	60

注：1. 重级、特重级吊车厂房需设双面安全走道，并在两端山墙处连通。

　　2. 重级吊车厂房可设单侧安全走道。

（2）厂房的安全疏散距离见表8-3。

表8-3　厂房安全疏散距离　　　　　　　　　　　　　　（m）

生产类别	耐火等级	单层厂房	多层厂房
甲	一、二	30	25
乙	一、二	75	50
丙	一、二	75	50
	三	60	40
丁	一、二	不限	不限
	三	60	50
	四	50	—
戊	一、二	不限	不限
	三	100	75
	四	60	—

（3）厂房常见屋架、托架、吊车梁、柱、天窗见表8-4~表8-8。

表8-4　单层厂房常见屋架

类型	构件简图	适用范围
木屋架	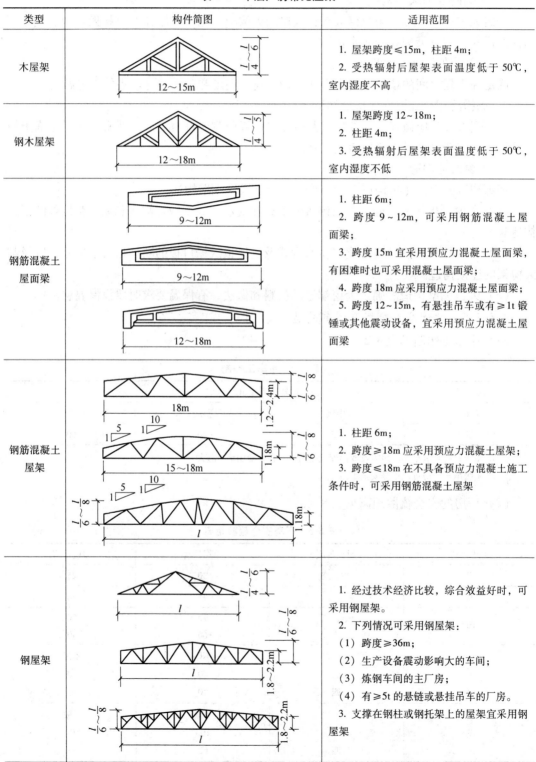	1. 屋架跨度≤15m，柱距4m； 2. 受热辐射后屋架表面温度低于50℃，室内湿度不高
钢木屋架		1. 屋架跨度12~18m； 2. 柱距4m； 3. 受热辐射后屋架表面温度低于50℃，室内湿度不低
钢筋混凝土屋面梁		1. 柱距6m； 2. 跨度9~12m，可采用钢筋混凝土屋面梁； 3. 跨度15m宜采用预应力混凝土屋面梁，有困难时也可采用混凝土屋面梁； 4. 跨度18m应采用预应力混凝土屋面梁； 5. 跨度12~15m，有悬挂吊车或有≥1t锻锤或其他震动设备，宜采用预应力混凝土屋面梁
钢筋混凝土屋架		1. 柱距6m； 2. 跨度≥18m应采用预应力混凝土屋架； 3. 跨度≤18m在不具备预应力混凝土施工条件时，可采用钢筋混凝土屋架
钢屋架		1. 经过技术经济比较，综合效益好时，可采用钢屋架。 2. 下列情况可采用钢屋架： （1）跨度≥36m； （2）生产设备震动影响大的车间； （3）炼钢车间的主厂房； （4）有≥5t的悬链或悬挂吊车的厂房。 3. 支撑在钢柱或钢托架上的屋架宜采用钢屋架

表 8-5 单层厂房常见托架

	构件简图	适用范围
预应力混凝土托架	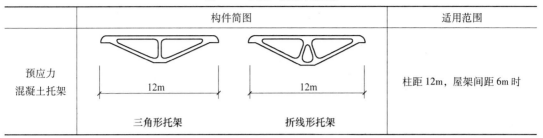 三角形托架　　　　　折线形托架	柱距 12m，屋架间距 6m 时

表 8-6 单层厂房常见吊车梁

	构件简图	适用范围
钢筋混凝土吊车梁	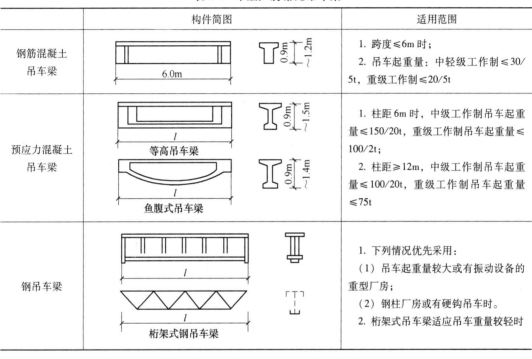	1. 跨度≤6m 时； 2. 吊车起重量：中轻级工作制≤30/5t，重级工作制≤20/5t
预应力混凝土吊车梁	等高吊车梁 鱼腹式吊车梁	1. 柱距 6m 时，中级工作制吊车起重量≤150/20t，重级工作制吊车起重量≤100/2t； 2. 柱距≥12m，中级工作制吊车起重量≤100/20t，重级工作制吊车起重量≤75t
钢吊车梁	桁架式钢吊车梁	1. 下列情况优先采用： （1）吊车起重量较大或有振动设备的重型厂房； （2）钢柱厂房或有硬钩吊车时。 2. 桁架式吊车梁适应吊车重量较轻时

表 8-7 单层厂房常见柱

	构件简图	适用范围
钢筋混凝土柱	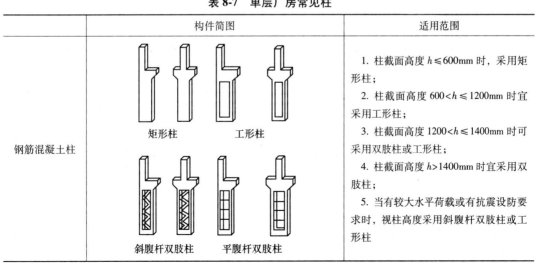 矩形柱　　　工形柱 斜腹杆双肢柱　　平腹杆双肢柱	1. 柱截面高度 $h≤600mm$ 时，采用矩形柱； 2. 柱截面高度 $600<h≤1200mm$ 时宜采用工形柱； 3. 柱截面高度 $1200<h≤1400mm$ 时可采用双肢柱或工形柱； 4. 柱截面高度 $h>1400mm$ 时宜采用双肢柱； 5. 当有较大水平荷载或有抗震设防要求时，视柱高度采用斜腹杆双肢柱或工形柱

续表 8-7

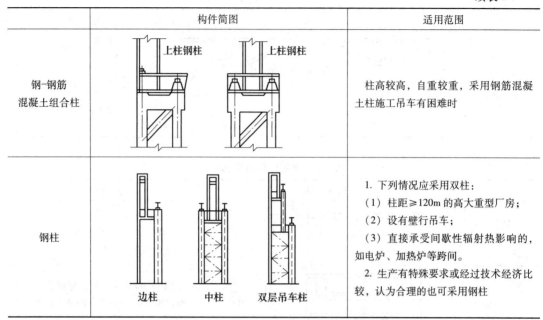

构件简图		适用范围
钢-钢筋混凝土组合柱	上柱钢柱　　上柱钢柱	柱高较高，自重较重，采用钢筋混凝土柱施工吊车有困难时
钢柱	边柱　中柱　双层吊车柱	1. 下列情况应采用双柱： （1）柱距≥120m 的高大重型厂房； （2）设有壁行吊车； （3）直接承受间歇性辐射热影响的，如电炉、加热炉等跨间。 2. 生产有特殊要求或经过技术经济比较，认为合理的也可采用钢柱

（4）屋面板、嵌板、檐口板见图 8-14、图 8-15。

（5）电动桥式吊车轮廓尺寸见图 8-25 及表 8-8。

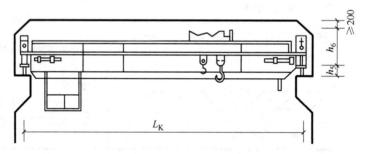

图 8-25　电动桥式吊车轮廓尺寸

表 8-8　电动桥式吊车轮廓尺寸

吊车跨度 L_K/m	吊车起重重量 Q/t											
	5		10		15/3		20/5		30/5		30/10	
	h_5	h_6	h_5	h_6	h_5	h_6	h_5	h_6	h_5	h_6	h_5	h_6
22.5	94	1716	321	1757	632	2070	501	2072	839	2698	909	2734
28.5	94	1722	321	1763	632	2076	501	2078	830	2706	903	2746

注：1. 本表所列数据为上海起重运输机械厂出产的吊车（包括中级及重级工作制）；其他厂家、产品及起重量大于 50t 的吊车，可参考有关产品目录。

2. 本表仅适用于吊车钩起重的吊车，不适用于抓斗、磁盘起重吊车。

（6）电动梁式吊车轮廓尺寸见图 8-26 及表 8-9。

（7）吊车与纵向边柱定位轴线见图 8-27 及表 8-10。

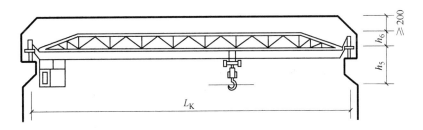

图 8-26　梁式吊车轮廓尺寸

表 8-9　电动梁式吊车

吊车跨度 L_K/m	吊车起重重量 Q/t							
	1		2		3		4	
	h_5	h_6	h_5	h_6	h_5	h_6	h_5	h_6
9.5~12 12.5~14 14.5~15	1070	1000	1168	1000	1740	1000	1870	1000
15.5~16 16.5~17		1300		1300		1300		1300

注：表中所列数据为上海起重运输机械厂出产的吊车，其厂家产品可参考有关产品目录。

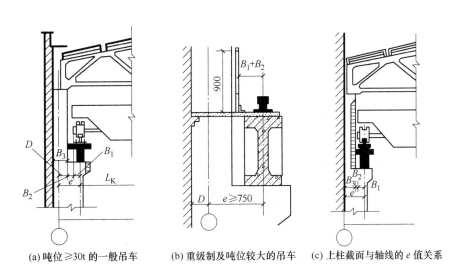

(a) 吨位≥30t 的一般吊车　　(b) 重级制及吨位较大的吊车　　(c) 上柱截面与轴线的 e 值关系

图 8-27　吊车与纵向边柱定位轴线

表 8-10　吊车端部尺寸及最小安全间隙值参考

吊车起重重量 Q/t	≤5	5~10	15/3~20/5	30/5~50/10	75/20
B_1/mm	186	230	260	300	350~400
B_2/mm	≥80	≥80	≥80	≥80	≥100

（8）厂房地面构造见图8-28。

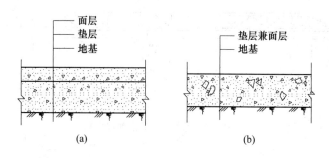

图 8-28   地面构造

（9）厂房大门坡道见图8-29。

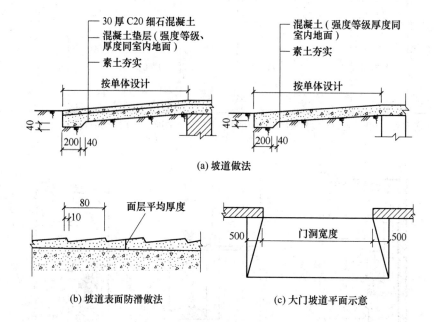

图 8-29   厂房大门坡道

（10）常见厂房大门的规格尺寸见图8-30。

（11）散水明沟构造见图8-31。

（12）地面变形缝做法见图8-32。

（13）内外墙变形缝做法见图8-33。

（14）大型屋面板构造见图8-34、图8-35。

（15）油毡屋面挑檐、天沟、山墙构造见图8-36、图8-37。

（16）厂房天窗构造见图8-38。

（17）厂房外墙构造见图8-39。

（18）钢筋混凝土抗风柱见图8-40。

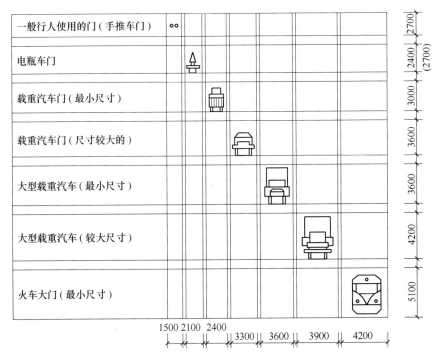

图 8-30 常见厂房大门的规格尺寸（mm）

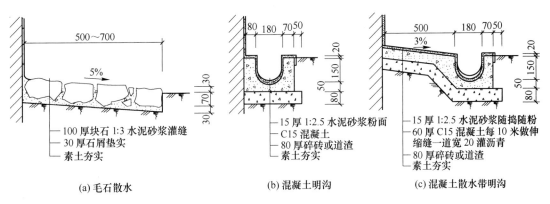

图 8-31 散水明沟

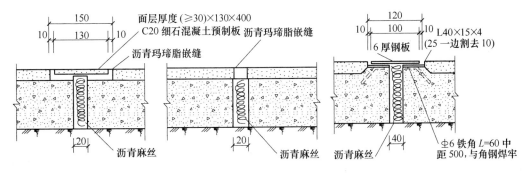

图 8-32 地面变形缝的做法

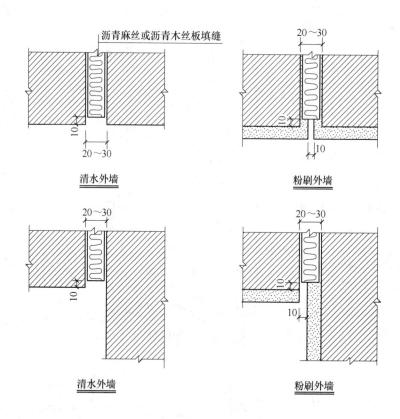

图 8-33　内外墙变形缝

注：1. 变形缝宽度 20~30mm，按单体设计；2. 预埋木砖木块均需涂满防腐剂。

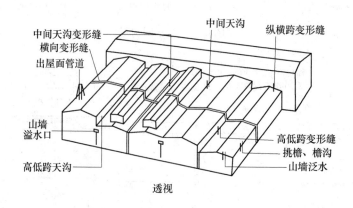

透视

图 8-34　大型屋面板构造（一）

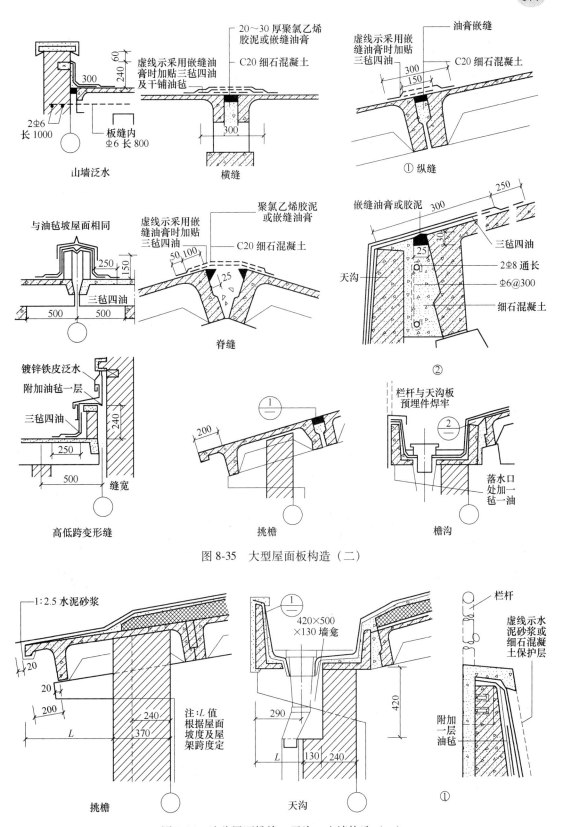

图 8-35 大型屋面板构造（二）

图 8-36 油毡屋面挑檐、天沟、山墙构造（一）

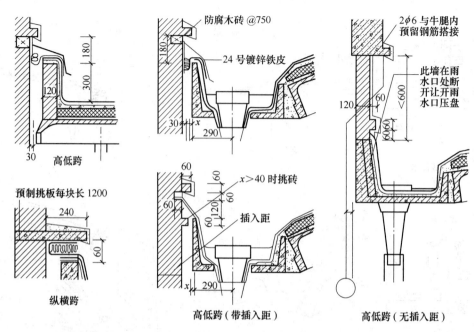

图 8-37   油毡屋面挑檐、天沟、山墙构造（二）

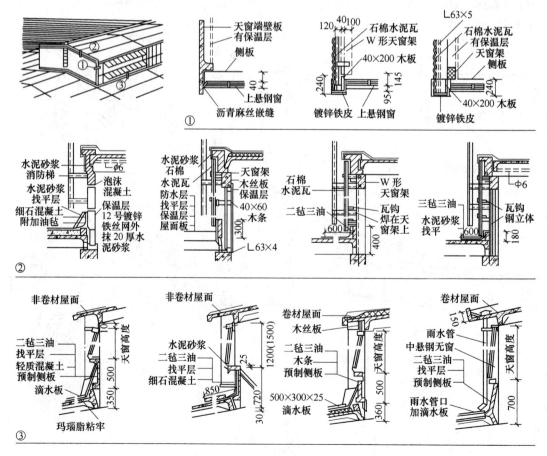

图 8-38   矩形天窗构造

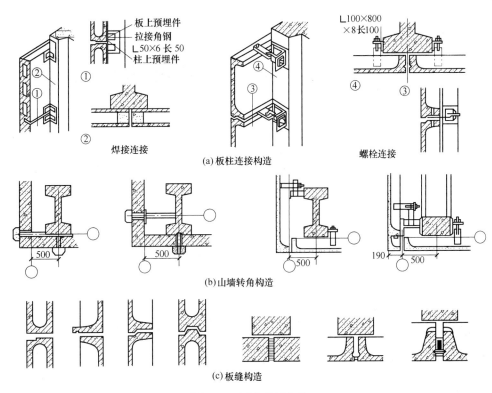

图 8-39 厂房外墙构造

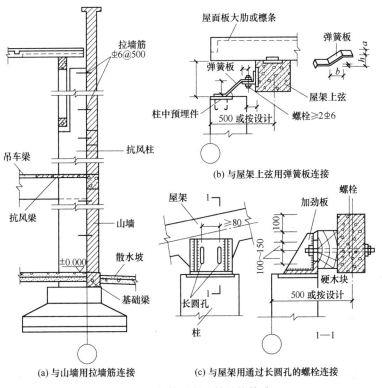

图 8-40 钢筋混凝土抗风柱构造

9 工业废弃建筑改造更新

随着我国产业结构和经济结构的转型，一些大中型城市已经开始出现大量的工业建筑的废弃、闲置问题，如何结合城市整体发展的战略来考虑这些工业废弃建筑的改造再利用，用怎样的设计方法重新赋予它们新的生命活力，是当今建筑师的一项任务，也是未来几十年建筑设计的主要任务。

9.1 工业废弃建筑再利用概述

9.1.1 概念及价值评定标准

工业废弃建筑，是指那些仍在建筑的使用年限之内，却因为城市产业结构和用地结构的调整，造成建筑原有的功能、形象不适合新时期社会发展的要求，或者由于管理经营不善而被弃之不用的工业建筑。它不仅包括投入使用不久就被废弃、闲置的现代工业建筑，还包括那些显示技术进步与技术完美的近现代工业废弃建筑物。

9.1.1.1 工业废弃建筑的价值评定标准

（1）建筑本身的风格、样式、材料、结构或特殊的构造做法，体现了当时社会的建筑发展水平，具有建筑史上的研究价值。如坐落在巴黎郊外马奈河畔的麦涅（Menier）巧克力工厂。该工厂现存有被认为是世界上第一座完全由铸铁构件建成的建筑（图9-1）。

图9-1 麦涅巧克力工厂的铸铁建筑

（2）建筑及其所在的地段本身具有历史地标价值和意义，它们往往见证了一个城市乃至一个国家的经济发展的历史进程。如历史上一直作为德国工业和军事装备中心的鲁尔工业区（图9-2）；记载着上海百年工业兴衰的苏州河沿岸的工业建筑等（图9-3）。

（3）建筑和地段都具有重要的价值。建筑的特殊造型、色彩和庞大的体量，对于城市景观和环境具有视觉等方面的标志性作用。在这方面，美国波士顿海岸水泥总厂及其周边环境的改造较为典型，为世人提供了一个重工业设施与城市滨水地区改造有机结合的优秀案例（图9-4）。

（4）一些建造品质较高，建筑空间、结构、使用寿命或其所处地段尚有继续使用和改造再利用的潜力和价值的近现代工业废弃建筑。如广州芳村水泥厂（图9-5）。

图9-2 德国鲁尔工业区的鼓风高塔

图9-3 苏州河沿岸的工业建筑

图9-4 美国波士顿海岸水泥总厂

图9-5 广州芳村水泥厂

9.1.1.2 工业废弃建筑再利用的价值

A 生态价值

工业废弃建筑的生态价值是改造再利用的主要依据之一。因为对废弃建筑采取拆除的方式，一方面在拆除的过程中必然会消耗大量的能源，产生大量的建筑垃圾；另一方面还会造成大量的建筑材料还未完全发挥功效就被弃置甚至毁坏。这种行为在地球有限资源逐渐枯竭的今日，必然会对环境产生负面影响，加重生态危机。

B 文化价值

建筑是历史的反映，是特定历史条件下社会、政治、经济、文化等因素的投影。每一座建筑都承载了一段历史，也承载了人的存在方式。工业废弃建筑作为城市发展的有机组成部分，在空间尺度、建筑风格、材料色彩、构造技术等方面，记录和反映了工业社会和后工业社会历史的发展演变以及社会的文化价值取向，体现了人类文明的进步，是"城市博物馆"关于工业化时代的最好展品，也是人们认识历史的重要线索。

C　经济价值

工业废弃建筑的经济价值可以归纳为三点：

（1）通常情况下，建筑的物质寿命总比其功能寿命长，尤其是工业废弃建筑，大多结构坚固，建筑内部空间具有较大的使用灵活性，因此，改造设计可以节省部分的建造费用；

（2）工业废弃建筑大多具有良好的基础设施，容量远远高于普通的民用建筑，因此，对这些工业废弃建筑基础设施的改造再利用可以减少市政投入、节约开发投资，并发挥城市目前有限的基础设施潜力；

（3）工业废弃建筑改造再利用的周期远比重新修建一座建筑的周期要短，可以节约大量的资金和劳动力，从而具有更大的效益。

9.1.1.3　改造利用的自身优势

工业废弃建筑与一般的民用建筑相比，在空间结构、平面形式、立面造型以及基础设施方面，具有较大的改造优势：

（1）空间结构上，工业废弃建筑一般空间比较宽敞，建筑不仅层高较大，跨度也大于一般的民用建筑，有的跨度可以达到24m甚至更大，为以后的改造设计提供了良好的空间条件。

（2）平面形式上，工业废弃建筑一般规模大、占地多，建筑空间的布局往往具有一种体现效率与生产逻辑的秩序。因此，建筑平面形式大多规则整齐，可以满足多种建筑功能的使用要求。

（3）立面造型上，工业废弃建筑的立面造型一般简洁、整齐，表现出一种机器美学。并且建筑结构往往作为一种造型手段显示出来，如轻型钢结构、悬索结构等，创造了独特新奇的技术之美。

（4）基础设施上，工业废弃建筑一般具有较好的基础设施条件，给水、排水、供电、供气等容量远远高于一般的办公楼、住宅楼和商业建筑，因此具有很好的改造再利用基础。

（5）改造成本上，工业废弃建筑的拆迁矛盾小，比起一般的旧居住区的住宅拆迁矛盾来说，工业废弃建筑则少了很多限制问题，不用安置拆迁住户，无须考虑居民的返迁补贴，可以快速改造，重新投入使用，保持城市发展的连续性。

9.1.2　历史沿革

欧美等先进的发达国家对工业废弃建筑的改造再利用，是受到能源、资源、环境意识和历史保护的人文思想等因素的影响，从20世纪60年代起，其后影响不断扩大，特别是20世纪70年代中期到80年代后期兴起的广泛的城市中心复兴运动，工业废弃建筑的改造再利用占有相当大的比例。1976年的《内罗毕建议》，1977年的《马丘比丘宪章》，1987年的《华盛顿宪章》，都对此起到了指导和推动作用。从80年代后期至今，工业废弃建筑改造再利用的开发模式受到了前所未有的重视，城市发展更加强调人与环境的共生以及对人和历史文化的尊重。

　　我国对工业废弃建筑的改造再利用大约始于80年代后期。但由于国情、经济发展阶段和文化背景的不同，我国工业废弃建筑的改造再利用与其他国家相比，在动力机制、技术手段、观念及政策等具体实施运作方面都有区别，但我们能够以理论为基础，通过学习借鉴国外先进的方法与经验，延续城市的历史文脉和建筑特色，美化我们的生存环境。

9.1.2.1　国外工业废弃建筑改造再利用的历史实践

　　国外工业废弃建筑改造再利用的发展动向基本上是一致的，但由于各国的政治、社会、经济和历史背景条件的不同，遇到的问题亦有所不同，采取的改造再利用的方法往往呈现出各自的特点。

　　A　美国

　　美国的人口占世界的4.5%，但它却消耗了全世界30%的原材料和25%的商业能源。在它所消耗的能源中，50%用于建筑的建造和维护。因此，出于可持续发展角度的考虑，美国的许多工业废弃建筑得以改造再利用。诸如：昆西市场的改建（图9-6）；纽约苏荷区的"阁楼"是由大量废弃仓库改建的艺术家工作室；罗维尔国家历史公园是大规模工业废弃建筑改造更新的典型案例；西塔德尔城堡则是对一个废弃的轮胎橡胶公司工厂的改建（图9-7）；弗吉尼亚的亚历山大·托罗工厂和旧金山渔人码头的罐头工厂等，旧貌换新颜，受到观光者的青睐。

图9-6　昆西市场改建

图9-7　西德塔尔城堡

B 欧洲国家

工业革命带给欧洲国家的不仅是经济的繁荣和城市的迅猛发展，同时也使其较早地出现由于经济结构和产业结构调整以及交通运输方式的改变而导致的内城衰退，许多城市码头工业区的环境质量标准下降到不能吸引新的经济投资、不能提供正常的城市功能而被废弃的境地，等待着新的开发。

这一现象引起了欧洲许多国家的高度重视，并为解决城市中出现的大量工业废弃建筑的问题展开了广泛研究。英国发表的《内城研究：利物浦、伯明翰和朗伯斯》《内城政策》以及其他一些法规、法令等，都对工业废弃建筑的改造再利用有着极大的影响。经过多年的探索研究和实践，欧洲国家的许多工业废弃建筑、场地得到开发和重新利用，空间得以复兴。比如：伦敦著名的"圆屋"曾经是19世纪的一个机车库（图9-8）；达克兰兹烟草码头的废弃仓库现在已经成为人们休闲娱乐的好去处（图9-9）；法国雀巢公司总部、瑞士苏黎世面粉厂的改造工程、德国汉堡的梅地亚中心以及林格图大厦等，都是工业废弃建筑改造再利用的优秀实例。

图 9-8 伦敦的"圆屋"

图 9-9 达克兰兹烟草码头

C 加拿大

加拿大的城市发展同欧洲国家和美国的城市之间存在较大的差别，它没有出现欧洲国家和美国的明显的中心城市衰落现象，城市继续稳定增长。但是随着城市结构的逐步老化，一些城市也出现了工业废弃建筑。为了维持城市经济继续增长，改善生活空间的环境质量，加拿大政府采取了积极的措施，对一些城市出现的工业废弃建筑进行了合理的改造与再利用。这其中比较著名的有温哥华 Granville 工业岛地段的改造复兴工程（图 9-10）；普里瓦特码头的改建；多伦多皇后码头区仓库的商业性改造与再利用等。

图 9-10 Granville 工业岛上由废弃厂房改造的艺术学校

D 日本

日本是一个太平洋中的岛国，有大量的港口城市。伴随着产业结构和交通运输方式的改变，也产生了许多工业废弃建筑。这些建筑虽然没有被日本政府列为产业遗产，但出于经济、环境和能源因素的考虑，许多废弃的工业建筑和地段也得以改造开发。这其中比较著名的北海道函馆海湾的改建，是在保持原有废弃仓库的工业建筑特色基础上，将其改造为零售商业和休闲娱乐空间（图 9-11）；札幌的啤酒博物馆则是对一个废弃酿酒厂库房的改造再利用（图 9-12）。

图 9-11 日本北海道函馆海湾废弃仓库的室内改造　　图 9-12 日本札幌的啤酒博物馆

9.1.2.2 我国工业废弃建筑改造再利用概况

我国工业废弃建筑的改造再利用始于 1980 年代后期。但由于经济、技术以及价值观念等问题，在城市更新过程中，大多还是采取"大拆大建，推倒重来"的方式，造成许多工业废弃建筑难逃拆除的噩运。国外盛行的改造性再利用的新思路，在国内仅有少量自发应用的实例，而且规模往往较小，方法也不够完善，尚未形成系统的理论。然而，目前建筑专业人员和理论界人士对此已有了一定的重视，一些专业学术刊物和论著也都不同程度地对此有所介绍和评论。在一些实践工程中，也有不少工业废弃建筑经改造再利用后，取得了自身价值的延续和与环境共生的良好效果。

从目前实践上看，改造的工业废弃建筑大多是建于1930~1970年代的多层、单层工业厂房和一些仓储用房。其结构多为砖木混合、砖混或钢筋混凝土框架结构；建筑形式基本上沿袭了现代建筑的风格：立面简洁、形式单一；建筑材料一般为木材、砖石、混凝土；外墙饰面一般为红砖或水刷石；屋顶形式则为平顶或两坡顶。但由于当时建筑施工质量较高，这些建筑大多结构良好，具有很强的耐久性，并且外立面简洁的现代建筑造型也为建筑立面的改造设计提供了较大的灵活性。因此，随着政府对改造项目优惠政策的增多，工业废弃建筑的改造再利用越来越普遍，改造的方向多为设计工作室、艺术中心、商业和餐饮用房。近些年来，在一些实际的工程和国际竞赛中也有不少出色之作。例如：北京三里屯酒吧街附近的"藏酷"就是将一废弃的仓库改造为集酒吧、餐厅和媒体艺术工作室为一体的综合建筑（图9-13）；远洋艺术中心是对建于1986年的新伟纺纱厂的改造；上海市泰康路210弄画家陈逸飞工作室是对原轻工业食品机械厂的部分厂房的改造再利用（图9-14）；国际建协第20届大学生设计竞赛获奖者赵亮的方案，则探讨了废弃厂房向居住生活空间的转变（图9-15）。

图 9-13 "藏酷"

图 9-14 画家陈逸飞工作室

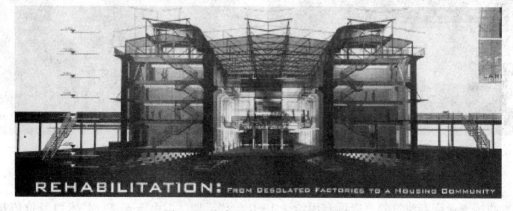

图 9-15 废弃厂房向生活空间的转变

9.2 工业废弃建筑改造再利用的相关因素分析及设计原则

工业废弃建筑的改造再利用是一个日益引起重视的新兴行业。它是对现有建筑进行的投资、改造和挖掘潜力的活动，是和城市更新运动密切相关的一个系统工程，涉及许多方面的问题，因而是一项艰巨而复杂的工作。由于工业废弃建筑的历史文化性、空间特性、结构状况以及与当前城市整体环境的关系等因素是现实存在的，因此改造再利用的过程中受到的制约因素相当多，运作机制也有别于普通的新建建筑的开发，具有独具的特点。改造设计必须从现实条件出发，因地制宜，挖掘和利用有利的因素，探索再利用的可能方向，从而使其能够在城市中扮演一个适当的角色。

9.2.1 本体因素对改造设计的影响

工业废弃建筑的本体因素：建筑自身的历史文化性、空间特征、结构状况和基础设施的现状，是具体的改造设计实践中需要考虑的现实性因素。因此，对工业废弃建筑自身因素的了解和把握，是改造设计的基础，也是保证改造设计取得成功的关键。

9.2.1.1 历史文化性

建筑的历史文化性是决定工业废弃建筑改造力度强弱的重要因素。具有历史文化保存价值的工业废弃建筑的改造设计，更多关注的是改造后的建筑对历史文化性的继承和延续，因此在改造设计中要考虑原有建筑的风格、形式、材料等历史性因素，改造力度相对较小。对这类建筑改造再利用后所产生的效益的评估，更多的是其文化性而非经济性。但是，工业废弃建筑的历史文化性赋予建筑的独特场所精神与现代崭新空间的融合、对比，往往也会造就出不朽的杰作。位于德国汉堡的梅地亚中心（图9-16）即是这类工业废弃建筑改造实践的优秀案例。它是将位于奥坦森工业郊区的蔡斯厂改造为一座现代的电影和传媒中心，改造后的建筑是对原有建筑历史文化性延续基础上的提升，是现有城市生活中不可缺少的组成部分。

工业废弃建筑中还有一些是修建不久就由于各种原因而被废弃的。这类建筑的特点是美学上无明显的价值，外部形态也无明显的标志性，因而改造设计基本上不受建筑历史文化因素的制约，改造力度和建筑创作设计的灵活性都较大。改造设计关注的是建筑个性化形象特征的塑造、环境的改善和经济效益的提高等现实性因素。目前，我国各个城市广泛展开的城市结构的重整带来的大量工业废弃建筑的改造再利用，即是这种情况。例如，南京工艺铝制品厂的废旧厂房在改造设计中充分地利用了工业建筑空间高大宽敞这一特点，将其改造为高效空间体系的南京日报社青年职工住宅（图9-17）。

9.2.1.2 空间特性

工业废弃建筑的空间特性是改造设计中不可忽视的一个重要因素。空间特性直接影响到改造过程中的创新性思维的发挥和改造后的建筑用途。不同的空间类型必然会给建筑的改造再利用带来不同的影响。

（1）"常规型"的多层框架结构建筑，空间灵活度相对较大，在改造过程中可以根据柱网的变化，局部增减楼板，在建筑内部营建出中庭空间，打破原有的空间形态；同时，

图 9-16　德国汉堡的梅地亚中心

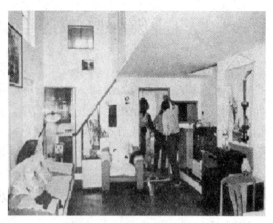

图 9-17　南京日报社青年职工住宅

由于框架结构的特性，使建筑立面和屋顶的改造灵活性很大，可以形成独特的建筑形象。被誉为迄今为止建筑改造领域最伟大成就的意大利都灵林格图大厦改建工程即是如此。改造设计将原有的汽车制造中心废弃的 5 层框架结构厂房改造为一个多功能的文化商业综合性建筑。改造后的林格图大厦是一座具有想象力的性格外倾的建筑，它将成为都灵未来的一部分（图 9-18）。

图 9-18　林格图大厦

（2）在具有高大内部空间的"大跨型"建筑的改造设计中，空间因素对改造设计的制约性最小，既可以保留原有的开敞的空间形态，也可以采取化整为零的手法，根据不同的要求，在水平或垂直方向上变更建筑内部空间形态，形成丰富变化的空间组合。这方面的例子有很多，比较著名的有意大利的马里奥·贝利尼工作室的改造工程。它是将位于米兰附近的一座铸造厂通过对原有大空间的划分，将其改造为设计工作室（图 9-19）。

（3）一些"特异型"的建、构筑物，如煤气贮藏仓、贮粮仓、冷却塔等，功能的特殊性造成了空间形态的特异。这种特异对建筑的改造产生很大的制约，但同时也为建筑的改造创作提供了新的机遇。一些特异型的建、构筑物经过改造更新后，被当作见证产业历史文明的纪念物。像德国埃森市的贮气罐改造工程，就是将原有的铁制贮气罐改造为旅游景点（图 9-20）。

图 9-19 马里奥·贝利尼工作室

图 9-20 德国埃森市贮气罐改造

9.2.1.3 结构状况

建筑的结构状况包括使用年限、结构类型、原有的设计负荷、现有的实际可承受负荷、结构损坏情况、地基承载力等，是工业废弃建筑改造再利用的现实依据。在改造设计前，需要充分的了解建筑的结构状况，以利于以后改造设计的展开。

工业废弃建筑改造再利用的前期工作需要结构专业人员的配合，这正是改造工程与新建建筑的不同之处。通常情况下，对工业废弃建筑的结构评定报告包括以下内容：

（1）概况。介绍待改造建筑的基本结构情况，包括建筑的长、宽、高，层高，总建筑面积，建筑的结构类型，柱网类型、尺寸、标距以及地基基础状况等。

（2）现场的结构测定与鉴定。由于多数工业废弃建筑都经历了一段使用年限，这使现有建筑的结构状况与原设计相比具有一定的偏差。有的建筑物由于使用不当或受地震等自然因素的作用而造成部分结构的损坏。鉴于此，现场的结构测定是必不可少的。具体的测定内容是和改造相关的梁、柱、楼板、屋盖的现状，包括裂缝、偏移、损坏的情况，另外，还需要对其现有强度进行测试。

（3）改造再利用方案的结构可行性分析。工业废弃建筑改造再利用的前提是要保证改造后的结构安全性，同时尽可能考虑投资效益和施工进度。通常情况下，结构专业人员会根据建筑的改造方案设计，提出一种或者几种结构方案，进行模拟计算，以验算结构方案的可行性。

（4）结论部分。根据现场测定、鉴定以及分析计算的结果，提出结构改造的要求或限定条件。

9.2.1.4　基础设施状况

建筑基础设施的条件包括交通、电力、给排水、电讯、通讯等方面的条件。工业废弃建筑改造的优势之一，就是对现有的基础设施条件的再利用，不用增加新的市政设施接口，只需在原有设施的基础上扩大容量或改变位置、改进设备即可。但在改造设计中，要充分认识到现有基础设施的负荷较重、设备陈旧、老化以及在改造过程中对周围建筑设施的影响，同时还要增加原有设施的负荷等问题。以免在施工过程或者建筑竣工以后引起一系列的问题，带来不必要的损失。

（1）交通条件。工业废弃建筑的不适应性中有一条很重要，就是它不能满足日益增加的人车流量的要求。在这种情况下，可以采取新设步行通道、过街天桥和开发地下空间等手段，以解决交通问题。

（2）电力和给排水、通信等条件。在对工业废弃建筑改造的过程中，由于现代化的设备，诸如空调、电梯、自动扶梯的采用和照明用电都对电力供应条件提出了较高的要求，这些在规划、建筑设计和施工的过程中都应给予充分的重视。

在实际的操作过程中，为了更好地利用原有的基础设施，应该在改造前了解清楚以下几点：

（1）原有建筑物的各类设施及管线的走向及布置方式；

（2）设备管线的材料种类和破损情况；

（3）各类市政设施及管线的容量。改造设计应该在此基础上，对照新的设计指标及其要求，对不符合要求的设施进行改造再利用，以达到节约建设资金、缩短建设周期的目的。

9.2.2　改造再利用的原则

城市更新中产生的大量工业废弃建筑，既是城市建设发展的文化资源，也是阻碍城市发展的"包袱"。然而，正是这些积淀着历史与文化元素的"包袱"，成为今天城市发展的源泉和养分，它包含着人们所追求的建筑空间应该具备的丰富多彩的内涵。

我们应该运用更多的理性来探索这些建筑本身的魅力，发掘其优秀的文化特色，在继承的基础上发挥创造性思维，将其改造再利用。为了继承，需要更加深入地了解和剖析这些废弃建筑的空间构成；为了发扬，需要发掘建筑所蕴含的深层文化内涵；为了创造，需要运用现代的建筑设计手法，为这些工业废弃建筑注入新的活力。因此，在工业废弃建筑改造设计中，研究和了解现有建筑的基本状况，探寻建筑空间的逻辑关系，挖掘建筑蕴涵的文化特色，在改造设计中坚持尊重、匹配、综合以及绿色的设计原则，是改造设计成功与否的关键。

9.2.2.1　尊重的设计原则

尊重的设计原则，是指在工业废弃建筑改造再利用的工程中，尊重原有建筑的历史和空间逻辑关系。这一点非常重要。因为改造工程所做的大部分工作都是以原有建筑为基础的，尊重建筑的逻辑关系，就是尊重这种被实现的潜在的可能性，也就是尊重改造后建筑的未来。对于那些具备历史文化和艺术价值的工业废弃建筑的改造设计，尊重的原则体现在维持原有建筑的历史文化气息、空间秩序、形态以及建筑风格；而对于一般性的工业废弃建筑的改造设计，尊重的原则体现在对原有建筑的体量关系、空间特点、结构体系和技术设施的尊重，尽量使其适应新的发展需求。

9.2.2.2　匹配的设计原则

匹配的设计原则，是指改造设计在满足新的功能要求下，做到结构上合理，经济上可行，维护上方便，从而使新的使用功能与建筑旧有空间形式两者之间相互匹配。因此，在对待每一个具体的改造项目，应该首先通过对功能与形式关系的分析，探寻现有建筑的空间规律，挖掘空间的潜在用途；了解可用面积与业主的需求，建筑形式与可行的功能，以往意图与新的意向等因素的关系，进而掌握改造设计的基本意向，满足新的建筑形式与功能之间的匹配原则。

9.2.2.3　综合的设计原则

城市的健康发展仅有优秀的物质环境还远远不够，社会环境的自由和公正以及经济的持续繁荣，都是至关重要的保障。国外大量工业废弃建筑的改造很大程度上都在担负着经济繁荣的任务，甚至把地段的复兴作为首要的目标。从长远来看，脱离社会目标和经济支持的建筑改造活动也很难真正成功。因而，工业废弃建筑的改造再利用不是建筑发展潮流的"时髦"现象，其本身也不是要清洗干净重新粉饰成为城市中的"花瓶"，而是为了使其在完成一个历史阶段的使命后，重新焕发新的活力，并且通过建筑自身的良性循环，带动经济的发展，实现整个地段的复兴。因此，对待工业废弃建筑改造再利用，一定要本着综合的设计原则，不能简单地从经济因素考虑，而应该将其放在综合比较的天平上，分别用经济、社会、文化、生态等砝码去度量它，然后做出综合评价，确定工业废弃建筑的未来存在方式。

9.2.2.4　绿色的设计原则

绿色的设计原则，是指在工业废弃建筑改造再利用的过程中，在建筑材料的选择、空间形式的变更以及建筑的细部设计等方面体现可持续发展的思想，体现建筑绿色设计的理念。

目前世界上各个领域、各个学科都在探寻可持续发展之路。工业废弃建筑的改造再利用虽然受到很多条件的制约和限制，但这正是建筑可持续性发展的表现，也是建筑绿色设计的机会。例如，改造设计中需要进行材料变更，建筑结构加固时可采用生态的、无毒的、可循环再生的材料来代替原有的建筑材料；或者在现有建筑结构上喷涂无毒的环保型涂料；尽量利用人工采光照明，节约有限的能源；在建筑结构的选择上采用寿命较长的钢结构等等。绿色的设计原则是建筑活动的基本准则，也是工业废弃建筑改造再利用必须遵循的原则和基础。

改造设计原则，是从建筑空间艺术、文化传统、社会经济、环境生态等方面综合考虑。在物质空间建设方面，应探寻原有建筑的空间规律，遵循功能和艺术的原则，创造优美宜人的空间环境；在建筑文化方面，应发掘建筑的文化内涵，关注场所与人的关系，尊重人的感受，延续历史文脉；在社会经济方面，应创造更多的积极因素，促进人们的积极性和创造性，提高城市的经济活力；在环境生态方面，应维护建筑与周边地区的生态平衡，保障自然环境及生态系统的和谐稳定。

9.3 工业废弃建筑改造再利用内部空间设计

工业废弃建筑的开发模式，将直接影响到城市原有空间景观形态。以及大量建筑的存亡，在开发投资与环境保护方面产生的效果也会截然不同。伴随着城市更新运动由急剧的突发式向更为稳妥、更为谨慎的渐进式的转变，国际间对待工业废弃建筑的态度也由"大拆大建"发展到近期的保护性改造再利用为主。其改造再利用的模式可以归纳为改建模式、扩建模式和综合改造模式。

9.3.1 模式及设计手法

9.3.1.1 改建模式

改建模式是对原有建筑的一种保留再利用的开发方式，即对具有文化、景观价值的工业废弃建筑及其场地进行保护性再开发。

通过改造设计，基地的历史、文化、景观和生态价值受到重视和有效的保护。在实践中，又可以将改建模式具体划分为以下两种情况。

A 保护改造

这种方式是对整个工业废弃建筑及其场地进行深入调查、综合评价。改造设计以保护为主，但不仅仅局限于对建筑立面的维护与修缮，而是遵循对现有设施的发展优先于任何形式发展的开发原则，并恰当地增加公共设施和室外公共活动空间，使保护与改造有机地结合起来。这方面的改造实例如美国西雅图湖滨蒸汽发电机厂改造，保留了原有城市地标性的七根烟囱，以维持城市景观的延续性（图9-21）。

图 9-21　美国西雅图湖滨蒸汽发电机厂

B 改造保护

这一方式更多地着眼于整体环境的提高和经济的复苏，实行改造与保护相结合的方式，强调的是整体环境的更新。其间的保护多为点与面的保护和再利用，是改造中的保护。如北京远洋艺术中心通过对原有废弃厂房的改造，以崭新的形象融入现代城市生活之中（图9-22）。

图9-22 北京远洋艺术中心

9.3.1.2 设计手法

改建模式的空间形态设计根据改造再利用的力度不同，可以具体划分为以下两种改造设计方法：

A 空间的功能替换

此类方式较为简单，即寻找一种空间需求大致相同的使用功能，将建筑改作他用。其也被称为一种"旧瓶装新酒"式的方法，特点是不对原建筑进行整体结构方面的增减，只须进行必要的加固，修缮破损部位。改造主要集中于开窗、交通组织、内外装修与设施的变更。例如，将大跨度、大空间的建筑改造为剧场、礼堂或博物馆，或者将层高较低的建筑（如多层轻工业厂房、仓库）改造为娱乐、购物中心，或开敞型办公空间等。

B 空间的重构

a 化整为零

依据新功能的需求，采用垂直分层或水平划分等手法将内部大空间改造为较小的空间，然后再加以使用。

（1）垂直分层。对于内部为高大空间的产业类建筑，可以采用内部垂直分层的处理手法，将高大空间划分为尺度适合使用要求的若干层空间，然后再加以利用。这种改造方法注重原建筑结构与新增结构构件之间的相互协调，新增部件应保证不对原建筑的基础和上部受力构件造成损害。在保证安全性的前提下，对原结构进行必要的加固，而新增部分则应尽量采用高强轻质的建筑材料。例如，结构部分可采用钢材，内部采用加气混凝土或石膏板等轻质隔墙，从而将建筑自重减至最低。

案例：上海城市雕塑艺术中心

上海城市雕塑艺术中心的建造，旨在为上海城市雕塑搭建一个集展示、交流、创作、教育等功能于一体的，具有国际水准的综合文化中心。经过场址的反复比选论证，最后确定改造利用位于淮海西路 570 号的原上钢十厂冷轧带钢车间厂房来建造上海城市雕塑艺术中心。该厂房建于 1958 年，通高一层，框架结构，长约 180m，宽 18~35m，高 12~15m，总建筑面积 6280m²。1989 年，工厂转型导致厂房闲置，其巨硕、高耸和宽阔的空间和良好的结构状况，具有理想的改造再利用的价值和潜力。而上海城市雕塑艺术中心所需要的正是这一点。在改造中，设计者整体保留了南侧 12 跨共 72m 长的钢筋混凝土桁架，以创造厂房特有的高大空间尺度所具有的视觉冲击力，同时保留了长 24m、宽 8.4m 嵌入地下深 3.6m 的淬火坑；而在中部和北部 18 跨的空间中，则通过夹层的方式增建了两层和三层的小型展示空间和办公空间。设计者在改造中注意保存原有厂房面貌，如用于通风的圆形窗洞、牛腿立柱粗糙表面、门窗上保留尚好的混凝土过梁，均得到完好的保留，加建部分则采用了素混凝土、钢、玻璃和木材等现代建筑材料，体现了历史与今天、粗犷与精致的对比（图 9-23~图 9-25）。

图 9-23　上海城市雕塑艺术中心

图 9-24　室内新老材料对比

图 9-25 室内加建空间

（2）水平分隔。在原有主体结构不做改动的前提下，水平方向增加分隔墙体，使开敞的空间转化为多个小型空间。如将空间开敞的多层框架结构的厂房或仓库等改造为住宅等。这种改造中，应注意分隔墙体采用加气混凝土或石膏板等轻质材料，从而将建筑自重减至最低。若各空间隔声要求高，则用于隔声的分户墙应采用隔声效果较好的密实墙体。此时墙重难免增加，应当将墙布置于梁的位置，必要时还应对梁进行加固。

例如，南京市绒庄街 70 号原工艺铝制品厂出售给南京日报社后，将原多层框架结构厂房改造为职工住宅。原建筑层高为 3.8m 和 4.m，开间为 3.8m 和 4.0m，进深为 10.0m 和 12.0m，朝向南北。设计者根据既有条件，将原建筑框架作为一个"支撑体"，仅在其范围内增加住宅使用的设施，改动了楼梯间和开窗的位置，设计成为局部带小夹层的"高效型住宅"，使用效果良好。由于对建筑改动很小，总投资较新建同等使用面积的住宅节省了三分之二。

b　联零为整

将若干相对独立的建筑物间采用打通、加连廊搭接以及建筑间封顶联结等方式，联结为更大的相互可流通的连续空间。

（1）建筑连接部打通。将两幢紧靠在一起的建筑物由通墙（共用或并联双墙）处打开通道，形成可相互流通的空间。若建筑为框架结构，还可将非结构性通墙拆除，从而使空间联为一体。应当注意的是：

1）如果墙体为结构性承重墙或抗震墙，则开口的宽度应有一定限制，并须对开口处采取结构加固措施，以保障整体结构的承载性和抗震性。当开口宽度因人流数量或其他原因要求而超出结构允许范围时，可考虑并排打开若干开口，各开口保持一定距离，从而满足建筑和结构两方面的要求。而开口宽度与开口间保留墙体的宽度，则因不同建筑的条件而各不相同，应当在设计中与结构工程师协商解决。

2）当两建筑物在连接处楼板不在同一水平面时，可能遇到因框架梁或圈梁位置影响人的通行的问题。此时可将侧建筑的部分梁体截断并拆除部分楼板，但同时须对该部位进行加固。

如在伦敦潘克拉斯（Pancras）车站以西的一个皮革厂改造项目中，由于其中两幢建筑紧密相连，所以设计者决定在其地面层之间的通墙上并排打开三个口，形成个相互连通的系列空间，作为某家具公司的产品陈列室（图9-26~图9-28）。

图9-26　英国伦敦皮革厂改造成
家具公司陈列室外观

图9-27　英国伦敦皮革厂改造成
家具公司陈列室外观内景

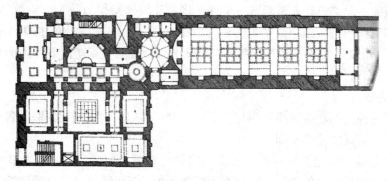

图9-28　英国伦敦皮革厂改造平面图

（2）建筑间加连廊搭接。在相邻两建筑物之间，采取加连接廊或天桥的方式使建筑内能够相互贯通。连廊（或天桥）可为单层，也可为多层；可为开敞式，也可为封闭式。连廊结构及围护材料宜采用高强轻质的钢材、玻璃或透光有机材料（如聚碳酸酯透光有机材料）等，以减轻自重。

如瑞士苏黎世一面粉厂改造为综合功能的建筑群，其中在厂房和仓库两建筑物之间建造了三层高的装有透明玻璃的封闭连接廊，将两个原来相互分离的建筑连成了一个整体（图9-29）。

（3）建筑间封顶联结。将相邻的建筑物在连接处加顶封闭，在加顶后的空间内可局部增建，还可用连廊、梯等对各幢建筑加以联结。这样一来，使原来相互分离的若干单体建筑联结成为一个整体，将室外空间纳入室内以增加可用面积，同时还产生了极具趣味性的高大开敞的共享空间。设计中，宜在后加的顶部与外围护界面采用轻质透明材料，如钢柱、钢屋架及玻璃、透明有机材料等，一方面，可减轻新建部分的重量；另一方面，由于保持了原有建筑外墙的连续性，内外交界概念变得不再明显，从而使建筑更加亲切宜人。

案例：瑞典桑德维尔市仓库改造

瑞典桑德维尔市曾经成功地将4幢建于1888年的仓库改造为城市博物馆和图书馆。原先的4幢建筑物之间的十字形街道被用玻璃由顶到底围合起来，从而提供更多的空间，用于图书馆和展览空间、餐厅、会堂以及一个入口门厅和流动空间。这个由玻璃围合的高大空间还能收集建筑物内的热空气，并可循环利用或用来加热水。改造中新建了主楼梯井，主楼梯井之间由几座横跨在带顶的"街"的上方的桥相连（图9-30）。

图9-29　苏黎世面粉厂厂房（左）
　　　　与仓库间玻璃连廊

图9-30　图书馆建筑玻璃天桥

　c　局部增建

根据新的功能和空间需求，在建筑内外局部增建新的空间设施，如电梯、楼梯，围合于建筑中央的露天庭院，天井加顶改造为中庭，紧贴建筑外侧增加走廊等。

　　例如，在纽约长岛的某国际设计中心改造再利用中，设计者将两座原轻工业多层厂房进行了改造，一座是口香糖厂（中心1），另一座是电池厂（中心2），原为开敞的"凹"形院落。此次改造在原院落入口处新建了电梯塔，并将顶部封闭，形成周边回形环绕廊道的8层高的中庭；中心1内部则改造为带天窗的被展厅环绕的中庭。不同的是该建筑很长，其电梯只好设在中庭的中央，同时新增加了钢楼梯，并以直跑形式由中部顶层电梯厅一侧向下直达中庭前后两端。此外，两幢建筑间也用多层天桥相连，形成相互连通的连续空间（图9-31、图9-32）。

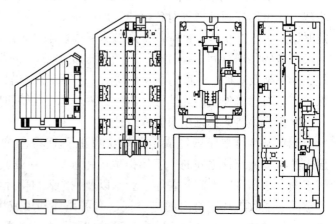

图9-31　纽约长岛国际设计中心内景　　　　图9-32　纽约长岛国际设计中心平面图

d　局部拆减

主要可分为三种情况：

（1）拆减墙体。将原有建筑物的非结构性内墙拆除，以获得较大的内部空间；将非结构性外墙拆除，换装成玻璃窗，或改为外廊以增加采光，满足观景需求等。若为结构性墙体，注意事项则同前述"建筑连接部打通"类似。

（2）拆减楼板、梁、柱。将原有多层建筑内的楼板梁、柱等构件局部拆除，构成中庭或多层高度的门厅等高大开敞空间，从而形成丰富的适应新的功能需求的新空间。与此同时，还应对结构部分进行必要的加固。对建筑物局部拆减不应影响到其整体结构的牢固性，尤其是拆除梁、柱时，更应慎重。拆除部分应尽量位于多跨框架平面的中部，而避免靠边跨拆除，那样会形成建筑物边跨无双向连接的单列柱，导致结构失稳。如需在此部位设立高大空间，应在保留绝大部分梁、柱结构的情况下（梁、柱并非一根也不能拆），通过拆除楼板来满足设计意图，而非以牺牲结构强度和稳定性换取所谓的空间效果。

（3）拆减体块。对原有建筑在整体上局部拆除，形成新的外观轮廓。该方式多适用于第二种历史类型的产业类建筑。

如美国明尼阿波利斯市的莱歇广场（Threshe Square），为一幢由多层仓库改造而成的办公楼。改造时，在建筑中部由二层楼板起至屋顶，将部分楼板拆除，保留框架柱和主梁，形成下宽上窄的长条形中庭。在不破坏原建筑整体结构牢固性的前提下，既向建筑内部引入了自然光，又形成了建筑内部中庭梁柱交织的独特景观（图9-33）。

同样，在加拿大多伦多皇后码头仓库改造为商业综合大厦的工程中，将多层无梁楼盖的钢筋混凝土建筑中部的柱子有选择地去掉一部分,构成了新商业大厦的中央共享大厅,并安装电梯与自动扶梯,布置绿化。同时拆除沿湖一角的柱网,辟作眺望安大略湖的观景台,与室内相通(图9-34)。

图9-33 莱歇广场剖面图

图9-34 加拿大多伦多皇后码头仓库改造

e 局部重建

主要可分为两种情况:

(1)由于历史建筑经过长期的自然侵蚀或人为损坏,原建筑构件或结构局部有所损毁,如建筑物的屋顶部或山墙等处。改造中,在原有结构基础上进行局部的重建,以使其作为一个整体得到重新利用。此类建筑多为第一种历史类型的产业类建筑,重建设计应注重新建部分与原有建筑间的形式、空间、功能关系,以及原有结构承载力和必要的加固等问题,并尽可能地采用高强轻质材料,减轻建筑物自重。

（2）根据改造设计要求，对建筑物局部拆除并改建，以形成新的外观轮廓。此类建筑多为第二种历史类型的产业类建筑，原建筑结构往往较为坚固完好，改动余地较大。但在改造中同样应注意上述问题。

案例：英国伦敦南岸区 oxo 码头塔楼改造。

由于恶劣气候条件对原建筑造成的损害，原建筑顶层部分损坏，改造时对建筑 8 层以上部分进行了重建。同时，对第九层进行重新布局，创造出一个戏剧性的双层挑高空间和一个翼状屋顶。无柱的立面加上悬挂式玻璃使得立面上的结构荷载减至最小，同时使位于该层的哈维·尼科尔斯饭店及酒吧内可以毫无遮掩地俯瞰伦敦市容。屋顶下面由电动机控制的翼片，根据时间的变化，逐渐由白天的白色转变为夜间的碧绿色，从而改变其环境氛围。与此同时，对原有建筑结构进行了修整加固。为了尽可能减少大楼重量，其内部装修采用了轻质材料（图 9-35、图 9-36）。

图 9-35　英国 oxo 塔楼

图 9-36　oxo 塔楼顶端餐厅改造

9.3.2　扩建模式及其设计手法

9.3.2.1　扩建模式

当工业废弃建筑的使用面积或者空间特征等因素不能满足新的发展要求时，在原有基础上进行扩建设计是十分必要的。工业废弃建筑的扩建设计，不仅要考虑扩建部分的功能和使用要求，还要处理扩建部分与原有建筑内部空间的联系与过渡，以及两者在外部形象上的视觉连续性和风格协调。同时，原有建筑周围的环境因素也会对建筑扩建部分的设计产生影响。在扩建设计中，扩建部分与原有建筑之间的相对位置关系是影响扩建设计的主要因素。

9.3.2.2　设计手法

扩建设计是在原有建筑基础上，在其相邻范围内新增建筑体量，以满足新的功能要求。根据扩建部分与原有建筑之间的相对位置关系，扩建设计的空间形态改造可以分为并置与链接两种类型。

A　并置

这种扩建方法一般适用于整个工业废弃建筑地段的改造再利用，目的是为了更好地满足复杂的功能要求。最大特点是扩建后的建筑与原有建筑之间没有必然的联系，是一种相对的离散关系（图9-37），两者之间没有直接的内部空间相互联系，在功能上也可能存在较大的差异。

图9-37　"并置"设计手法中扩建部分与
原有建筑位置关系示意图

例如，瑞士苏黎世面粉厂的改造设计中，为了更好地满足地段的多功能使用要求，在马棚的背后新建了17套住宅，不仅完善了整个地段的多功能使用要求，而且也使这一地段在白天和夜晚都充满了活力（图9-38）。

图9-38　苏黎世面粉厂扩建的住宅

B　链接

这种扩建方法与"并置"的最大区别，在于由链接产生的新建筑与原有的老建筑可以直接相连，或者通过联廊、天桥等辅助空间使两者的空间相互贯通、渗透（图9-39）。根据改造过程中扩建部分与原有建筑之间的相对位置关系，链接又可具体化分为以下三种情况（图9-40）。

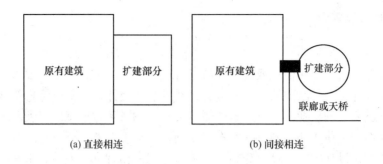

(a) 直接相连　　　　　　　　　　　(b) 间接相连

图 9-39　"链接"设计手法中扩建部分与原有建筑位置关系示意图

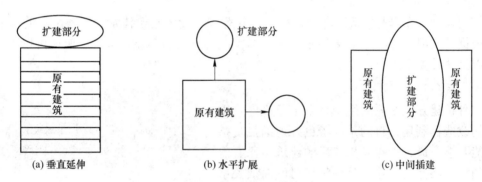

(a) 垂直延伸　　　　　　(b) 水平扩展　　　　　　(c) 中间插建

图 9-40　"链接"中的三种具体改造设计方法

a　垂直延伸

一些工业或仓储类的废弃建筑，由于其结构设计荷载较大，在改造设计中可以利用结构的剩余荷载，在其顶部垂直加层扩建，从而在占地面积不变的情况下有效增加建筑面积，提高容积率，最大限度地满足开发商的需求。改造设计除了需考虑扩建部分自身的功能、形式以及带来的原有建筑天际轮廓线的改变以外，还需处理好与原有建筑内外空间形态的连接、过渡，以及原有建筑结构的加固，使扩建部分和原有建筑成为一个整体。

案例：温特图尔工业建筑

瑞士在温特图尔和巴登工业区的一些旧工业建筑改造中，都采用了顶部加层的方式。由于使用了玻璃等材料，极大改善了室内空间的采光，也使建筑形象增加了几分新意（图9-41）。

b　水平扩展

水平扩展这种内部空间改造再利用的方法，是在原有建筑空间不能满足新的使用要求和功能时，以原有建筑结构为依托，在建筑一侧新建建筑体量并与原有建筑直接相接或通廊、共享大厅等将两者连为一体。扩建部分自然延续了原有建筑空间，同时也解决了使用需求。但要注重新建筑对原有建筑的结构影响，以及两者之间的风格协调。

案例：奥地利维也纳煤气贮藏仓改造设计

维也纳煤气贮藏仓的改造设计是根据城市总体规划，将废弃的 4 个煤气贮藏罐改造为600 多套城市住宅（图9-42）。改造设计由 Coop 事务所负责。该事务所的建筑师 Wolf Prix 认为，维也纳是一个十分注重历史传统的城市，因此他们的改造设计方案保留了原有煤气

图 9-41 温特图尔工业建筑顶部加玻璃围合的空间

贮藏仓的空间形态,只是在"城堡"的外围加建了一段 22 层高的"围墙"。同时,为使每个住户都拥有充足的阳光,在扩建部分和现有建筑之间留出一个巨大缝隙,并通过一桥廊将扩建部分与煤气贮藏仓相连通。新的扩建部分从某种意义上讲,是对城市景观和煤气贮藏仓——"城堡"的一种威胁,但正是这种"威胁",为城市的发展和社区的复兴带来了新的活力(图 9-43)。

图 9-42 奥地利维也纳煤气贮藏仓

图 9-43 扩建部分与原有城堡的关系

c 中间插建

这种改造设计方法多用于分散布局的工业废弃建筑扩建设计。它通过在原有建筑的中间新增建筑体量,来满足新的功能及空间要求。扩建部分与原有建筑之间是相互联通的。

改造设计应注意扩建部分对原有建筑结构体系的影响,必要时须采取一定的加固措施;此外,还须注意扩建部分的空间形态、建筑形式与原有建筑的关系。

案例： 奥地利 Huttenberg 会议展示中心

该会议展示中心由一个废弃已久的 19 世纪的钢铁制造中心改造而成，位于奥地利 Styria 和 Carinthia 之间的一个山谷内。建筑极富个性特征的熔炼炉和鼓风箱，展示了其工业建筑的特点，也使其成为当地的标志性建筑物（图 9-44）。

图 9-44   奥地利 Huttenberg 会议展示中心

由 Gunther Domenig 主持的改造设计充分发挥了现有建筑的最大优势，展现了新旧建筑的强烈对比。改造设计的最大特点体现在对建筑中间部位的扩建设计。新的扩建部分既是艺术展示空间，同时也是观赏山谷风景的平台。它以线形的钢结构贯穿建筑首尾，并成为联系原有建筑各个部分的中心，强化了建筑的轴线关系，并带来震撼人心的视觉冲击力：钢、玻璃和经历百年风雨的石材在此交流，碰撞。改造后的建筑本身就是一个艺术价值极高的展示品（图 9-45、图 9-46）。

图 9-45   会议展示中心中间插建的钢结构建筑   图 9-46   中间插建部分

9.3.3　综合改造模式及设计手法

9.3.3.1　综合改造模式

工业废弃建筑及其地段的综合改造，实际上是包含新建、改建和扩建在内的综合整治。除此之外，改造设计非常注重现有环境的改造更新。因此，它比单纯的改建和扩建项目涉及的问题更多、更复杂。就许多具体问题的处理手段而言，综合改造的设计模式与改建和扩建有许多共同之处，其主要的区别在于综合改造涉及更多的环境问题。

经过综合改造后的建筑，由于其历史性和趣味性，往往比新建项目更富吸引力，而且投资少，见效快，社会经济效益显著。

9.3.3.2　设计手法

综合改造模式是包含改建和扩建在内的综合改造设计。根据改造设计侧重点的不同，综合改造设计又可细分为侧重于场地的空间价值、侧重于场地的历史文化价值以及侧重于场地的景观和生态价值这三种具体的方法。

A　侧重于场地的空间价值

对于一些出现了严重的物质性、功能性和结构性衰退的工业废弃建筑及其地段的综合改造设计，往往更多侧重于场地的空间价值的开发，强调的是建筑及其地段的物质属性，即土地价格、开发用途、开发强度，而其非物质性（时间属性等）的价值次之。因此，在改造设计中，更多关注的是经济因素，并且以"经济复兴"为核心思想。

案例： 加拿大多伦多女王港干冷仓库的改造

加拿大多伦多女王港位于该市安大略湖畔的显要位置。该港建于1926年的钢筋混凝土结构的干冷仓库，是加拿大具有历史价值的港口库房之一，曾经是多伦多市重要的水运与铁路的运转仓库。但是随着城市的发展，它已失去了往日重要的工业用途，其形象也与新出现的高层建筑不相协调。在1980年多伦多市港口管理局组织的拯救湖岸区的设计竞赛中，由多伦多市奥林匹亚和约克发展商聘请的莱得勒·罗伯茨建筑师事务所，利用现有仓库进行的综合改造设计赢得了第一名。改造设计成功地将原来废旧的码头仓库，改造成为集商业零售、餐饮、450座的剧场、3.6万平方米的办公空间、公寓以及停车场等多功能于一体的综合性建筑。改造后的建筑已成为多伦多市湖边最吸引人的景点之一。而且通过对干冷仓库的改造设计，也使女王港恢复了活力。改造设计具有两个鲜明的特点：其一是干冷仓库内部空间的空间形态重构，即南、北中庭空间的营造，设计从原有无梁楼盖的钢筋混凝土建筑中拆除6根立柱，形成新的中央共享中庭（图9-47a）。并且围绕南北中庭布置办公空间，形成一个非常有效的自然采光工作环境；其二则体现在对场地空间的充分利用上，即在利用仓库的剩余承载能力在屋顶上扩建了4层72套高级公寓和一个屋顶上的玻璃温室室内游泳池。这样不仅满足了开发商尽可能获取高额利润的要求，也使整个综合体形态更为丰富，充满了活力（图9-47b）。

B　侧重于场地的历史文化价值

这种改造设计的倾向，强调的是工业废弃建筑及其地段的时间特征及其属性，认为这种工业时代的废弃建筑是'历史遗产"和"工业景观"。因此，这种改造设计采用的是保留和再利用的方式，挖掘废弃建筑及其地段的历史、工业文化价值。通常情况下，这些工

(a) 室内中庭   (b) 屋顶花园

图 9-47   加拿大多伦多女王港干冷仓库的改造

业废弃建筑及其地段均有其自身的特色，如热那亚港区的再开发是基于其悠久的历史遗迹及特殊的人物——哥伦布。在国外，工业废弃建筑及其地段的历史文化价值已经得到了包括政府、开发商在内的社会各个方面的一致共识，并且产生了许多优秀的改造设计实例。

实例：瑞士的苏黎世 Tiefenbrunnen 面粉厂改造

苏黎世 Tiefenbrunnen 面粉厂位于苏黎世河东南方向的 Lollikon ，1889 年建造，当时为酿酒厂。1913 年，其主要建筑物被改造为面粉厂。这些早期的 2~3 层建筑是由铸铁柱、钢梁和拱券组成，外墙为黄色，而横向、纵向的色带及券心石则用红色砖装饰。20 世纪30 年代，又在其对面建成一座庞大的钢筋混凝土结构的仓库。1983 年，随着工厂的外迁，原有厂房也随之废弃。此后业主通过贷款提出改造计划。采取改建和扩建方法的综合运用，将其改造为一个包括住宅、餐厅、影剧院、室外舞台、办公、艺术馆等多功能的综合体，确保原厂区从早到晚生机勃勃。

面粉厂的改造设计在满足功能使用的要求下，体现了对原有建筑历史文化价值的尊重。设计中，面粉厂的厂房被精心保存下来，主要部分被改作博物馆，用以展示面粉生产过程。厂房其余部分被精心的修复后，底层和地下层被改为商店和展示空间（图 9-48），楼上则用作办公空间。钢筋混凝土结构的仓库被加高了一层，重新用钢、玻璃和面砖装修一新；内部改为由可活动隔断分隔的开敞式计算机房。同时，在面粉厂和仓库之间建造三层高的装有透明玻璃的封闭连接体，将两个原来互相分离的单个建筑连成一个整体，从而更好地适应综合性建筑使用功能的要求，如图 9-48 所示。

C   侧重于场地的景观和生态价值

伴随着新世纪经济和社会的迅猛发展，人们的生活水平日益提高，同时对生存空间的环境质量也提出更高的要求。但是由于前期的过度开发，有限的自然资源日益枯竭，人们赖以生存的生态环境遭到严重的破坏，因此，为了保持人类社会的可持续发展，创建美好的生活环境，景观和生态要素逐渐成为设计的重要因素。这种趋势在某些工业废弃建筑及其地段的综合改造设计中也有所表现，即改造设计侧重于场地的景观和生态价值。通过改造设计改善环境的质量，同时实现地段的可持续性发展。

案例：法国阿尔萨斯生态博物馆

法国阿尔萨斯生态博物馆是对位于 Mulhouse 和 Guebwiler 之间、地处 Pullversheim 北端

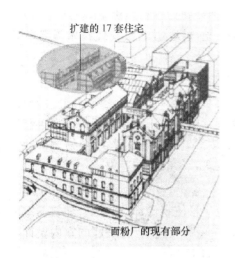

图 9-48 面粉厂的总体关系示意图（左）及底层被改造成的商业空间（右）

的一块钾碱矿场的废弃建筑物和废料堆场的改造再利用。设计以综合改造为主，其中包括：完善以电车、运河和湖面游船为基础的交通运输设施加固，并利用生产钾碱堆成的陡坡地；重新利用莱茵森林里的停车场地，将原有钾碱矿区废弃建筑改造为工业博物馆，以及若干主题公园的中世纪村落。考虑到 200 年的钾碱开采历史使这里受到的严重污染，因此改造设计把利用有限的资金、循环利用材料、解决中世纪村落的主题与 19 世纪工业化环境之间的矛盾冲突作为重点。在这里，碎石挖掘逐渐导致湖区的形成，而挖掘出来的泥土则被用来加固废弃的钾碱堆场。改造设计后的钾碱矿区不仅成为向人们展示工业生产的博物馆和人们休闲娱乐的场所，更重要的意义在于，它对整个地区生态平衡的恢复发挥了巨大的作用（图 9-49）。

图 9-49 法国阿尔萨斯生态博物馆

9.4 工业废弃建筑改造再利用景观环境设计

9.4.1 室内环境设计

工业废弃建筑改造再利用的室内设计有别于普通建筑的室内设计，设计的重点是在满足新的使用功能要求下，如何体现工业建筑的特色，最大限度地取得新与旧之间的平衡。设计的主要内容涉及材料的选择、采光照明的处理、色彩运用以及现代技术设备的运用等。

9.4.1.1　材料的选择

废弃工业建筑改造的室内材料选择往往会受建筑自身情况，如原有建筑材料，结构以及建筑的历史文化性等因素的影响，而产生较大的差异。此外，工业废弃建筑改造再利用的室内设计还应该挖掘建筑本身的材料特性，使工业废弃建筑中的一些废弃物如旧的管道、构架等成为室内设计表达的要素，营造工业废弃建筑独特的空间魅力。

A　具有历史文化保存价值的工业废弃建筑

通常情况下，这类建筑在室内设计材料的选择上应尽量使新增部分与原有建筑的室内材料协调一致，延续原有建筑空间的历史氛围。比如"泰勒现代"，在展厅的室内设计上就采用一种简单、中性的建筑材料，很好协调了建筑新旧之间的关系，同时也为展品的摆放提供较大的余地，满足了建筑作为艺术博物馆的使用功能要求（图9-50）。

但是，某些具备历史文化保存价值的工业废弃建筑改造再利用的室内设计中，往往也会采用一些通透、轻盈、光滑的型钢、玻璃和金属扣板等现代材料，用来与原有建筑内部充满粗糙质感的砖石材料进行对比。比如法国诺伊斯埃尔的雀巢公司总部的改造设计中，建筑师对材料的选择完全根据空间的特色及使用的要求，采用了一些19世纪不为人知的材料：不锈钢和磨砂玻璃等，以形成令人愉悦的空间感受（图9-51）。

图9-50　泰勒现代美术馆展厅　　　　　图9-51　不锈钢和磨砂玻璃形成的采光天棚

B　一般性的工业废弃建筑

这类建筑改造再利用的室内设计，在材料的选择上具有较大的灵活性，往往根据改造后建筑的功能使用要求而采用不同的室内建筑材料。根据具体的改造设计手法，可以细分为以下几种：

（1）选用大面积的新型建材，诸如薄膜、型钢、玻璃等，以取得新颖、奇特的空间感受。这方面的改造设计实例，如英国伦敦 MAGNA 科普中心，就是通过在其内部运用张拉膜、型钢等展现高科技的新型建筑材料，使建筑内部空间充满动感与变化（图9-52）。

图 9-52 英国伦敦 MAGNA 科普中心的室内通过材料的选择使空间充满动感与张力

（2）选用一些使人感觉比较亲切、自然的建筑材料，比如竹、木等，营造出温馨的室内空间感受。如北京三里屯酒吧街附近的"藏酷"的餐廊和大型酒吧，在室内材料选择上采用圆木和稻草等自然的建筑材料，形成亲切的空间氛围（图9-53）。

图 9-53 "藏酷"的室内空间材料选择

（3）保持原有工业废弃建筑的内部材料，只是对其进行简单的清洁和修复。这是目前中国上海苏州河畔众多工业废弃建筑的改造采取的一种较为普遍的方法。如登琨艳大样环境设计工作室的室内改造设计，保留了原有室内的建筑材料：红砖、木构架以及白灰粉饰等，只是对建筑内部空间进行简单功能置换和清洁修复（图9-54）。

图 9-54   登琨艳的大样环境设计工作室的室内材料

9.4.1.2   光照的处理

在工业废弃建筑改造再利用的室内设计中，恰当地运用光照不仅可以提升建筑的品味与情趣，还可以延续建筑的历史气息。在具体的设计中，光照的处理方法可以分为以下两种。

A   自然采光的引入

在工业废弃建筑改造再利用的室内设计的光照处理中引入自然采光，符合建筑的绿色设计原则，同时也是可持续发展在建筑领域的体现。而且自然采光形成的柔和室内氛围，还可以使置身其中的人们备感亲切与温暖。根据位置的不同，自然光的运用可以分为顶部采光或垂直面采光两种方式。

顶部采光一般多用于建筑内院空间的上方，以形成中庭空间。如奥地利 Krems 新艺术馆的中庭，将自然采光引入室内，形成良好的室内展示空间（图 9-55）。此外，某些建筑的顶楼空间也经常利用自然采光来形成温馨的室内空间。例如，由一废弃的罐头厂改造而成的布鲁日顶楼住宅，在改造设计中，将北屋屋顶改造为玻璃透明采光顶，把天然光引入室内，形成一个内外环境交融的场所（图 9-56）。

垂直面采光是一种常用的自然采光方法。但在改造设计中，应注意解决采光口的形式，以及照明深度、光线强度与使用要求等一系列问题。北京远洋艺术中心在改造设计中利用 U 形玻璃作为垂直面的采光材料将自然光引入室内，同时又避免了眩光的产生，营造出柔和的光线效果，十分符合建筑作为艺术中心的功能要求（图 9-57）。

图 9-55   新艺术馆中庭的自然采光

图9-56 布鲁日住宅顶楼的自然采光　　　　　图9-57 远洋艺术中心的垂直面采光

B　人工照明的处理

工业废弃建筑改造再利用的室内设计中，不仅可以利用人工照明来满足室内空间照明的基本需求，还可以采用特殊的光照效果，更好地衬托建筑的原有特征，烘托环境氛围。

英国MAGNA科普中心和德国设计中心的改造设计都很好地利用了室内的人工照明，强化了建筑的工业特色。MAGNA科普中心的室内设计充分利用了人工照明的特殊效果，突出了"火、水、空气、原料"四个展示主题，使整个科普中心的内部空间充满动感与变化的神秘和探险的氛围（图9-58）。德国设计中心的室内光照设计在保留的锅炉附近，通过人工照明强化了建筑的工业特色（图9-59）。

图9-58 英国伦敦MAGNA科普中心室内的人工照明　　　图9-59 德国设计中心的人工照明
　　　突出了展示主题和建筑的工业特色　　　　　　　　　突出了建筑的工业特色

9.4.1.3　色彩的运用

在工业废弃建筑改造再利用的室内设计中，对室内色彩的选择应在综合考虑建筑自身状况的基础上，合理地配比新旧部分的色彩关系，在保持背景色的协调一致的同时，恰当地运用重点色，以形成内部空间的亮点。

9.4.1.4 现代技术设备的应用

现代技术设备的应用是工业废弃建筑改造再利用中室内设计的重要环节。大多数工业废弃建筑的设备简陋，不能满足新的功能要求。因此，引入通风、空调、消防、监控、自动扶梯等现代技术设备，将极大地提高建筑室内空间的环境质量。但现代技术设备的应用也会对建筑既有的室内空间产生一定的影响，因此，在改造设计中应注意设备安装的位置、形式与建筑原有空间的关系。此外，改造设计还应尽量利用原有的设备和管道，实现资源的合理运用和对建筑既有室内空间的尊重。

9.4.2 外部景观设计

一般来说，建筑的衰败与废弃总是伴随着外部空间环境的恶化，并且这两者之间相互影响：建筑的衰败会引发其外部环境质量的下降；反之，建筑外部环境质量的下降会加速建筑衰败的程度。这是一个普遍的规律。因此，对于工业废弃建筑的改造，不仅仅局限在建筑本身，而是通过融合新的环境标准与服务设施，从城市的角度出发，使建筑所处的整体环境质量得到提高。

对于工业废弃建筑来说，其原有的外部环境，如道路、设施场地等的设计，是以运输、储存和生产组织为中心而进行的，对人的活动考虑得较少，其外部空间大多单调、乏味、缺乏特征。因此，改造设计时必须对其外部空间环境进行重新整合，建立以"人"为中心，符合生态原则的外部开放空间。

9.4.2.1 外部空间景观设计的内容

工业废弃建筑外部空间环境景观设计包括了以下几方面的内容：（1）道路交通的组织；（2）室外公共设施的设计；（3）场所特征的塑造；（4）良好生态环境的营造。

这几方面的内容设计与组织都应建立在满足和促进人的户外活动及创造良好的城市景观基础上。具体来说应满足以下几点的要求：（1）为必要性的户外活动提供适宜的场所；（2）为自发的、娱乐性的活动提供合适的场所；（3）为社会性活动提供合适的场所。

基于以上要求，在制定建筑外部空间环境景观的评价标准时，还应注意以下几点：

（1）多功能性。能满足不同社会生活的需要，为各种不同类型（职业、年龄）的公共活动提供场所。

（2）方便交流。公共空间的可视性、可到达性、可用性是能否促进公共交往的一项重要指标。通常情况下，视线通透、层次丰富、出入方便休闲设施完善的外部公共空间，会吸引更多的公众前往。

（3）生态环境。在城市，特别是像北京、上海这样的特大型城市，建筑的密度很大，人们长期生活在钢筋混凝土森林中，对自然环境充满渴望。因此，外部空间生态环境质量的好坏是能否吸引公众的另一项重要因素。成荫的绿化、高大的乔木、清新的空气、透澈的水体，将极大改善空间的生态环境质量。

（4）场所特征。即场地的形状、高低、坡度、绿化等自然因素；场地的设施是否有特色；限定场地的界面是否有特色；周围有无历史人文景观；场地周围建筑的用途等。

（5）环境舒适。即外部空间环境的物理状况给人的感受，如阳光、新鲜空气、气温、风速、噪声等指标。这些因素和场地的朝向位置、空间组织有很大的关系，也是衡量外部空间环境是否有吸引力的指标之一。

9.4.2.2 外部空间环境景观设计方法

A 道路交通的组织

在工业废弃建筑改造再利用的外部空间环境景观的设计中，根据改造后建筑新用途的要求，对原有环境的道路及停车系统重新设计，是一项非常必要的工作。

道路系统设计的重要原则，是尽量减少车行道路对步行环境和外部公共活动空间的干扰与侵入。西方国家在工业废弃建筑的改造，尤其是针对整个地段的综合改造设计中，广泛利用步行街的方式解决车流和人流的矛盾。此外，道路视觉尺度的设计、道路系统与停车设施的组织，都应以人为中心，而不能以车为中心。但是，在交通量不大的情况下，可以建立人车共用的道路，而不必单独设立专用车道。

停车位的考虑也是工业废弃建筑外部空间环境景观设计中的一个重要因素。目前，我国的大部分城市由于历史原因造成停车位严重不足，尤其是在城市中心区。因此，在建筑外部空间环境景观的设计中，利用现有条件尽可能多地提供位置合理的停车位是很有必要的。这不但可以缓解市区停车难的状况，而且还可以使改造项目的服务设施更具吸引力。

但是，对具有历史文化价值的工业废弃建筑外部空间环境景观设计中，道路交通的组织，除了满足新的使用功能要求之外，还应注意：

（1）尽量保存原有的主要道路系统框架，尽量避免随着拓宽道路、扩大广场而破坏了环境原有的尺度感；

（2）在历史文化建筑和车行道之间设置较宽的人行路面或绿化带，作为过渡空间；

（3）车行道的设计中，对通行车辆、通行方式及车速进行必要的控制。

B 室外公共设施的设计

室外公共设施粗略的可以分为：信息设施、娱乐服务设施、照明安全设施、艺术景观设施以及无障碍环境设施。这些设施的位置、体量、材质、色彩、造型等，都对环境的整体效果产生影响，并直接反映环境的实用性、观赏性和审美价值，是环境构成的重要因素。

C 室外场所特征的利用与塑造

工业废弃建筑改造再利用中，对原有建筑外部空间的重新再塑造是十分重要的。应该充分发掘和利用原有的外部空间特征，通过采用各种元素（界面、绿化、道路、室外设施小品等）去塑造一个充满特色、生机勃勃的外部空间。根据具体情况的不同，室外场所特征的利用与塑造可以划分为以下两种。

a 室外场所自然特征的利用与塑造

建筑外部空间环境的优化和重塑，首先要建立在对原有场地自然特征利用的基础上。每一个场地都有其自身固有的特征，这些特征虽然不一定对外部空间环境景观的设计起到决定性的作用，但至少这些场地的固有要素是新设计的依据和起点。因此，在具体的设计中，应该把握场地的空间尺度，最大限度地挖掘和塑造场地现有的自然特征。

b 室外场所人文特征的利用与塑造

室外场所的人文特征是和建筑的历史文化价值紧密相联的。因此，在对工业废弃建筑外部空间环境景观的改造中，应充分的尊重和利用场所的人文特征，挖掘环境景观设计的亮点，使改造后的外部空间环境与原有空间产生一定的关联性。

D　良好生态环境的营造

工业废弃建筑由于其长期的闲置，必然会带来外部环境的恶化，而且这些建筑主要根据工艺流程和使用功能要求而建设，因此在生产的过程中会有不同程度的污染，其生态环境往往不尽人意。对这些地段进行全面的生态整治就显得尤为重要。

工业废弃建筑外部空间环境生态环境的营造可以从以下几方面加以考虑：

（1）整治污染、合理利用废弃物；

（2）利用气候特征；

（3）绿化景观和水体。

9.5　工业废弃建筑改造再利用的外部造型设计

当建筑内部发生变化时，其外部必然要进行相应的改变以适应新的变化。因此，外部造型设计是工业废弃建筑改造再利用的重要环节之一。

工业废弃建筑改造再利用的外部造型设计应在遵循评价建筑美的基本原则——统一与变化、均衡与稳定、比例与尺度、韵律与节奏、对比与微差、主从与重点等——的基础上，尽量弥补原有建筑在这些方面的不足，从而改变建筑的观感，改善城市景观，赋予其新的生命力，重新焕发建筑的美。

9.5.1　外部造型元素

废弃工业建筑外部造型改造中，最重要的就是对原有工业元素的强化和处理，包括露明的承重和非承重结构体系、细部构件、工业设施和工业构筑物等。可以说，改造后的旧厂房外部造型效果主要取决于对上述工业元素的处理高明与否。通过对这些工业元素的细致研究与创造性重塑，使之成为旧厂房外部形态表现最强有力的视觉因素。

废弃工业建筑外部造型的工业元素大致归纳为两类：

（1）结构类元素。主要指各类结构体系及其构成、柱、屋架、屋面、外墙、门窗等。

（2）构筑物类元素。外露的烟囱、井架、楼梯，各种传送运输的槽、轨、管、道等生产设施类构筑物等。

本节主要针对结构类元素改造进行阐述，构筑物类元素改造详见下节。

9.5.2　外部造型设计方法

工业废弃建筑改造再利用的外部造型设计是对原有建筑外部空间形式的改造再利用。它因建筑的现有条件、业主的不同要求、投入资金多少以及追求不同的建成效果而产生不同的改造设计手法，概括起来可以具体分为以下四种方法。

9.5.2.1　维持和恢复建筑原貌

这种改造设计方法的适用对象多为建造精美，具有明显时代特征与历史文化价值的工业废弃建筑。改造设计一般采取比较谨慎的态度，以维持建筑原有历史风貌为基本原则。在改造中，建筑的外部形式受到严格的保护。改造设计的重点是建筑的内部空间。根据新的使用要求和建筑的现有条件，对功能和形式加以调整和更新。

根据具体改造设计方式的不同，又可细分为以下三种：

（1）外观复原。建筑的外观在经历时间的侵蚀会发生局部的改变，外观复原就是将建筑物恢复到当初面貌。这种方法一般用于具有很高历史文化价值的工业废弃建筑的修整。

（2）外墙保存。当建筑物内部功能发生变更，原本的结构和内部空间已不再适用时，可将其内部拆除重建，而只对其外墙进行保存。保存的范围可以是全部的外墙，也可限于特别优美、对环境影响较大的一个面甚至局部立面。

（3）外观形式的保存。当建筑完全保存的意义并不特别明显，或者需要进行局部的改建、扩建时，可以根据传统形式的标准进行外观的改造。

这三种具体的改造设计方法可以单独使用，也可以综合运用。其本质都是使原有建筑经过改造再利用后重新迈入新的生命周期，焕发生命活力，并积极地参与到现代城市环境中。

维持、恢复原貌的工业废弃建筑改造再利用的外部造型设计方法，是一种较为常见的手法。例如法国雀巢公司总部的"冰川锅穴"（Moulin，是世界上第一座完全由铸铁建造的建筑），具有极高的美学和历史价值，因此在改造中被完好无损地保存下来（图9-60）。

图 9-60　法国雀巢公司总部的"冰川锅穴"

此外，在目前出现的众多工业废弃建筑改造再利用的实践中，也有许多不具备较高历史文化保存价值的工业废弃建筑，在改造设计中原有建筑的外貌被完好地保存下来，体现了对建筑环境的最大尊重。如美国印第安那州的家具厂，改造设计保持了建筑的工业外貌，将其内部空间置换为一座集市政厅、商业办公楼和教育建筑于一体的综合建筑体（图9-61）。德国设计中心是由一座完成于1932年的废弃的煤矿发电厂锅炉房改造而成，建筑原有的杜多克风格外貌被原样保存下来（图9-62）。

图 9-61　美国印第安那州的家具厂改造　　　　图 9-62　德国设计中心

9.5.2.2　新旧元素的形式协调

这种改造设计方法是以保持原有建筑的历史风格为根本出发点，在总体形式上与原有建筑保持协调一致，对建筑损坏部位的修补虽不求精确复原，但也不做突兀的对比变化。对于扩建模式的外部造型设计而言，这种方法又可以细分为以下两种。

A　模仿

扩建部分的建筑形态模仿原有建筑，是使两者和谐共处的方法之一。在一些历史文化气氛浓郁的环境中，常用这种方法对不能满足功能需求的建筑加以扩建。扩建部分从屋顶形式、外墙的色彩肌理到建筑细部都力求与原有建筑相近似，以使扩建部分完全融入原有建筑的环境气氛中。如法国雀巢公司总部在其原有建筑东侧的扩建部分，就采用了"模仿"的设计方法，使扩建部分与原有建筑融合为有机的统一体（图 9-63）。

图 9-63　法国雀巢公司总部东部扩建

B　"拿来主义"

即把原有建筑形态上的一些特征有机地组织到扩建部分的建筑形态中，创造出与原有建筑具有共同"语言"的新建筑。虽然两者之间时代差异性很大，但共同的"语言"使得两者之间求得了尺度、比例、色彩等方面的协调统一。如加拿大多伦多干冷仓库的改造设计中，其顶部扩建部分与原有建筑和谐地融为一体（图9-64、图9-65）。

图9-64　加拿大多伦多干冷仓库旧貌

图9-65　加拿大多伦多干冷仓库加建部分

9.5.2.3　新旧元素的形式对比

这是工业废弃建筑外部造型改造设计中较为常用的方法，其目的是保持建筑原有形象的鲜明性。改造以整修和完善为目标，补足和添加部分往往采用轻巧的新材料，如钢材、铝合金和大面积的玻璃等，在色彩和造型上明显区别于原有建筑的厚重外观，形成新旧元素的鲜明对比。这种改造手法将历史与现代自然地穿插融合，产生出一种新旧交织的风格，反映出环境的时代变迁，体现出一种思维空间的设计理念。某仓库（图9-66）新建部分与原建筑部分形成鲜明的对比。

图 9-66　新旧元素对比

9.5.2.4　建筑形式的彻底更新

建筑形式的彻底更新这一方法适用于那些在美学上没有明显价值，外部形态也无明显标志的一般性工业废弃建筑的改造再利用。这些工业废弃建筑一般结构坚固、状况良好、基础设施齐全、有很强的通用性和适用性。因此，外部造型改造设计的自由度很大，可以把建筑看作一个新功能的容器，在原有结构潜力限制的范围内，充分发挥想象力，利用加层、添建等各种方式去彻底改变建筑形象，把原有建筑普通甚至是不良的外观，改造成既与周围环境相协调又符合新的功能要求，并且具有自身特色的建筑。

美国洛杉矶的野鸽城改造即是一例。埃里克·欧文·莫斯主持的改造设计将该地段的工业废弃建筑剥落得只剩结构框架体系，并通过材料和色彩的运用，彻底改变了建筑原貌，使"一无是处"之地变得"风景无限"。改造后的建筑成为具有个性特征鲜明的办公空间（图 9-67、图 9-68）。

图 9-67　改造前的美国洛杉矶野鸽城

图 9-68　改造后的美国洛杉矶野鸽城

9.5.3 外部造型设计中应注意的问题

由于建筑和社会密切相关，因此在进行建筑改造再利用的同时，社会的影响因素必须考虑在内。根据我国的特殊国情，在目前社会发展阶段下，在进行工业废弃建筑外部空间形式设计时，应注意一些特殊的问题。

A 新材料、新技术的运用

工业废弃建筑外部造型改造设计中，新型建筑材料及技术的应用将使建筑的外墙饰面更为异彩纷呈。除了传统的砖、石材以外，诸如新一代的具有各种性能的玻璃、高光泽的铝材和钢材等金属材料、涂料、高强度塑料及一些有着新型保温隔热性能的外墙材料，都可以用于外墙装饰，而且随着技术的发展，建筑材料还在不断进步。

新技术、新材料也给工业废弃建筑的外部造型改造设计提供了新的思路。新材料、新技术的运用，无论是在视觉效果还是空间感受上，都使人体会到新技术、新材料的结合给建筑带来的焕然一新的感受（图9-69）。

B 建筑细部的处理

目前许多工业废弃建筑的外部造型改造设计中，已经越来越重视建筑的细部处理。诸如美国洛杉矶野鸽城改造，整个建筑从各个方面都经过仔细的设计、推敲，充满了变化品味；尤其是外部造型的改造设计，不仅在材料、色彩上变化丰富，而且独具匠心的细部处理使得建筑的个性特征更为突出。改造后的建筑已超出了其本身的意义，不仅仅是功能的载体，更重要的意义在于它对城市景观的价值（图9-70）。

图 9-69 新材料、新技术的运用

图 9-70 建筑细部的处理

C 外立面设计与空调、广告

现代人生活和工作等活动场所的环境越来越离不开空调的使用，而商品经济的竞争也离不开广告所起的作用。空调、广告充斥在城市中，对城市面貌及建筑外观产生了破坏性的影响。而目前大多数建筑在建造时并未考虑空调的安装，因此工业废弃建筑外部造型改造设计时，一定要注意空调对建筑外部形式的影响，从技术和设计上寻求一种解决办法，实现内部空间环境的有效改善和外部空间形式美观的"双赢"（图9-71）。

图 9-71　空调、广告与外立面改造

　　工业废弃建筑改造再利用的外部造型设计还应注意广告的问题，尤其是改造后为商业用途的建筑。临时性的宣传条幅和节目广告的影响不是很大，但是巨型的长期广告牌及大屏幕电视广告对建筑的外部空间形式将产生较大的影响。因此，改造设计时，如果根据建筑功能的要求需要考虑广告因素，则应该恰当地预留位置，并使之和建筑整体相协调。

9.6　工业构筑物的改造

9.6.1　工业构筑物的定义与分类

　　工业构筑物一般是指工业生产活动中因生产工艺需要而建造的、人们不直接在其内部进行生产和生活的工程实体或附属建筑设施，如冷却塔、烟囱、筒仓、水塔、船坞码头、吊车、井架、栈桥等（图9-72）。由于产品生产工艺、流程复杂程度的不同，不同类型的构筑物会呈现出不尽相同的形态和空间。它们有的单独布置，有的呈组群排列。按其所处空间位置的不同，可以分为工艺流程中独立的构筑物和工艺环节中的设施或构件两种类型。前者指工业生产中独立设置的结构建筑，按其形体特征和空间分布形态又可分为竖向、点状分布的构筑物（如烟囱、冷却塔、塔吊、井架等）和横向、线状或面状分布的构筑物（如蓄水池、船坞、铁轨、栈桥等）两种类型；后者指生产活动中建筑内部或工业设施上的附属设施或构件，如防火墙、楼梯、操作平台、室内吊车梁等（图9-73）。

　　部分构筑物特征及再利用方式见表9-1。

(a) 冷却塔   (b) 烟囱   (c) 料仓   (d) 水塔

(e) 船坞   (f) 工业构件   (g) 龙门架   (h) 气体储罐

图 9-72　不同类型的工业构筑物

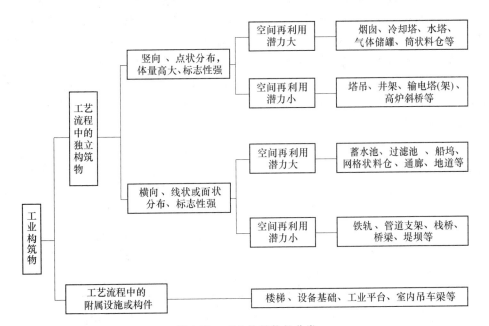

图 9-73　工业构筑物的分类

表 9-1　部分构筑物特征及再利用方式

形式	原有功能	结构形式	风貌特征	再利用的方式
冷却塔	用于冷却生产过程中的热水	钢筋混凝土结构	多为单叶双曲面形状,体量巨大,高度在 50~100m,标志性强	主要利用某内部空间,可以改造成办公、展览、观演等功能
烟囱	用于生产过程中的烟尘排放	砖混结构	大部分高度在 50~100m,有些达到 200m,标志性强	多作为景观设施,可用于攀登、瞭望

续表 9-1

形式	原有功能	结构形式	风貌特征	再利用的方式
水塔	广泛存在于工业场地中，用于储水、供水	砖混结构	造型多样，体量中等，高度 20~50m	多作为景观设施，可用于攀登、瞭望
油、气储罐	用于储存煤气，属于主要生产设备单独建设	钢结构	多为圆柱形或球形，体量庞大，直径可达数十米，高度可达 100m 以上，标志性强	可以作为景观中的地标构筑物，也可以用于居住、办公、展览等功能
筒状料仓	用于存放工业原材料	钢筋混凝土结构	多为圆柱体，体量较大，标志性强	主要利用其内部空间，可以改造成办公、展览、观演等功能

9.6.2　工业构筑物的改造原则

工业构筑物作为工业遗产中的一个特殊类型，从遗产保护角度出发，在保护与重构过程中应遵循以下基本原则：

（1）对工业构筑物的保护和再利用，要进行价值评估，依据它的价值等级和保护梯度，采取不同的开发模式。对于那些具有高度遗产价值的构筑物（如国保或省保单位），要保留文物本体的历史原真性，在保持原状的基础上，可以进行保护性修缮，也可以置入相应的功能；对于那些具有较高保留价值的构筑物，应尽可能保留建筑结构和式样的主要特征。在整体保护的基础上，可以进行适应性的开发和再利用，例如对构筑物进行加层和立面改造等；对于那些价值较低或者废弃的工业构筑物，可以拆除、改建或者对其材料、构件等进行选择性再利用。

（2）对工业构筑物的保护和再利用，要结合它的自身特点。工业构筑物因产品需求与工艺流程的差异，所呈现的形体特征和内部空间形态会不同。同时，因所处的环境不同，它们的整体保存状况也会不同。在重构过程中，要全面检测结构的地基基础、围护系统、承重系统，应根据其现有的空间和结构特征，来做到"量体裁衣"和"因地制宜"。如在北京西城"天宁1号产业园"项目中，北京第二热电厂内大烟囱高达180m，是西二环附近最高的建筑，对它的再利用，就专门进行了专家论证和改造思路社会征集，以此希望做到"物尽其用"。

（3）对工业构筑物的保护和再利用，还要结合改造的技术可行性。对于工业遗产，不能像保护普通文物一样只是保护起来不能动，合理的保护应是对它的积极开发利用。过程中，要根据其改造的难易程度与技术可行性来进行再利用。对于那些改造难度大或者现有技术不能够更好地保护与再利用的构筑物，要使它具有可逆性，以备将来进行更新改造。同时，还要结合城市的功能与规划，运用先进的科学技术（如光影技术）手段，整合城市景观，塑造多样性的城市空间形态。

9.6.3　工业构筑物的再利用

9.6.3.1　功能层面

工业构筑物的再利用，最主要的是它的功能性再利用，赋予其新的功能，从而达到再生的目的。对于那些空间可利用性较大的构筑物，在保持原结构形式的情况下，可以进行直接的功能替换。在"旧瓶装新酒"的同时，结合新的功能需求，对原来的结构、设施、设备及构件进行加固、修缮和更新。改造过程中，对于那些空间尺度大的构筑物，可以改造为剧场、展览馆或博物馆等。如位于德国鲁尔区的欧洲最大干式煤气储罐——奥伯豪森煤气罐——高117m，直径约68m，可用容积约35万立方米，如今是欧洲"最壮观的室内展场"（图9-74）。小体量、截面面积较小的构筑物，可以改造为楼梯间、卫生间或者是储藏间等。如北京"751D PARK"园区中，就将两个相邻的筒仓改造为公共卫生间（图9-75）。对于那些内部空间无法利用的构筑物，可以结合其特有的外观、形式和风格改造成雕塑或者景观设施，进行景观性再利用。如德国杜伊斯堡公园中的烟囱，是工业化时期钢铁生产的代表，现更新为供人攀爬的设施，人们可攀爬至高的观景平台鸟瞰杜伊斯堡及四周的景色，从而满足攀登体验工业构筑物的好奇心。

图9-74 奥伯豪森煤气罐

图9-75 751 D PARK园区公共卫生间

9.6.3.2 结构层面

工业构筑物的结构形式主要分为以下几种：砖混结构、钢筋混凝土结构、钢结构或以上两者的混合等。一方面，不同的结构材料和形式会出现不同空间类型的构筑物，因此它适宜改造的功能会不同；另一方面，不同的结构材料的损坏形式不同，改造中需注意的要点也不同（表9-2）。再利用过程中，应依据其现有的空间和结构特征来确定改造的可能性。在保证安全性的同时，新增部分尽量采用轻质高强度的材料，从而最大限度地减轻原有构筑物所承受的荷载。

表9-2 不同结构形式改造特点

结构形式	构成材料	空间类型	破坏形式
砖混结构	混凝土或砌块	小型空间	砌块腐蚀、墙体裂缝
钢筋混凝土结构	钢筋混凝土	中型空间	混凝土劣化、裂缝、钢筋腐蚀等
钢结构	钢材	大型空间	钢筋腐蚀、节点松动、钢结构强度失效、疲劳破坏等

如北京首钢西十筒仓改造项目，筒仓由直径22m、厚约0.6m的钢筋混凝土壁构成，地上高度30m，地下高度5m。改造过程中，设计师在筒仓内部构建了一个新的结构体系，

搭建的钢结构框架不仅能够对筒仓内壁起到支撑加固作用，同时还可承受各层的垂直荷载，人在内部的活动对原结构产生的影响较小。在外壁开洞过程中，通过分析其结构肌理，避开原来的钢筋混凝土壁支撑结构，保持其结构的稳定性，妥善地处理了原结构和新结构的关系（图9-76）。

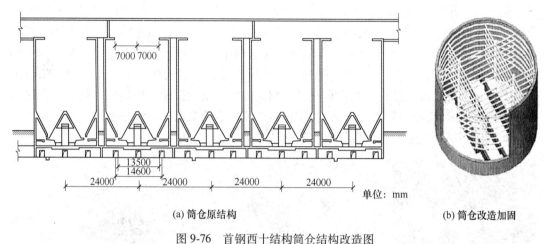

(a) 筒仓原结构　　　　　　　　　　　　　　(b) 筒仓改造加固

图9-76　首钢西十结构筒仓结构改造图

9.6.3.3　空间层面

对于工业遗存的构筑物而言，其空间重构的本质即为空间转换。对于单体构筑物，可以通过内部空间分隔的方式进行空间重构。内部空间分隔主要是采用垂直分层和水平分隔的手法，对空间尺度较大的构筑物进行空间重构设计。通过钢结构垂直加层的方式将高耸的单体空间划分成高度适宜的多层空间，在增加使用面积的同时，也丰富了它的空间层次感。如杭州凤凰国际创意园中的"欧洲艺术四零空间"，由4个水泥圆筒组成。设计师将这一组水泥圆筒垂直分为3层，形成了一个建筑面积约 $800m^2$ 的展览和教学培训空间（图9-77）；在各层空间中也可以进行水平分隔，划分出多个较小的空间，从而满足新的功能要求。如杜伊斯堡公园中炼钢厂废弃的储气罐和冷却池，通过水平分隔的空间处理手法，打造出了水下救难与潜水训练的两个功能空间，成为欧洲最大的室内潜水乐园；对于组群排列的构筑物，可以通过"连接"的方式，把相对独立的空间整合为连续的、相互流通的"大空间"，以适用于新的功能。"连接体"多采用轻质、高强度的材料，最大限度地减轻原有构筑物所承受的荷载。如北京首钢工业遗产改造项目中，将南区6个筒仓、1个料仓改造成为了文化创意空间，用新建的玻璃体块，把钢筋混凝土结构的筒仓连为整体。玻璃体块作为每层的卫生间和过渡空间之用，筒仓竖向分隔的各层则承载了不同类型的功能，创造了较为完整且布局灵活的内部空间（图9-78）。

9.6.3.4　场所精神层面

在进行"物质性"改造的同时，也要注意去呼应场地的文脉，使其符合工业地段的气氛，以形成一种场所感。同时，由于工业构筑物及其所形成的工业景观对于城市意象的塑造具有重要的意义，因此更新改造过程中，要注意协调城市景观的整合和城市意象的塑造。如泰勒现代美术馆，最大限度地保持原有建筑的风格气韵，同时将原有工业建筑的敦实、厚重和庄严发挥到极致，出色地将昔日的发电厂改造为一个现代艺术展览馆。设计师

图 9-77 凤凰国际创意园中的欧洲艺术四零空间

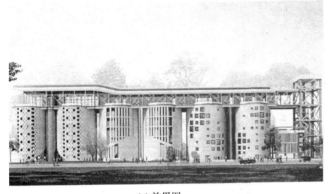

(a) 效果图

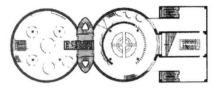

(b) 平面图

图 9-78 首钢西十筒仓改造图

保留了原有的方形红砖烟囱，使其处于中心位置，通过千禧大桥与隔河相对的圣保罗大教堂建立对话。位于泰晤士河岸的这两个制高点形成了一条新的景观轴线，成为附近城市空间的核心焦点。对称的体量、高耸的烟囱、厚重的墙壁，泰勒美术馆作为该地区新的地标，重新塑造了城市景观（图 9-79）。又如上海世博会筹备期间，南市发电厂主厂房和烟囱的改建。其中主厂房被改造为用于展示城市实践案例的场馆，而电厂高 165m、底部最大直径 15.6m 的钢筋混凝土结构烟囱，被改造成巨型气温计造型的气象信号塔。结合气象预报与动态灯光理念，使其同时成为一个世博园的高度标志与具有气象预报功能的构筑物。作为园区的制高点，塔身还将结合灯光秀，展示主题灯光小品。当夜幕降临后，塔上灯光可与地面投影灯光交替闪耀，以时尚动感的华美身姿去点亮上海的夜空（图 9-80）。遗产，对上一代人而言，则是全部工作和生活的记忆。在城市更新的过程中，需要去关注那些被遗弃的工业构筑物，在合理保护的基础上，选择更积极的方式，使它们以一种新的面貌和功能来回应所处的场所，从而使工业构筑物的生命和价值得以延续。

图 9-79　泰勒现代美术馆

图 9-80　世博气象塔

9.7　案　　例

　　按照新旧厂房的内容与形式的关系，将旧厂房改造项目分为四个方向：维持和恢复建筑原貌、新旧元素形式的协调、新旧元素形式的对比和建筑形式的彻底更新。

9.7.1 维持和恢复建筑原貌

案例： 二七厂 1897 科创城展示中心厂房改造

中车 1897 文创园位于北京丰台区的二七机车厂内，整个百年厂区的生产区域整体逐步将改造为巨大文创园区。C19 号厂房（图 9-81）位于启动区核心，被计划改造成第一个示范展示中心。这些老房子见证了工业化的辉煌和转变。历史是抽象的，甚至是符号化的，但是设计师觉得原始的空间意图却是能感知的、能表达的。这些老房子在建造时意图是明确的，而新的功能植入则表现了新的使用的意图。新意图如果能够尽量地容纳老的历史意图而继续存在，即是改造对原始建筑历史的有态度的"再呈现"（图 9-82）。

图 9-81　C19 厂房原始照片

图 9-82　C19 厂房改造后的室内照片

为了实现这个"外部"的感受，建筑师首先把空间的形式感知放在第一位，而把功能放在第二位，即空间的形式将使用者关注点放到空间自己的意图诉说上，而不是功能诉求上。这样，希望呈现的老空间的意图就不会被新的功能的意图所淹没。

建筑的功能要求很明显的分成了两个同样重要的部分：一部分是针对外部活动使用，即举办发布会、展览等需要多数人聚集的活动空间；另一部分是作为展示中心自己的功能，即园区项目展示、洽谈，工作人员办公、会议等。这两部分从空间的使用要求上其实存在着对立，公共活动部分要求尽量开敞、大空间，而展示洽谈办公则希望相对私密。这就形成了具体设计中最大的问题，即如何让两部分共处于一个连贯的空间中，但却互不干扰；同时，每个部分空间都能感受到这部分功能是整个厂房的核心空间，而不被硬性分割成两部分。

通过对位于老建筑上部的天窗和底部前后贯通的两个原始入口，首先在"壳"内植入了一个十字形，然后以这个十字形为基准生成了改造后的空间形式。从整体上看，这个植入的部分是一个有着一个中心盒子的连续步行系统。通过这个系统，人们可以从一层拾级而上到达二层，从二层再走到三层，从三层再回到一层，形成一个完全不重复的环形流线。而这个环形步行体系就体现出作为展示中心的功能，即人们可以通过不同层面的环形浏览去体验原始建筑在不同高度所产生的不同空间变化。在这个环形体系上，分布着不同的功能（图 9-83，图 9-84）。

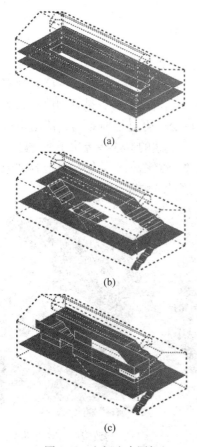

(a)

(b)

(c)

图 9-83　空间生产图解

图 9-84　C19 厂房改造后的外观照片

　　两部分主要的功能被垂直分区。一层为公共路演区，二三层为展示洽谈办公区。路演区为一个三层通高的中部空间，作为座位的大楼梯从天空上倾泻而下，上面正对着屋顶中部的天窗（图 9-85）。这部分使人感受到新植入的空间包裹着原始的旧空间，成为原始空间"意义上的外部"。在楼梯对面可以看到一条环形的白色物体悬浮于厂房的中部。它与原始厂房的墙面完全脱开，边缘处用金属网衔接，空气在其缝隙中自由流通。夜晚到来，这个白色的异质物就像漂浮在老建筑的外壳里，同时它又是人们使用整个空间的线索和发动机。盒子上面有条形的开口，隐约可看到内部的景象，白色物体上下都露出原始厂房的墙体，在这里，感觉厂房作为一个整体，将植入的物体包裹起来，再次形成了"意义上的外部"（图 9-86）。

　　二三层连续的空间被巨大暴露的原始厂房结构屋顶和中部的一个布满开口出风口的白色舱体所定义。在这个联系的空间中，感受不到任何一层的感受，而是完全被原始厂房的屋顶和墙壁包裹；中间的舱体盒子暗示了我们在盒子的"外部"，同时通过盒子上的洞口可看到下方路演区的开敞景象，我们又感到相对于下面的开敞，我们处在上面的一个盒子的"内部"。在连续步行体系上。这样的感受在反复交叠着，不断提醒着我们去思考这个空间存在的意图，思考工业的历史在老房子的空间中留下了什么样的精神。

　　关于技术改造，有以下几个方面要加以说明：

　　（1）设备。为了保持原始屋顶三角桁架的干净的结构美感不被走动的管线和机械设备

图 9-85　中心剖面研究模型

所破坏，将空调的机械设备和管线等都集成在中间盒子中。

　　结构：老建筑自己的结构体系非常固定且脆弱，由于工期进度的要求，设计新植入的部分结构使用了钢结构。钢结构柱子与老墙体脱开 1 米，避免与老结构基础打架。新建楼板与老建筑墙体完全脱开，避免二次伤害，以及对原建筑结构加固带来的高额费用。

　　（2）材料。在空间中使用了一些折叠拉门。由于使用了聚碳酸酯板的轻质材料，这些拉门可以在举办大型活动时完全拉开，其模糊的表面特性增强了与老砖墙之间的疏离感。

　　（3）混合现实技术：为了在改造项目中完全真实地模拟改造部分在原始空间中的真实感受，该项目率先使用了 AR 增强现实技术来模拟并指导空间改造的方案。通过 AR 技术的辅助，设计师将设计方案在真实的项目厂房内进行投

图 9-86　巨大的白色舱体定义出空间

射，模拟真实的使用流线和场景，观察设计方案在真实的环境下所感受到的空间尺度与美学感受，从而反馈回电脑中，进行再次的调整与论证。

9.7.2　新旧元素形式的协调

　　案例：上海旧船厂改造

　　在上海黄浦江岸上，KKAA 事务所把一座废弃的造船厂（图 9-87）改造成一个有活力的新场所，这个新场所建有一座剧院和一些零售商店。这座建于 1972 年的砖石建筑，是陆家嘴仅存的最后一座工厂。在使用期间，这座洞穴状的建筑内制造了大量的船只，然后把这些船只直接运到彼岸。因此，这个建筑包含一系列长达 200 米的无柱临时周转仓库。

图 9-87   船厂改造后的外观

　　KKAA 事务所接受任务书时，被要求在这个建筑中加入商业设施和一个中型剧院。为保护建筑的空间品质，设计团队制造了一个 30 米的通高空间贯穿整个结构——这让游客能够体验到造船厂的宏大规模。这种效果通过混凝土承重柱进一步加强表现。

　　工厂的北立面，保留着原有的砖构造，面向黄浦江。但是，工厂南立面则通过外观的巨型混凝土柱形成较为通透的效果（图 9-88）。为了在这些南北立面之间建立一段对话，同时强调这种奇妙的二元性，设计师把主立面（西向）（图 9-89）设计成砖的渐变效果，通过改变砖的密度和渗透率，实现从北侧的不透明过渡到南向完全的通透。

图 9-88   船厂南立面

9.7.3   新旧元素的对比

　　案例：广州旧厂房改造 B4 馆/ LAD（里德）设计

　　B4 馆所处的这片沿江建筑，自 20 世纪中国的工业时代开始，先后经历了制糖厂与糖纸厂的辉煌时期。2001 年，糖纸厂停产，人去楼空，只留下一些破旧的厂房。

图 9-89　船厂西立面

从城市的历史来看，昔日工业的繁盛依旧是当地人深感荣耀的集体回忆，改造设计的共同目标便是保留这份温度——对空间谨慎介入，延续旧厂房面貌特征。同时，以注入现代设计语言的方式激活空间，使旧厂房重获新生（图 9-90）。

图 9-90　B4 馆改造项目

在新元素与历史元素的处理中，B4 馆的整体设计表达一分为二：一部分采用了含糊的融合用以延续，一部分则通过明确的对比用以激活。为满足不同需求的公共活动，室内高度与长度被充分利用，产生了一个 16.7 米高的多功能空间，将空间的灵活性最大化（图 9-91）。

在这个宽敞的首层空间之上，夹层的设计使其满足观影的需求。观影空间是在厂房原有结构中置入多孔铁板围合而成的。多孔铁板这一能呈现岁月印记的材料，既延续了粗犷的工业质感，也象征了新的生命开端。它将随时间慢慢生长出自然肌理，并且留有使用者的痕迹。

此外，多孔铁板的使用，一方面，在观影时视线可以穿过网格而不被影响；另一方面，并不因其对空间的界定而失去首层空间的通透性。顶部与侧面的多孔吸音材料将有效防止大型演艺活动中的声波反射，而在材料形式上，它与多孔铁板又得以相互呼应。

外立面的红砖（图 9-92）组合所产生的肌理，如线索般呼应 1978 创意园的设计元素，使 B4 馆在园区内既融合又保持独立的个性。而相比旧厂房原有的石米外墙，这样的处理在更大程度上强化了工业气息。

图 9-91　室内空间　　　　　　　　　　　图 9-92　外立面砖的处理

9.7.4　建筑形式的彻底更新

案例：北京木木美术馆入口改造

木木美术馆入口改造是一个位于北京 798 艺术区的城市更新项目。这个曾经的废弃工业厂房，在两年以前就被转换成了一个美术馆。今年年初美术馆的运营者希望对这个房子的外观和入口空间（图 9-93）再做改造，以完善到访者的观展和活动体验，并且提升美术馆公共形象的识别度。

过去 20 年，中国的城市化经历了一个迅猛发展的过程，大量的旧的房子、街道、街区甚至地形地貌，都被无情地抹去，代之以崭新规划设计的"新面貌"。如今越来越多的人意识到这种做法所带来的问题，人们生活对周边空间越来越陌生，环境越来越千篇一律，人们的情感和人们赖以生存的人居环境越来越疏离。这次我们所面对的厂房，虽然不是一个文物或遗产保护级的建筑，但是设计者认为每个时代的建筑，哪怕是再普通的建筑，都是城市里非常宝贵的一部分，承载着时间的痕迹。因此，设计师采取的策略，就是不去改变原有的建筑，而是在它之外，用一层新置入的半透明材料，来制造一种新和旧的叠加（图 9-94）。这是利用新材料的半透明性去和旧的建筑共同生成城市的新状态，而不是通过对旧建筑的拆除和改建，来制造一个全新的存在。人们在体验新事物的同时，仍然可以感受到它后面旧的东西，读出城市一步一步衍生而来的历史信息。

这个项目的另一个巨大的挑战，是从设计到完工的所有步骤需要在 40 天内完成，同

图 9-93　木木美术馆入口

图 9-94　新旧的叠加

时它的资金也非常有限。由于这些紧张条件的限制，设计师选择了"镀锌铁网"这种材料（图 9-95）。一是因为它所具备设计师所期望的半透明性，并且拥有一种"轻"的状态；二是因为它是一种"自支撑"的受拉材料，这种材料的使用能够让我们省去纵向龙骨的建造，而必要的横向龙骨又能便捷地固定在原建筑的结构上，从而大大降低了建造的成本和时间。此外，金属网所拥有的半透明性的特质，也能给原建筑入口的北立面带来巨大的变化。在白天它能够引导阳光，让原本被覆盖在阴影之下的北立面变得更加生动。

除了美术馆的立面和入口空间（图 9-96），设计师也改造了位于街道对面，一个被栏

图 9-95 建筑外的"镀锌铁网"

杆围起来的"消极的"绿化带。将这个封闭的绿化带打开，植入了一个小型的城市广场。
这个广场的上方也被同样材料的金属网顶棚所覆盖，和美术馆共同形成一种空间的围合
感。此广场在平时是798社区路人休息和小孩玩耍的公共空间，同时，一些以艺术为媒介
的公共活动也会在这个广场举办。此外，在未来的周日，此地也会策划固定时间的农夫集
市等公共活动。经过改造，这个空间成为一个非常生动的城市节点，给这个街区注入一种
新的以文化艺术为依托的生命力，并带来更积极的街道生活方式。

图 9-96 建筑入口前的空间

10 绿色工业建筑

10.1 工业建筑与环境保护

工业建筑项目的规划布置，在环境保护方面涉及大气、地面水、地下水、噪声、固体废弃物、环境风险等诸多因素，规划不止应满足相关行业的环境设计规定的要求，更要以保障安全生产、工艺流程合理、节约建设工程投资、方便检修和可持续发展、注重环境质量为原则。

10.1.1 大气环境

（1）有大气污染的企业，选址应位于环境空气敏感区常年小频率风向的上风方位，并要有一定的环境防护距离（或卫生防护距离）。规划布置在满足主体工程生产需要的前提下，宜将污染危害最大的设施布置在远离非污染设施的地段，然后合理地确定其余设施的相应位置，尽可能避免互相影响和污染。

（2）烟囱（排气筒）、有毒有害原料、成品的贮存设施，装卸站、污水处理站及废物焚烧装置等，宜布置在厂区常年主导风向的下风侧。

（3）原则上厂房主要朝向宜南北向。对于产生的大气污染，平面布置成 L 形、U 形的厂房，其开口部分应位于夏季主导风向的迎风面，且各翼的纵轴与主导风向成 0°～45°夹角以内，防止其散发的有害物污染厂区（图 10-1）。

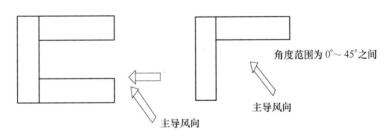

图 10-1 L 形、U 形厂房方位与风向

（4）洁净厂房与交通干道之间的距离，宜大于 50m。

10.1.2 水环境

（1）工业废水和生活污水排入城市排水系统时，其水质应符合排入城镇下水道水质标准的要求；排入地表时，应满足相关排放标准要求。

（2）输送有毒有害或含有腐蚀性物质的废水的沟渠、地下管线、检查井等，必须采取防渗漏和防腐蚀措施。

（3）在生活饮用水源地、风景名胜区水体、重要渔业水体和其他有特殊经济文化价值的水体的保护区内，不得新建排污口。

（4）在海洋自然保护区、重要渔业水域、海滨风景名胜区和其他需要特殊保护的区域内，不得新建排污口。

（5）为了防止地下水污染，禁止企事业单位利用渗井、渗坑、裂隙和溶洞排放、倾倒含有毒污染物的废水、含病原体的污水和其他废弃物。

10.1.3　噪声

规划布置应综合考虑声学因素，合理规划，利用地形建筑物等阻挡噪声传播，并合理分隔吵闹区和安静区，避免或减少高噪声设备对安静区的影响。对于大的噪声源，不宜布置在靠近厂界的地带。表 10-1 是以噪声污染为主的工业企业卫生防护距离标准，表 10-2 是行业准入条件等规定项目选址与敏感目标之间的距离标准。

表 10-1　以噪声污染为主的工业企业卫生防护距离标准

厂　名		规　模	噪声强度/dB(A)	卫生防护距离/m
防止	棉纺织厂	≥5 万锭	100~105	100
	棉纺织厂①		90~95	50
	织布厂②	—	96~108	100
	毛巾厂③	—	95~100	100
机械	制钉厂		100~105	100
	标准件厂	—	95~105	100
	专用汽车改装厂	中型	95~110	200
	拖拉机厂	中型	100~112	200
	汽轮机厂	中型	100~118	300
	机床制造厂④	中型	95~105	100
	钢丝绳厂	中型	95~100	100
	铁路机车辆厂	大型	100~120	300
	风机厂	—	100~118	300
	锻造厂⑤	中型	95~110	200
		小型	90~100	100
	轧钢厂⑥	中型	95~110	300

① 含 5 万锭以下的中小型工厂以及车间、空调机房的外墙与外门、窗具有 20dB(A) 以上的隔声量的大中型棉纺织厂、下设织布车间的棉纺厂；

②，③ 车间、空调机房的外墙与外门、窗具有 20dB(A) 以上的隔声量时，可缩小 50m；

④ 小机床生产企业；

⑤ 不装汽锤或只用 0.5t 以下汽锤；

⑥ 不设炼钢车间的轧钢厂。

表 10-2 行业准入条件等规定项目选址与敏感目标之间的距离 （m）

行 业	与城市规划区边界距离	与敏感目标距离
电石行业	≥2000	≥1000
铝行业	大中城市及其近郊不宜建设	≥1000
氯碱（烧碱、聚氯乙烯）行业	≥2000	≥1000
铅锌行业	大中城市及其近郊不宜建设	≥1000
电解金属锰行业	大中城市及其近郊不宜建设	≥1000
危险化学品经营企业 （门店/大中型仓库）	—	≥500
危险废物填埋场	—	≥800
危险废物焚烧厂	—	≥1000
一般工业废物处理场	—	≥500
畜牧养殖场	—	≥500

注：敏感目标指风景名胜区、自然保护区、饮用水水源保护区、文化遗产保护区、居民聚集区、学校、医院、疗养地和食品、药品、电子、精密制造产品等对环境要求较高的企业。

10.2 绿色工业建筑

绿色工业建筑，是指在建筑的全寿命周期内，最大限度地节能、节水、节地、节材，保护环境和减少污染，为生产、科研和人员提供适用、健康安全和高效的使用空间，与自然和谐共生的生产性建筑。工业建筑具有建筑能耗大、环境控制要求高、能耗影响因素多等特点，同时工业建筑能耗又与工艺能耗密切联系。因此，在工业建筑领域引入绿色建筑理念，在设计中予以注重和改进，体现绿色与环保，势在必行。

10.3 绿色工业建筑的设计导则

10.3.1 绿色工业建筑节地与土地资源合理利用

工业建筑最大的特征，就是内部的生产工艺自身有一定的流程，并对所在的空间和环境有相应的要求和影响。高科技的生产空间和建筑设备的发展趋势使生产设备和建筑空间互动结合。工业建筑的设计，结合生产特点及生产工艺流程有机协调，不仅可以提高生产效率，也可以最大限度地利用节约土地，节约资源。

绿色工业建筑的选址，应选合理的位置，减少对环境的破坏，保障城市自然生态系统基本功能的连续性与完整性，保证城市的安全与健康，保障生态安全。

在总图规划阶段，不仅应该考虑合理布局，避免人物流交叉；也应考虑如何结合环境，以最大限度利用太阳能、风能等自然资源；将动力车间及公辅设施的布置靠近负荷中心，使得管线短捷，减少线路、管道的损耗以降低能耗；同时，努力创造园林式工业建筑，将绿化引入工业建筑。这样做一方面可节能，另一方面追求一种努力与自然接近的生活，为生产者创造一个亲切、舒适的劳动生产环境。

10.3.2　绿色工业建筑的节能与能源高效利用

10.3.2.1　积极使用可再生能源

可再生能源主要指太阳能、水能、风能、生物质能、地热能、海洋能和氢能等非化石能源。把可再生能源应用到建筑节能中，既减少了一次能源的消耗，又降低了对环境的破坏作用，是解决建筑节能问题的重要途径。

工业建筑相比于民用建筑，有建筑体量大、占地面积大的特点。占地面积大，可以充分满足地源热泵需要大量空间埋设地源导管的要求，而大体量的屋面及墙面则可以大面积的布置太阳能集热板。对于风力资源丰富的地区，在高大厂房中也可以利用风能发电。因此，对于工业建筑来说，利用可再生能源有着天然的优势，应加以大力推广。可再生能源目前还只能暂时充当工业建筑的辅助能源，可再生能源大规模应用于工业建筑领域，还有诸多的经济、技术问题需要解决。尽管如此，近年来随着技术的不断进步，可再生能源在工业建筑中的应用也在不断地发展。

10.3.2.2　采用绿色建材，降低建筑耗能

建筑行业新型材料的出现，大量绿色材料的普及和运用，为实现建筑节能创造了条件。绿色建材具备如下特征：节约能源与资源，少用或不用天然资源及能源，大量使用工业废弃物，生产过程无毒害、无污染，使用过程中充分体现其健康、环保、安全的属性。结合工业建筑体量大、施工工期短的特点，可按实际情况因地制宜地采用预制发泡混凝土复合墙板、蒸压加气混凝土板、钢丝网架聚苯乙烯夹芯板、石膏空心条板、聚氨酯硬泡复合板等轻质节能板材。

在实际应用中，不仅要积极使用各种新型绿色建材，也要注重提升传统建材的潜力。例如混凝土材料，通过对混合料进行绿化改造，可以得到智能混凝土，具有性能高、材质优、成本低等优点。

10.3.2.3　节约资源，提高资源利用效率

在工业生产中，会产生大量各种形式的余热。余热是指受历史、技术、理念等因素的局限性，在已投运的工业企业耗能装置中，原始设计未被合理利用的热能。它包括高温废气余热、冷却介质余热、废气废水余热、高温产品余热、化学反应余热、可燃废气废液和废料余热等。根据调查，各行业的余热总资源约占其燃料消耗总量的17%~67%，可回收利用的余热资源约为余热总资源的60%。

例如，生产中产生的蒸汽，在利用所产生的凝结水的同时，可增设热交换装置，以交换出采暖的热水温度；也可以回收利用二次蒸汽，直接接入汽水热交换器或散热器，供水加热或采暖用。

10.3.3　绿色工业建筑的节水与水资源利用

工业建筑生产过程所需的用水量是由生产工艺决定的，因而通过生产工艺的改革来节约用水，减少排放或污染，才是根本措施。

例如，在不少的工厂中，由于工艺上的要求，需以水作为冷却剂进行降温。这种冷却水的用量是比较大的，并且在一般情况下，它除了受热污染以外，水质还是比较好的，因

此，应通过各种手段予以回收利用。节约冷却水往往是工业节水的主要部分，可以采用以下几种措施：

（1）采用非水冷却；

（2）改直接冷却为间接冷却；

（3）利用人工冷源或海水作冷却水，减少地下水或淡水用量。

工业园区通常能汇集大量的雨水。工业建筑屋面面积较大，雨水收集量可观，如果对雨水进行收集处理再利用，将会大大节约用水。采用雨水收集回用系统，将雨水收集起来，经过一定的设施和药剂处理后，得到符合某种水质指标的水再利用，处理后的雨水可以用于厕所冲洗、园区绿化、景观用水以及其他适应中水水质标准的用水，从而减少用水量，降低污水处理费用。雨水的收集是采用排水管把建筑物屋面的雨水引入雨水沉淀池，沉淀池可以做成几级，一级比一级稍低，最后一级沉淀池的水流入蓄水池，然后送入中水系统。

10.3.4　绿色工业建筑的污染物控制

工业建筑在生产运行过程中往往产生大量的污染物：如散发大量余热和烟尘，排出大量酸、碱等腐蚀性物质，排出有毒、易燃、易爆气体，产生废渣废物，发出巨大的噪音，以及生产设备产生的振动等。如果处理不当，这些污染物可能给周围环境和人群带来致命危害。绿色工业建筑需要对产生的所有污染物进行处理：对废气进行回收净化，对废液废水进行收集、中和、沉淀、净化处理，对废物进行收集封装，使之达到甚至要超过国家和所在地区排放标准的要求，并符合环境影响评价报告的要求。

针对空气污染，首先，可在厂房适当位置安装排烟系统，及时把有害气体输送到厂房外部，或者完成相应的空气净化处理。其次，工业污水也是绿色建筑设计需考虑的问题，在工业厂房内配置给排水系统，避免污水聚积产生的污染。再者，工业生产过程中产生的噪声污染也是不容忽略的问题，应当采用低噪声设备，各类液压泵、润滑泵、水泵等均设置在独立泵房内隔声降噪；鼓风机设有吸风口消声器，风机考虑基础减振，其进（出）风口与管道之间为弹性连接等。

绿色工业建筑设计应当提倡清洁生产的理念，从污染的源头生产过程抓起，将整体预防的环境战略持续应用于生产过程、产品和服务中，以增加生态效率和减少对人员及环境的危害。

10.3.5　旧工业建筑的再利用

随着人类历史保护意识、人文思想和环境意识的不断加强，人们对旧建筑的关注范围，已从少量精品类历史建筑扩展到大量普通非历史性旧建筑。同时，由于城市产业布局的调整，大量的近、现代旧工业建筑面临着再开发的要求，对旧工业建筑的再利用与再创造，是将其看作一个能够进行新陈代谢的生命体。旧建筑是建筑生命体发展过程中的一个阶段，不断地对之进行更新改造并加以利用，可使它恢复活力，从而符合绿色建筑理论的循环使用要求，可以在对环境冲击最小的状态下创造出最佳效用。对于自然资源而言，再利用可以减少不必要的新投资、资源能耗，以及由于建造新建筑和拆除旧建筑所造成的环境污染。

　　绿色工业建筑给人们带来的是节约资源、防止污染、尊重自然、尊重环境、保护生态的高品质建筑，是健康舒适的工作环境。针对不同工艺特点的工业建筑，需要利用普遍性的原则，结合实际情况，有侧重点地确定设计方案。如对于电子仪表、轻工等行业，对室内的温湿度、照度等方面的要求高，就可以侧重于工业建筑形体和布局，进行利用自然光、太阳能、可再生能源等方面的节能设计。对于冶金、机械、化工等重工业，建筑面积大、能源消耗大、污染物多，就需要在选址、园区整体规划布局优化、能源优化利用、污染物控制等方面优化方案设计。

　　绿色建筑理论已经成为工业建筑设计领域新的潮流和趋势，绿色节能工业建筑设计必将成为新的发展方向。

附　　录

附录 1　案例——某钢铁厂 CCPP 发电项目建筑设计

1　项目介绍

某钢铁企业发电厂现有 240t/h 中温中压燃气锅炉，服役时间长、运行效率低，并且厂区煤气仍存在富余放散现象。为了提升煤气综合利用效率，拟建设 1 座 150~180MW 级燃气蒸汽联合循环（Combined Cycle Power Plant，CCPP）发电站。通过提高煤气资源综合利用效率，本项目建成后将有效提升企业自发电率，充分回收利用煤气资源。

2　设计范围

按照规划的总图区域边界作为红线，设计方负责该 CCPP 发电工程红线范围内全部初步设计（含概算、概算二表和设备清单）以及相关技术资料、必要的图纸等。设计成果必须是一个完整、高效的发电单元，所有设计必须符合国家、行业、地方有关标准、法规和要求。

设计方需在红线内设计一套 150~180MW 级 CCPP 发电站，包括燃机主厂房、余热锅炉、汽机主厂房、电气综合楼、循环水泵房、循环水冷却设施、煤气净化设施、废水处理设施、区域总图设施以及配套高炉煤气柜（新建）、焦炉煤气柜（改造）等。所有的能源介质接口设计至红线外 1m，并提供红线外需业主供应的能源介质条件。电力接网工作不在本次设计的范围内，设计方只需考虑升压变电站与上级线路接口即可。

3　建筑设计内容及统一技术条件

3.1　燃机厂房

厂房几何尺寸：48m（长）×26m（宽）×25m（高）。两层钢结构，生产类别为丁类，耐火等级二级。厂房内设吊车 1 台，吨位 $G_n = 55/25t$，轨面标高为 19m，跨度为 24m。围护结构采用压型彩钢板、玻璃丝棉夹芯复合板墙（屋）面；门窗采用提升门、彩钢模压门、塑钢窗、彩钢百叶窗、成品屋顶通风器等，根据地坪荷载采用钢筋混凝土地坪或素混凝土地坪+环氧耐磨面漆等。

3.2　余热锅炉厂房

厂房几何尺寸：25m（长）×24m（宽）×38m（高）。单层钢结构，生产类别为丁类，耐火等级二级，厂房围护结构采用压型彩钢板、玻璃丝棉夹芯复合板墙（屋）面；门窗采用提升门、彩钢模压门、塑钢窗、彩钢百叶窗、成品屋顶通风器等，根据地坪荷载采用钢筋混凝土地坪或素混凝土地坪+环氧耐磨面漆等。

3.3 汽轮机厂房

厂房几何尺寸：42m（长）×24m（宽）×25m（高）。两层钢结构，生产类别为丁类，耐火等级二级。厂房内设吊车1台，吨位 $G_n = 50/10t$，轨面标高为19.5m，跨度为22m。围护结构采用压型彩钢板、玻璃丝棉夹芯复合板墙（屋）面；门窗采用提升门、彩钢模压门、塑钢窗、彩钢百叶窗、成品屋顶通风器等，根据地坪荷载采用钢筋混凝土地坪或素混凝土地坪+环氧耐磨面漆等。

3.4 燃机厂房辅助间

燃机厂房辅助间几何尺寸：48m（长）×10m（宽）×16m（高），三层钢结构，生产类别为丁类，耐火等级二级。围护结构采用压型彩钢板、玻璃丝绵夹芯复合板墙（屋）面，门窗采用提升门、彩钢模压门、塑钢窗，一层根据地坪荷载采用钢筋混凝土地坪或素混凝土地坪+环氧耐磨面漆等（二、三层地坪面层为水泥砂浆、耐磨地砖等）。

3.5 锅炉给水泵房及加药取样间

锅炉给水泵房及加药取样间几何尺寸：25m（长）×9m（宽）×14.5m（高）二层钢筋混凝土结构，生产类别为丁类，耐火等级二级。围护结构采用机制粉煤灰砖，外墙面抹灰刷外墙涂料，内墙面和天棚抹灰刮大白刷乳胶漆涂料，室外卷材防水保温屋面，塑钢采光平开窗、彩钢模压门，一层混凝土地坪垫层、防滑耐磨地砖面层，二层为防滑耐磨地砖面层。

3.6 闭式水循环泵站

闭式水循环泵站几何尺寸：15m（长）×12m（宽）×5m（高）单层钢筋混凝土结构，生产类别为戊类，耐火等级二级。围护结构采用机制粉煤灰砖，外墙面抹灰刷外墙涂料，内墙面和天棚抹灰刮大白刷乳胶漆涂料，室外卷材防水保温屋面，塑钢采光平开窗，混凝土地坪垫层、防滑耐磨地砖面层。

3.7 净循环水泵房（包括加药间、消防泵房）

净循环水泵房（包括加药间、消防泵房）建筑面积1145m²，单层钢筋混凝土框架结构，生产类别为戊类，耐火等级二级。泵房内设置一台电动单梁起重机，起吊重量为10t，净起吊高度9m，跨度为13.5m。建筑围护结构采用机制粉煤灰砖，外墙面抹灰刷外墙涂料，内墙面和天棚抹灰刷乳胶漆涂料，室外卷材防水保温屋面，塑钢采光平开窗，垂直电动提升门，彩钢模压门，根据地坪荷载采用钢筋混凝土地坪或素混凝土地坪+环氧耐磨面漆、防滑耐磨地砖面层等。

3.8　旁通过滤间

旁通过滤间建筑面积 306m²，单层钢筋混凝土框架结构，生产类别为戊类，耐火等级二级。建筑围护结构采用机制粉煤灰砖，外墙面抹灰刷外墙涂料，内墙面和天棚抹灰刷乳胶漆涂料，室外卷材防水保温屋面，塑钢采光平开窗，彩钢模压门，混凝土地坪垫层、防滑耐磨地砖面层。

3.9　EP 系统综合泵站

EP 系统综合泵站建筑面积 90m²，单层钢筋混凝土框架结构，生产类别为戊类，耐火等级二级。泵房内设置一台 3t 电动葫芦吊。建筑围护结构采用机制粉煤灰砖，外墙面抹灰刷外墙涂料，内墙面和天棚抹灰刷乳胶漆涂料，室外卷材防水保温屋面，塑钢采光平开窗、彩钢模压门，混凝土地坪垫层、防滑耐磨地砖面层。

3.10　煤气冷却器供水泵站

煤气冷却器供水泵站建筑面积 145m²，单层钢筋混凝土框架结构，生产类别为戊类，耐火等级二级。泵房内设置一台 3t 电动葫芦吊。建筑围护结构采用机制粉煤灰砖，外墙面抹灰刷外墙涂料，内墙面和天棚抹灰刷乳胶漆涂料，室外卷材防水保温屋面，塑钢采光平开窗、彩钢模压门，混凝土地坪垫层、防滑耐磨地砖面层。

3.11　电气主控楼

电气主控楼建筑面积 2749m²，地上三层、地下局部一层（电缆夹层），钢筋混凝土框架结构，生产类别为丙类，耐火等级二级。围护结构采用机制粉煤灰砖（外墙加阻燃苯板保温层），外墙面抹灰刷外墙涂料，内墙面和天棚抹灰刮大白刷乳胶漆涂料（局部房间吊顶），卷材防水保温屋面，塑钢采光平开窗、变压器室门窗，彩钢模压门、防火门窗，地坪为混凝土垫层，水泥砂浆、防滑耐磨地砖面层等。

3.12　净环泵房电气室，EP 系统泵站、煤气冷却泵站电气室

净环泵房电气室，EP 系统泵站、煤气冷却泵站电气室（两个建筑）的建筑面积均为 125m²。单层钢筋混凝土框架结构，生产类别为丁类，耐火等级二级。围护结构采用机制粉煤灰砖，外墙面抹灰刷外墙涂料，内墙面和天棚抹灰刮大白刷乳胶漆涂料，卷材防水保温屋面，塑钢采光平开窗、彩钢模压门、防火门窗，地坪为混凝土垫层，防滑耐磨地砖面层等。

3.13　燃机、高厂变压器室、GIS 室

燃机、高厂变压器室、GIS 室建筑面积 384m²，单层钢筋混凝土框架结构，生产类别

为丙类，耐火等级二级。围护结构采用机制粉煤灰砖，外墙面抹灰刷外墙涂料，GIS 室内墙面和天棚抹灰刮大白刷乳胶漆涂料，燃机、高压变压器室内墙抹灰刷乳胶漆涂料，天棚打平后刷乳胶漆涂料，室外卷材防水保温屋面，塑钢采光平开窗、变压器室门窗，彩钢模压门，地坪为混凝土垫层，水磨石、水泥砂浆面层。

3.14　主要设计技术措施

3.14.1　防火

设计中应贯彻"预防为主，防消结合"的原则，对所有建筑物的防火要求，包括材料的选用、布置、构造、疏散等均按现行《建筑设计防火规范》及《建筑内部装修设计防火规范》等设计执行。仪表操作电气室生产的火灾危险性类别为丁类，耐火等级二级。电气室采用乙级防火门。

各建筑物内设手提式干粉（磷酸铵盐）MF/ABC3 化学灭火器具，3kg/具。凡建筑物为钢结构骨架者，其主要承重构件（梁、柱、支撑）表面均采用防火涂料涂装保护，耐火极限不应低于规范规定。

仪表操作电气室的电缆沟内存在火灾隐患，一旦发生火灾，可利用配置的消防设施和通信设施，及时控制扑灭火灾，最大限度地减少损失。

3.14.2　防护

为检修安全方便，凡设有较高位置门架、阀门等处，均设置符合国家要求的安全标准的操作平台、扶梯和护栏，确保安全。地沟、地坑设安全盖板。

建筑物安全及疏散按规定设置不少于两处的安全出入口，厂房内设置安全及检修通道，生产区域设安全标志，吊车设开车报警器。

3.14.3　噪声控制

尽可能选用低噪声设备，各设备的噪声符合环保要求，厂界处噪声排放值应满足国家相应的标准要求。产生噪声较大的生产设备，应远离操作室。对在声源附近的操作室，采用隔音门窗。

3.14.4　洁净设计

新建厂房建筑地面采用钢筋混凝土地坪或素混凝土地坪+环氧耐磨面漆，防尘、防飘雨百叶窗等。仪表操作电气室均设置空调，夏季制冷降温，冬季制热采暖。保证电气室 18~28℃温度要求；天棚及内墙抹灰刮大白刷乳胶漆；地面采用防滑耐磨地砖地坪。

车间办公室等建筑墙体内外抹灰乳胶漆罩面；卫生间瓷砖墙面，铝塑板吊顶；地面均设防滑耐磨地砖地坪等。

3.15 建筑节能设计

新建建筑屋面及围护墙、大门、外窗均按节能要求设计。建筑物热桥处采用保温隔热防护处理。

在建筑设计中，综合考虑工艺流程布置及有效利用土地的同时，力求缩短建筑物外墙的长度，同时注意控制层高，以利于节能。

3.16 油漆涂装

本工程金属钢构件除锈等级为 Sa2.5 级。钢梯、栏杆为黑黄相间安全色两道。对于防火（爆）承重金属构件，应按防火规范规定的相应耐火极限要求，涂刷防火涂料保护层。

4 规划图与施工图

4.1 总体规划图

总体规划图详见附图 1。

4.2 余热锅炉部分建筑施工图

余热锅炉部分建筑施工图详见附图 2～附图 19。

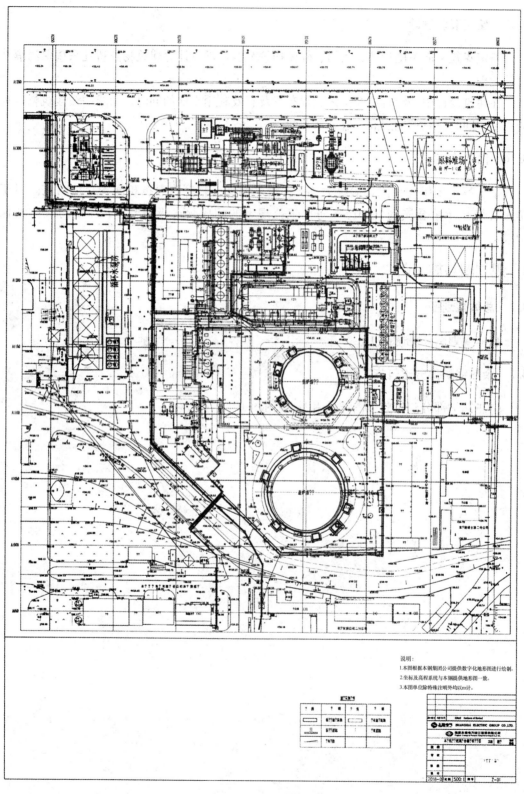

附图1　总体规划图

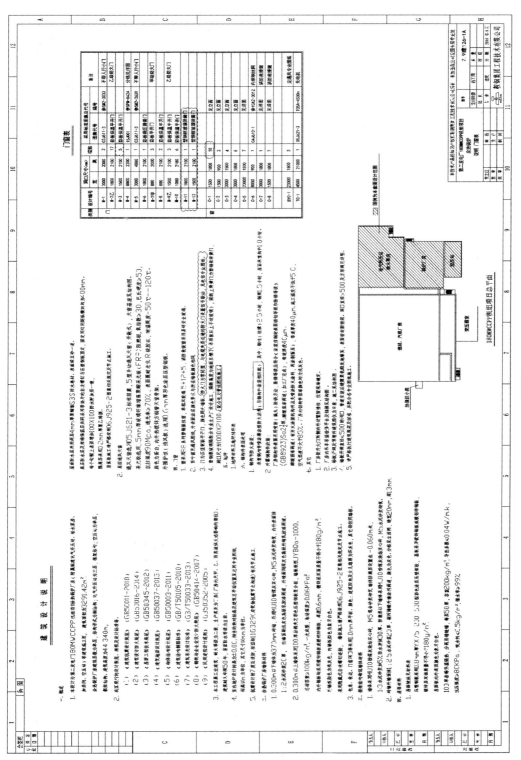

附图 2

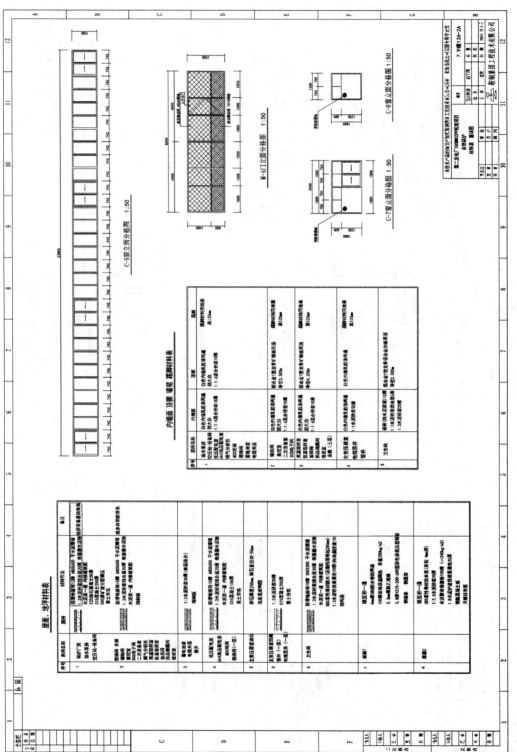

附图 3

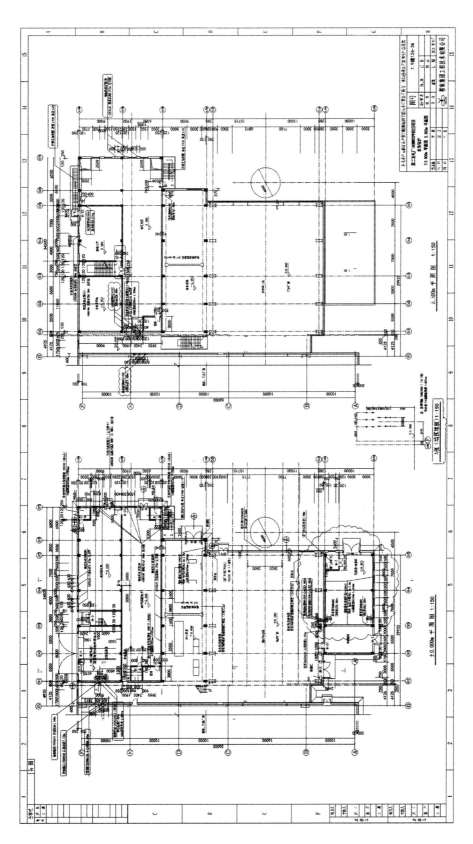

附图 4

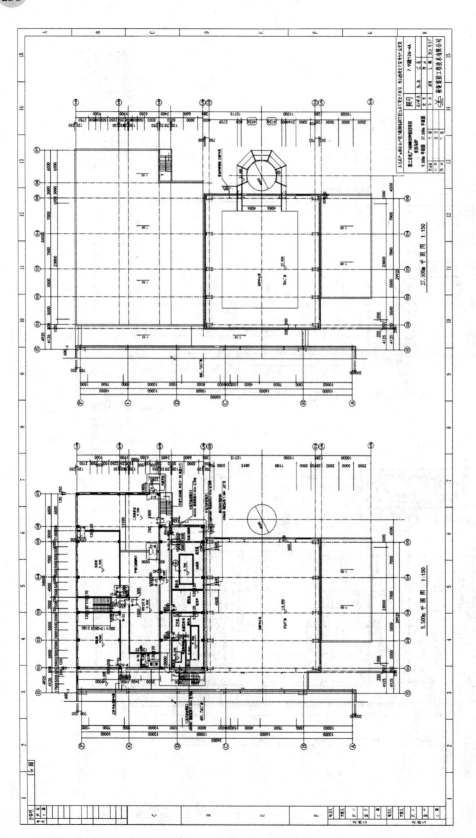

附图 5

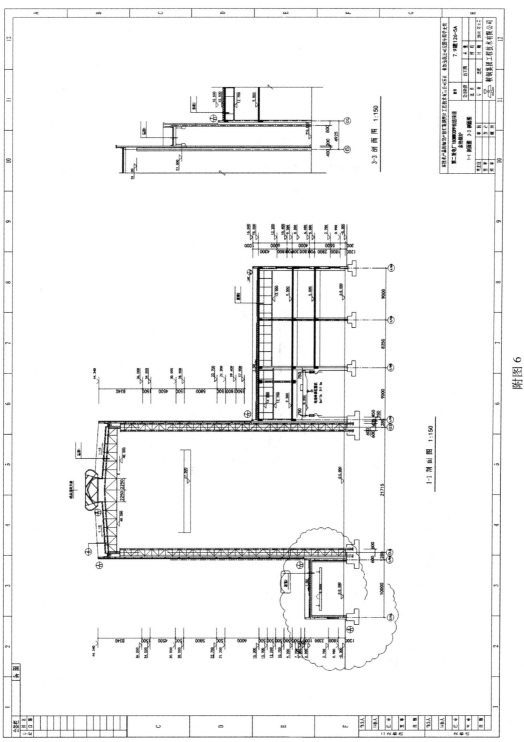

附图 6

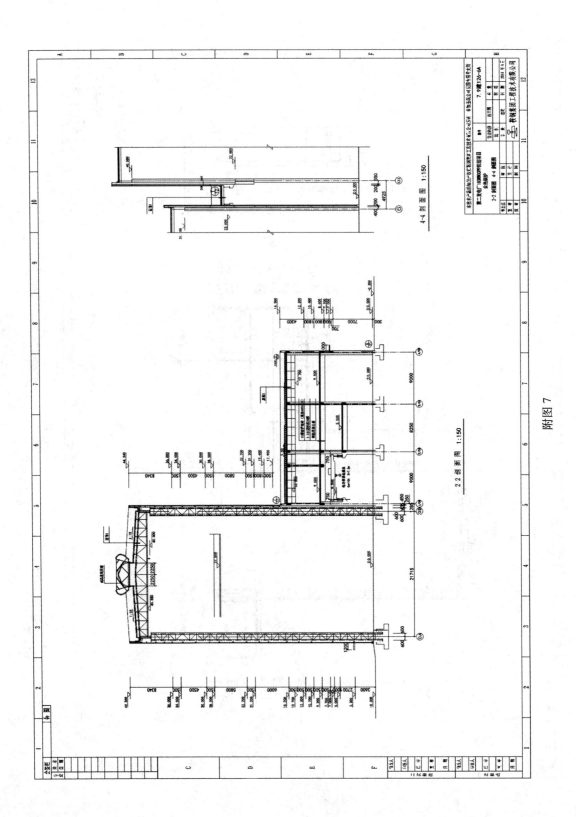

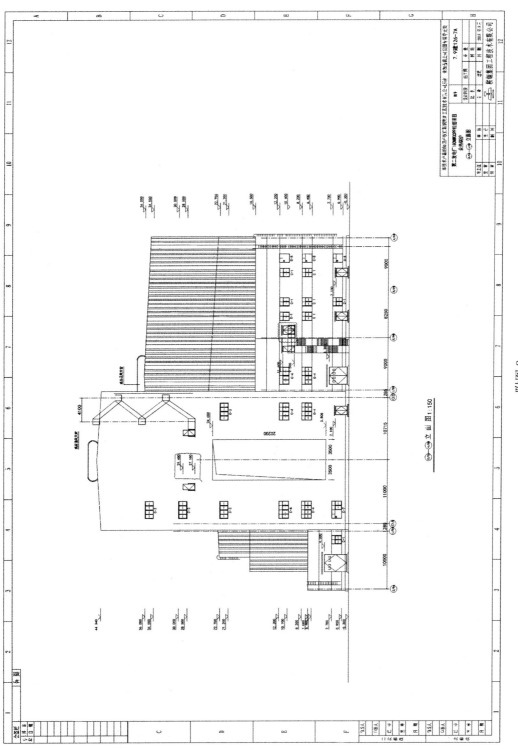

附图 8

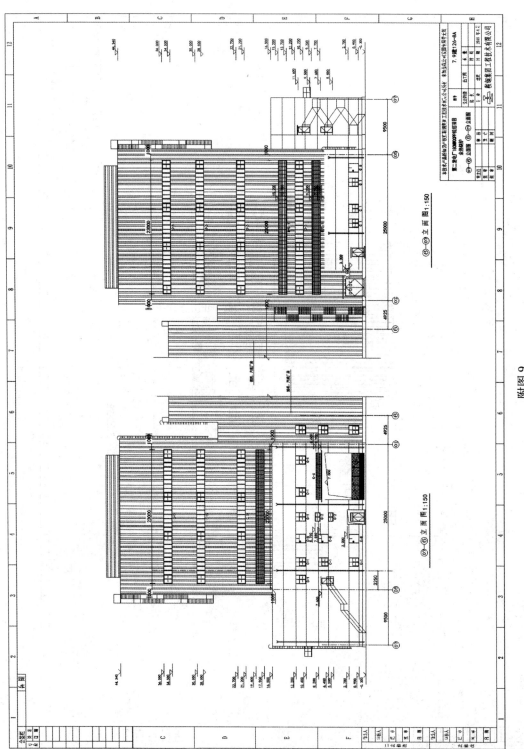

附图 9

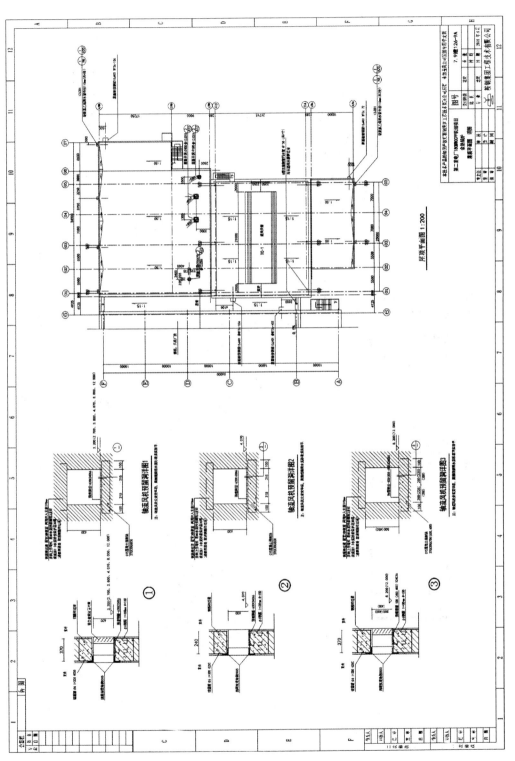

附图 10

256

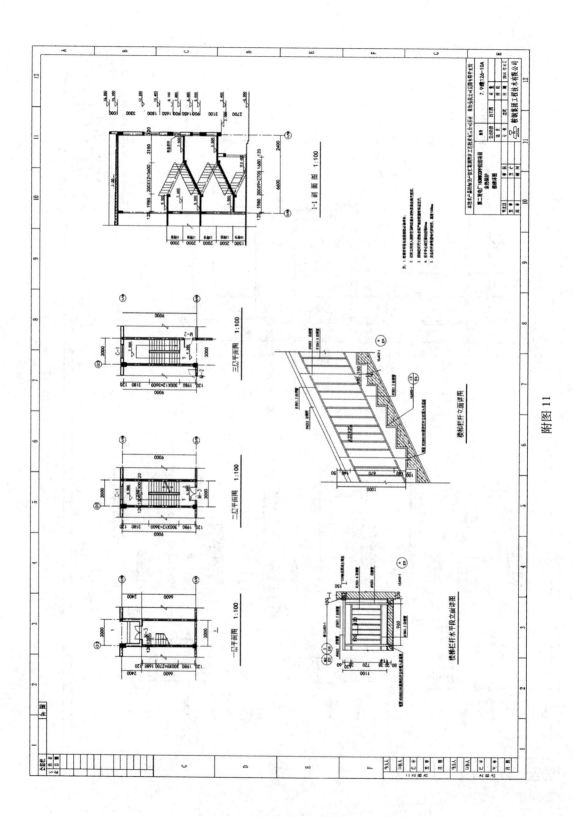

附图 11

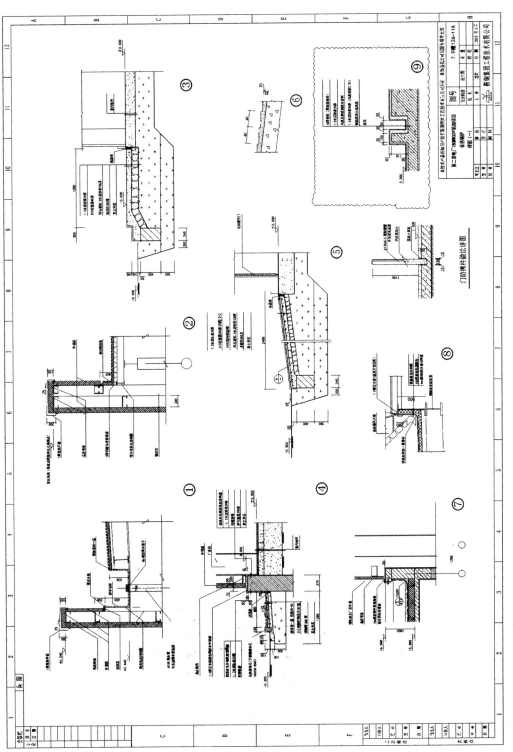

附图 12

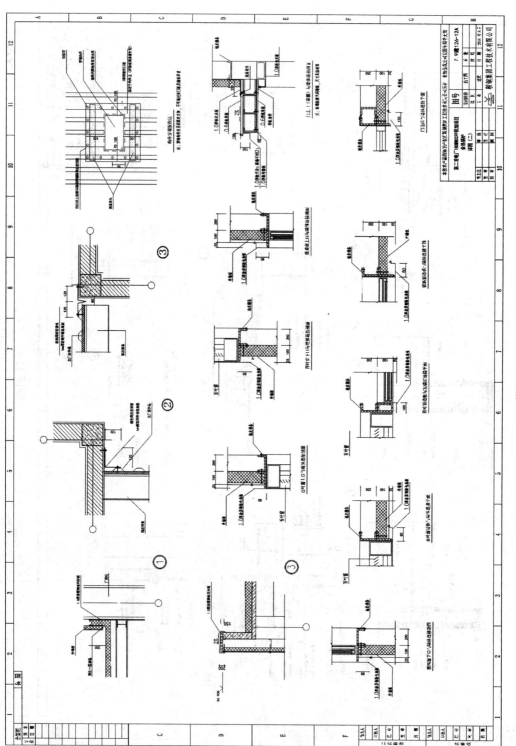

附图 13

附图 14 建筑效果图

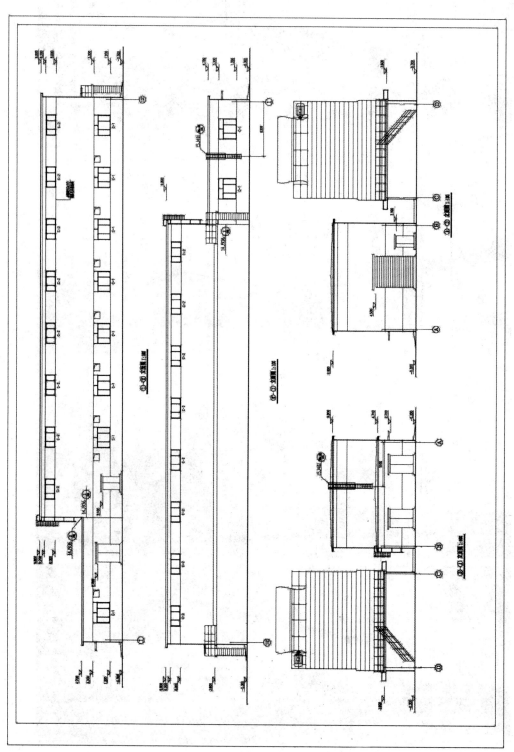

附图 15

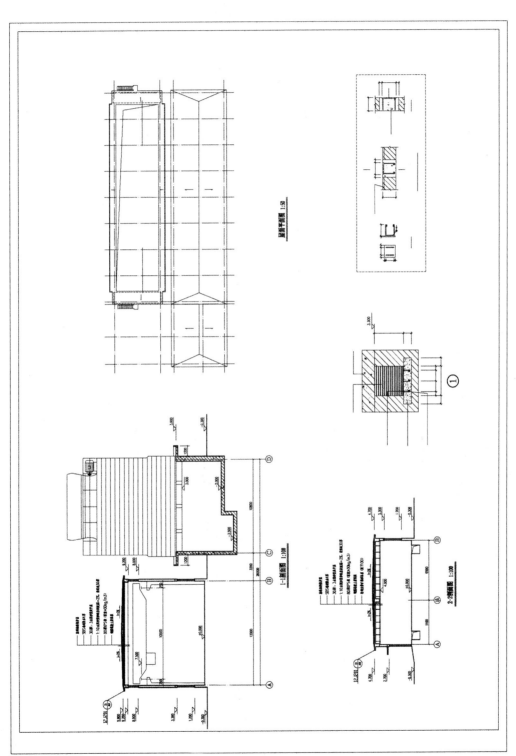

附图 16

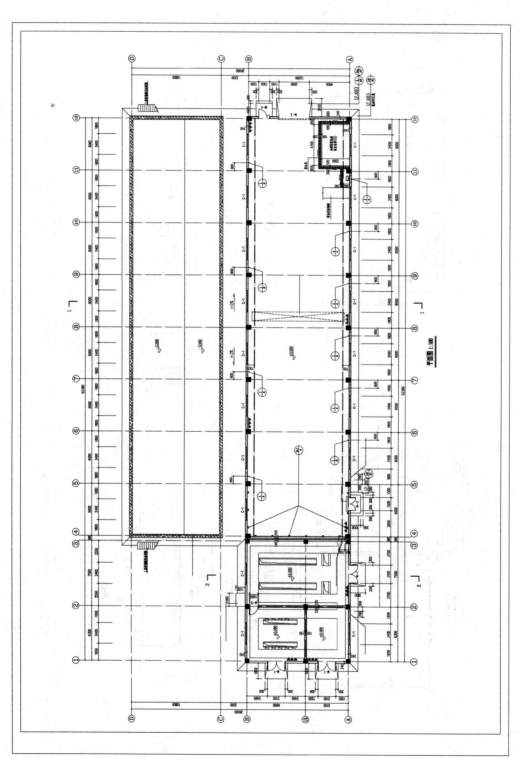

平面图 1:100

附图 17

建筑设计说明

1. 设计依据:

1.1 甲方的设计要求及其他相关专业设计文件。

1.2 本工程的有关专业提供的资料及本专业相关规范及国家建筑标准设计图集。

1.3 现行的国家有关建筑设计规范、规程及标准，主要包括:

《建筑制图标准》(GB/T 50104-2010)

《建筑工程设计文件编制深度规定》(2008年版)

《建筑设计防火规范》(GB 50016-2014)

《钢结构设计规范》GB50017-2007

《建筑内部装修设计防火规范》GB 50222-2017

《建筑地面设计规范》(GB50011-2010)

2. 项目概况:

2.1 建筑名称: 临钢某废弃金属材料有限公司厂100万吨废钢回收利用项目机电维修间、材料库。

2.2 本工程总建筑面积: 784.49㎡; 建筑高度10.100m。

2.3 本工程耐火等级: 一级; 防火分类: 丙类; 耐火等级为50年。

2.4 建筑结构形式: 钢筋混凝土框架结构，室内装修等级为: 8级。

设计使用年限: 50年。屋面防水等级: 8级。

3. 设计标准:

3.1 本工程门图纸均按相关标准图。

3.2 图纸均以±0.00标高为相对标高。

3.3 墙面及墙柱面均需按为饰面构造做法，其它含平面图及其详图标注标准做法为墙面混凝面做法。

3.4 专配水木(m) 为水包，其包尺寸要求为㎜㎜ 为水包。

4. 墙体工程:

4.1 地面以上墙体采用MU10 烧结多孔砖(容重1300kg/㎡)M5混合砂浆砌筑，基础面以下采用MU10 砖，用㎡2水泥砂浆量5％水泥砌缝 20 厚。

4.2 外墙采用MK5 木泥砂砖量 20 厚。均为轻质砖内墙体构造。

5. 楼、地面工程:

5.1 楼、地面工程以厂标准图集《建筑地面设计规范》GB50037-2013《建筑地面工程施工质量验收规范》

GB50209-2010之名要求进行做法。

5.2 室内楼面地面均采用素土夯实、夯实系数不小于0.95，并按填素土及密实填用工程技。

5.3 室内地面做法见各详图工程表。主要材料混凝土等。

5.4 室内地面设置各基础需地面坪，每边厚砖100、周围料300宽，最低料50、坡度0.5％ 散坡。

地面层 02J331《建筑地面图集》76页节点18、总编 77页节点21。

6. 屋面工程:

6.1 屋面做法由厂提供。4 厚 SBS 卷材防火。

6.2 屋面安装等砌均细水《屋面工程技术规范》2J201《平屋面建筑构造》H2.3页节点3。

---

7. 门窗工程:

7.1 门编号、类型、尺寸及数量见门窗表。

7.2 门窗设计未示注尺寸、加工尺寸要求根据现场实测尺寸确定后加工订货。

7.3 特殊安装要求参照厂后图相应安装大样。

8. 其它:

8.1 建筑做法与结构、给排水、采暖通风、电气等专业密切配合使用，有无管道穿墙、墙留洞、孔等应结合有关图纸、钢板注意后方可施工。

8.2 天大器置室为干挂(球螺栓金属)天大器 ~MF/ABC3,重量为3kg/个，共计2个, 专置大样图

天大器置室应注意图纸，其安装详图，详见GB50140-2005J建筑灭大器配置设计规范)。

8.3 可注消火器设备 02J331《建筑地面图集》78页节点23。

8.4 本设明火户事等有关详图要求详见、及喷头装填纸.

门窗表

编号	洞口宽	洞口高	数量	图集代号	页次	采用型号
M-1	2100	2100	3	12.609	17	GFM2-2127
M-2	1500	2700				
M-3	3600	4500	1	03J611-4		DJM-3642
M-4	1300	2100				
M-5	1000	2100	1	12.609	17	GFM2-1021
C-1	2400	2100	18	16.604		2421NPC2
C-2	2400	1200	16	16.604		2412NPC

采暖

电气等部分

附图 18

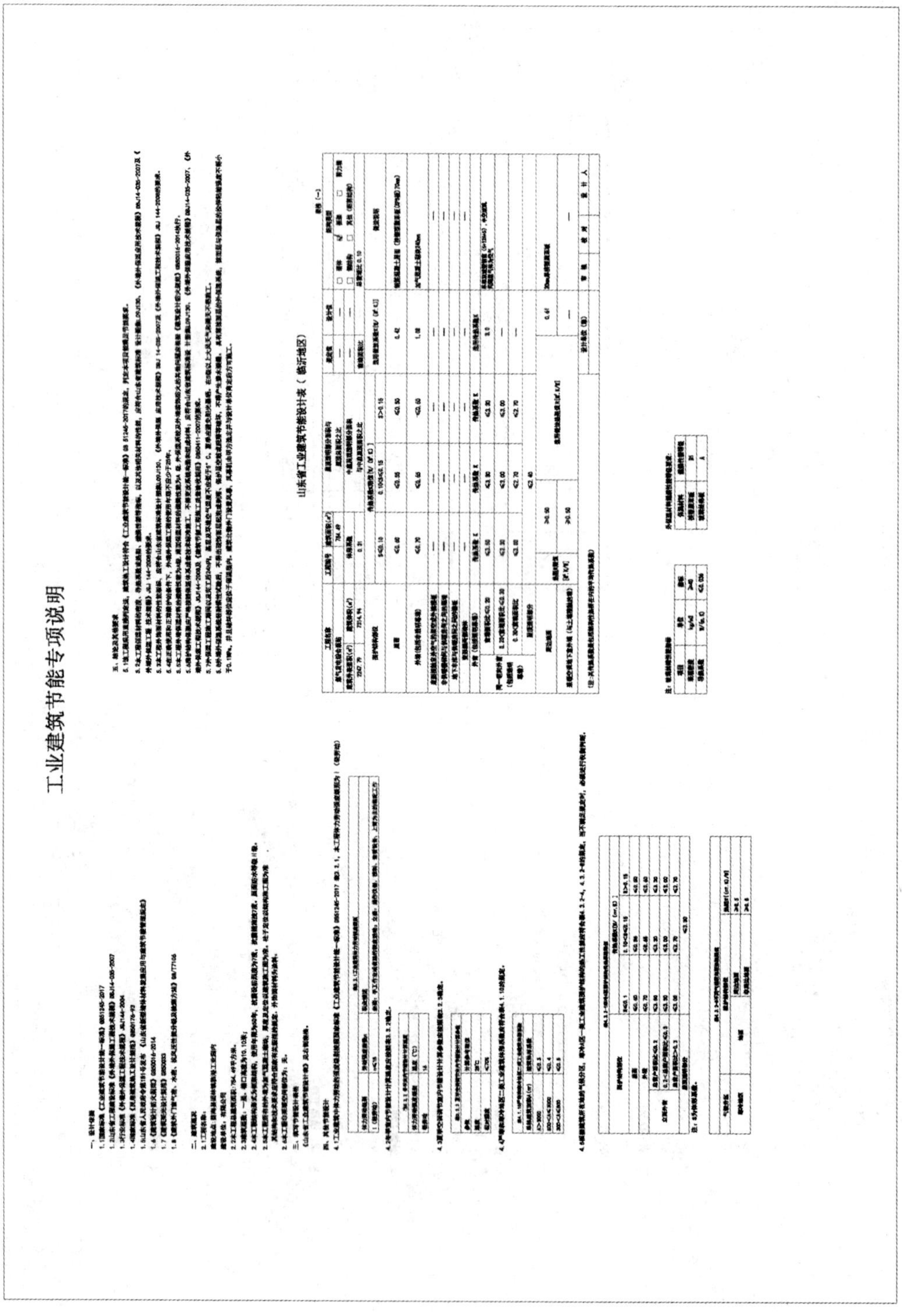

工业建筑节能专项说明

山东省工业建筑节能设计表（临沂地区）

附图 19

附录2　建筑节能设计报告书

工 业 建 筑

目　　录

1　建筑概况

工程名称	煤气发电综合泵站	
工程地点	山东-临沂	
地理位置	北纬：35.00°	东经：118.35°
建筑面积	地上 778m² 地下 0m²	
建筑层数	地上 1 地下 0	
建筑高度	9.4m	
建筑（节能计算）体积	7314.94	
建筑（节能计算）外表面积	2247.79	
结构类型		
外墙太阳辐射吸收系数	0.75	
屋顶太阳辐射吸收系数	0.75	

2　设计依据

（1）《工业建筑节能设计统一标准》GB 51245—2017。

（2）《民用建筑热工设计规范》GB 50176。

（3）《建筑外门窗气密，水密，抗风压性能分级及检测方法》GB/T 7106—2008。

3　规定性指标检查

3.1　工程材料

材料名称	编号	导热系数 λ W/(m·K)	蓄热系数 S W/(m²·K)	密度 ρ kg/m³	比热容 c_p J/(kg·K)	蒸汽渗透系数 u g/(m·h·kPa)	备　注
1：3 水泥砂浆	57	0.930	11.370	1800.0	1050.0	0.0210	来源：《民用建筑热工设计规范》（GB 50176—93）
保温层砂浆（玻化微珠）	46	0.080	1.190	320.0	869.3	0.0000	修正系数＝1.3
石灰砂浆	18	0.810	10.070	1600.0	1050.0	0.0443	来源：《民用建筑热工设计规范》（GB 50176—93）
抗裂砂浆	47	0.810	10.070	1600.0	1050.0	0.0443	来源：《民用建筑热工设计规范》（GB 50176—93）
钢筋混凝土	4	1.740	17.200	2500.0	920.0	0.0158	来源：《民用建筑热工设计规范》（GB 50176—93）

续表

材料名称	编号	导热系数 λ	蓄热系数 S	密度 ρ	比热容 c_p	蒸汽渗透系数 u	备　注
		W/(m·K)	W/(m²·K)	kg/m³	J/(kg·K)	g/(m·h·kPa)	
烧结多孔砖	36	0.580	7.209	1400.0	880.0	0.0000	
加气混凝土砌块	52	0.190	3.490	700.0	1087.6	0.0000	修正系数用于墙体 1.15，修正系数用于屋面 1.40
SBS 高聚物沥青卷材	48	0.150	6.070	580.0	5823.6	0.0000	修正系数 1.20
水泥砂浆	60	0.870	10.750	1700.0	1050.0	0.0975	
挤塑型聚苯板（XPS 板）	55	0.030	0.342	30.0	1790.0	0.0000	
1:6 水泥珍珠岩	56	0.180	2.490	400.0	1170.0	0.1910	蒸汽渗透系数为测定值
涂料保护层	58	—	—	—	—	—	

3.2　围护结构作法简要说明

（1）屋顶构造：钢筋混凝土屋面（挤塑聚苯板）（由上到下）

涂料保护层 0mm+SBS 高聚物沥青卷材 4mm+1:3 水泥砂浆 30mm+1:6 水泥珍珠岩 30mm+挤塑型聚苯板（XPS 板）70mm+钢筋混凝土 100mm

（2）外墙构造

1)：加气混凝土砌块（由外到内）

水泥砂浆 20mm+加气混凝土砌块 240mm+水泥砂浆 20mm

2)：钢筋混凝土柱（由外到内）

水泥砂浆 20mm+钢筋混凝土 240mm+水泥砂浆 20mm

3)外窗构造：单框双玻塑钢窗（5+12A+5）

传热系数 3.00W/(m²·K)，太阳得热系数 0.244

3.3　体形系数

外表面积	2247.79
建筑体积	7314.94
体形系数	0.31
依据	《工业建筑节能设计统一标准》（GB 51245—2017）第 4.1.10 条
标准要求	严寒和寒冷地区一类工业建筑体形系数应符合表 4.1.10 的规定（s≤0.50）
结论	满足

3.4　窗墙比

3.4.1　窗墙比

朝向	窗面积/m²	墙面积/m²	窗墙比	限值	结论
总窗墙比	146.52	1457.85	0.10	0.50	满足
依据	《工业建筑节能设计统一标准》（GB 51245—2017）第4.1.11条				
标准要求	一类工业建筑总窗墙面积比不应大于0.50				
结论	满足				

3.4.2　外窗表

朝向	编号	尺寸 m	楼层	数量	单个面积 m²	合计面积 m²
南向 55.44		2.40×3.30	1	7	7.92	55.44
北向 79.20		2.40×3.30	1	10	7.92	79.20
东向 11.88		3.60×3.30	1	1	11.88	11.88

3.5　屋顶透光部分

3.5.1　屋顶透光部分面积与屋顶总面积比

本工程无此项内容。

3.5.2　屋顶透光部分类型

本工程无此项内容。

3.6　屋顶构造

钢筋混凝土屋面（挤塑聚苯板）

材料名称 （由上到下）	厚度 δ mm	导热系数 λ W/(m·K)	蓄热系数 S W/(m²·K)	修正系数 α	热阻 R m²·K/W	热惰性指标 $D=R\times S$
涂料保护层	—	—	—	—	0.000	0.000
SBS 高聚物沥青卷材	4	0.150	6.070	1.00	0.027	0.162
1∶3 水泥砂浆	30	0.930	11.370	1.00	0.032	0.367
1∶6 水泥珍珠岩	30	0.180	2.490	1.50	0.111	0.415
挤塑型聚苯板（XPS 板）	70	0.030	0.342	1.15	2.029	0.798

续表

材料名称 （由上到下）	厚度 δ mm	导热系数 λ W/(m·K)	蓄热系数 S W/(m²·K)	修正系数 α	热阻 R m²·K/W	热惰性指标 D=R×S
钢筋混凝土	100	1.740	17.200	1.00	0.057	0.989
各层之和	234	—	—	—	2.256	2.730
外表面太阳辐射吸收系数	0.75［默认］					
传热系数 K=1/(0.15+∑R)	0.42					
数据来源	山东 2006 居住规范第 46 页					
标准依据	《工业建筑节能设计统一标准》（GB 51245—2017）第 4.3.2 条					
标准要求	K≤0.60，S≤0.1 或 K≤0.55，0.1<S≤0.15 或 K≤0.50，0.15<S(K≤0.50)					
结论	满足					

3.7　外墙构造

3.7.1　外墙相关构造

（1）加气混凝土砌块

材料名称 （由上到下）	厚度 δ mm	导热系数 λ W/(m·K)	蓄热系数 S W/(m²·K)	修正系数 α	热阻 R m²·K/W	热惰性指标 D=R×S
水泥砂浆	20	0.870	10.750	1.00	0.023	0.247
加气混凝土砌块	240	0.190	3.490	1.25	1.011	4.408
水泥砂浆	20	0.870	10.750	1.00	0.023	0.247
各层之和	280	—	—	—	1.057	4.903
外表面太阳辐射吸收系数	0.75［默认］					
传热系数 K=1/(0.15+∑R)	0.83					

（2）钢筋混凝土柱

材料名称 （由外到内）	厚度 δ mm	导热系数 λ W/(m·K)	蓄热系数 S W/(m²·K)	修正系数 α	热阻 R (m²·K)/W	热惰性指标 D=R×S
水泥砂浆	20	0.870	10.750	1.00	0.023	0.247
钢筋混凝土	240	1.740	17.200	1.00	0.138	2.372
水泥砂浆	20	0.870	10.750	1.00	0.023	0.247
各层之和	280	—	—	—	0.184	2.867
外表面太阳辐射吸收系数	0.75［默认］					
传热系数 K=1/(0.15+∑R)	3.00					

3.7.2　外墙平均热工特性

（1）南向

构造名称	构件类型	面积 m²	面积所占比例	传热系数 K W/(m²·K)	热惰性指标 D	太阳辐射吸收系数
加气混凝土砌块	主墙体	490.96	0.892	0.83	4.90	0.75
钢筋混凝土柱	热桥柱	59.74	0.108	3.00	2.87	0.75
合计		550.69	1.000	1.06	4.68	0.75

（2）北向

构造名称	构件类型	面积 m²	面积所占比例	传热系数 K W/(m²·K)	热惰性指标 D	太阳辐射吸收系数
加气混凝土砌块	主墙体	472.15	0.888	0.83	4.90	0.75
钢筋混凝土柱	热桥柱	59.74	0.112	3.00	2.87	0.75
合计		531.88	1.000	1.07	4.67	0.75

（3）东向

构造名称	构件类型	面积 m²	面积所占比例	传热系数 K W/(m²·K)	热惰性指标 D	太阳辐射吸收系数
加气混凝土砌块	主墙体	88.49	0.875	0.83	4.90	0.75
钢筋混凝土柱	热桥柱	12.70	0.125	3.00	2.87	0.75
合计		101.19	1.000	1.10	4.65	0.75

（4）西向

构造名称	构件类型	面积 m²	面积所占比例	传热系数 K W/(m²·K)	热惰性指标 D	太阳辐射吸收系数
加气混凝土砌块	主墙体	101.72	0.867	0.83	4.90	0.75
钢筋混凝土柱	热桥柱	15.64	0.133	3.00	2.87	0.75
合计		117.36	1.000	1.12	4.63	0.75

（5）总体

构造名称	构件类型	面积 m²	面积所占比例	传热系数 K W/(m²·K)	热惰性指标 D	太阳辐射吸收系数
加气混凝土砌块	主墙体	1153.32	0.886	0.83	4.90	0.75
钢筋混凝土柱	热桥柱	147.80	0.114	3.00	2.87	0.75
合计		1301.13	1.000	1.08	4.67	0.75
标准依据	《工业建筑节能设计统一标准》（GB 51245—2017）第4.3.2条					
标准要求	$K \leqslant 0.70$，$S \leqslant 0.1$ 或 $K \leqslant 0.65$，$0.1 < S \leqslant 0.15$ 或 $K \leqslant 0.60$，$0.15 < S(K \leqslant 0.60)$					
结论	不满足					

3.8　外窗热工

3.8.1　外窗构造

序号	构造名称	构造编号	传热系数	自遮阳系数	可见光透射比	备　注
1	单框双玻塑钢窗 (5+12A+5)	79	3.00	0.28	0.600	$K = 2.4 \sim 2.6\text{W}/(\text{m}^2 \cdot \text{K})$；$SC = 0.28 \sim 0.55$；窗墙面积比 $F_k/F_c = 0.25 \sim 0.30$

3.8.2　总体热工性能

朝向	面积	传热系数	遮阳系数	窗墙比	标准要求	结论
总体热工	146.52	3.00	0.28	0.10	$k \leqslant 3.30$［外窗传热系数满足表 4.3.2-4 的要求］	满足
标准依据	《工业建筑节能设计统一标准》（GB 51245—2017）第 4.3.2 条					
标准要求	外窗传热系数满足表 4.3.2-4 的要求（$k \leqslant 3.30$）					
结论	满足					

注：本表所统计的外窗包含凸窗。

3.9　周边地面构造

材料名称	厚度 δ	导热系数 λ	蓄热系数 S	修正系数	热阻 R	热惰性指标
	mm	W/(m·K)	W/(m²·K)	α	m²·K/W	$D = R \times S$
挤塑聚苯板（$\rho = 25 \sim 32$）	20	0.030	0.320	1.10	0.606	0.213
各层之和	20	—	—	—	0.606	0.213
导热阻 R	0.61					
标准依据	《工业建筑节能设计统一标准》（GB 51245—2017）第 4.3.2 条					
标准要求	$R \geqslant 0.5$					
结论	满足					

3.10　非周边地面构造

材料名称	厚度 δ	导热系数 λ	蓄热系数 S	正系数	热阻 R	热惰性指标
	mm	W/(m·K)	W/(m²·K)	α	m²·K/W	$D = R \times S$
挤塑聚苯板（$\rho = 25 \sim 32$）	20	0.030	0.320	1.10	0.606	0.213
各层之和	20	—	—	—	0.606	0.213
导热阻 R	0.61					
标准依据	《工业建筑节能设计统一标准》（GB 51245—2017）第 4.3.2 条					
标准要求	$R \geqslant 0.5$					
结论	满足					

3.11 采暖地下室外墙构造

本工程无此项内容。

3.12 规定性指标检查结论

序号	检查项	结论	可否性能权衡
1	体形系数	满足	
2	窗墙比	满足	
3	屋顶透光部分类型	无屋顶透光部分	
4	屋顶构造	满足	
5	外墙构造	不满足	不可
6	外窗热工	满足	
7	周边地面构造	满足	
8	非周边地面构造	满足	
结论		不满足	不可

说明：本工程规定性指标不满足要求，需依据《工业建筑节能设计统一标准》（GB 51245—2017）的要求，进行节能设计的权衡判断。

4 热工性能权衡判断

4.1 屋顶透光部分

本工程无此项内容。

4.2 屋顶构造

材料名称 （由上到下）	厚度 δ	导热系数 λ	蓄热系数 S	修正系数 α	热阻 R	热惰性指标 $D=R \times S$
	mm	W/(m·K)	W/(m²·K)		m²·K/W	
涂料保护层	—	—	—	—	0.000	0.000
SBS 高聚物沥青卷材	4	0.150	6.070	1.00	0.027	0.162
1:3 水泥砂浆	30	0.930	11.370	1.00	0.032	0.367
1:6 水泥珍珠岩	30	0.180	2.490	1.50	0.111	0.415
挤塑型聚苯板（XPS 板）	70	0.030	0.342	1.15	2.029	0.798
钢筋混凝土	100	1.740	17.200	1.00	0.057	0.989
各层之和	234	—			2.256	2.730
外表面太阳辐射吸收系数	0.75 ［默认］					
传热系数 $K=1/(0.15+\sum R)$	0.42					
数据来源	山东 2006 居住规范第 46 页					
标准依据	《工业建筑节能设计统一标准》（GB 51245—2017）第 4.4.1 条					
标准要求	$K \leqslant 0.65$					
结论	满足					

4.3　外墙构造

4.3.1　外墙相关构造

（1）加气混凝土砌块

材料名称	厚度 δ	导热系数 λ	蓄热系数 S	修正系数	热阻 R	热惰性指标
（由外到内）	mm	W/（m·K）	W/（m²·K）	α	m²·K/W	$D = R \times S$
水泥砂浆	20	0.870	10.750	1.00	0.023	0.247
加气混凝土砌块	240	0.190	3.490	1.25	1.011	4.408
水泥砂浆	20	0.870	10.750	1.00	0.023	0.247
各层之和	280	—	—	—	1.057	4.903
外表面太阳辐射吸收系数	0.75［默认］					
传热系数 $K = 1/(0.15 + \sum R)$	0.83					

（2）钢筋混凝土柱

材料名称	厚度 δ	导热系数 λ	蓄热系数 S	修正系数	热阻 R	热惰性指标
（由外到内）	mm	W/（m·K）	W/（m²·K）	α	（m²·K）/W	$D = R \times S$
水泥砂浆	20	0.870	10.750	1.00	0.023	0.247
钢筋混凝土	240	1.740	17.200	1.00	0.138	2.372
水泥砂浆	20	0.870	10.750	1.00	0.023	0.247
各层之和	280	—	—	—	0.184	2.867
外表面太阳辐射吸收系数	0.75［默认］					
传热系数 $K = 1/(0.15 + \sum R)$	3.00					

4.3.2　外墙平均热工特性

（1）南向

构造名称	构件类型	面积	面积所占比例	传热系数 K	热惰性指标 D	太阳辐射吸收系数
		m²		W/（m²·K）		
加气混凝土砌块	主墙体	490.96	0.892	0.83	4.90	0.75
钢筋混凝土柱	热桥柱	59.74	0.108	3.00	2.87	0.75
合计		550.69	1.000	1.06	4.68	0.75

（2）北向

构造名称	构件类型	面积	面积所占比例	传热系数 K	热惰性指标 D	太阳辐射吸收系数
		m²		W/（m²·K）		
加气混凝土砌块	主墙体	472.15	0.888	0.83	4.90	0.75
钢筋混凝土柱	热桥柱	59.74	0.112	3.00	2.87	0.75
合计		531.88	1.000	1.07	4.67	0.75

（3）东向

构造名称	构件类型	面积 m²	面积所占比例	传热系数 K W/(m²·K)	热惰性指标 D	太阳辐射吸收系数
加气混凝土砌块	主墙体	88.49	0.875	0.83	4.90	0.75
钢筋混凝土柱	热桥柱	12.70	0.125	3.00	2.87	0.75
合计		101.19	1.000	1.10	4.65	0.75

（4）西向

构造名称	构件类型	面积 m²	面积所占比例	传热系数 K W/(m²·K)	热惰性指标 D	太阳辐射吸收系数
加气混凝土砌块	主墙体	101.72	0.867	0.83	4.90	0.75
钢筋混凝土柱	热桥柱	15.64	0.133	3.00	2.87	0.75
合计		117.36	1.000	1.12	4.63	0.75

（5）总体

构造名称	构件类型	面积 m²	面积所占比例	传热系数 K W/(m²·K)	热惰性指标 D	太阳辐射吸收系数
加气混凝土砌块	主墙体	1153.32	0.886	0.83	4.90	0.75
钢筋混凝土柱	热桥柱	147.80	0.114	3.00	2.87	0.75
合计		1301.13	1.000	1.08	4.67	0.75
标准依据	《工业建筑节能设计统一标准》（GB 51245—2017）第4.4.1条					
标准要求	$K \leqslant 0.75$					
结论	不满足					

4.4　外窗热工

4.4.1　外窗构造

序号	构造名称	构造编号	传热系数	自遮阳系数	可见光透射比	备　　注
1	单框双玻塑钢窗（5+12A+5）	79	3.00	0.28	0.600	$K=2.4 \sim 2.6 \mathrm{W}/(\mathrm{m}^2 \cdot \mathrm{K})$；SC = 0.28～0.55；窗墙面积比 $F_k/F_c = 0.25 \sim 0.30$

4.4.2　总体热工性能

朝向	面积	传热系数	遮阳系数	窗墙比
总体热工	146.52	3.00	0.28	0.10
标准依据	《工业建筑节能设计统一标准》（GB 51245—2017）第4.4.1条			
标准要求	$K \leqslant 4.0$			
结论	满足			

注：本表所统计的外窗包含凸窗。

4.5　综合权衡

4.5.1　计算条件

		设计建筑	参照建筑	
体形系数 S		0.31	0.31	
屋顶传热系数 $K/\text{W} \cdot (\text{m}^2 \cdot \text{K})^{-1}$		0.42	0.50	
外墙（包括非透明幕墙）传热系数 $K/\text{W} \cdot (\text{m}^2 \cdot \text{K})^{-1}$		1.08	0.60	
屋顶透明部分传热系数 $K/\text{W} \cdot (\text{m}^2 \cdot \text{K})^{-1}$		—	—	
地下墙热阻 $R/(\text{m}^2 \cdot \text{K}) \cdot \text{W}^{-1}$		—	—	
非周边地面热阻 $R/(\text{m}^2 \cdot \text{K}) \cdot \text{W}^{-1}$		—	—	
周边地面热阻 $R/(\text{m}^2 \cdot \text{K}) \cdot \text{W}^{-1}$		—	—	
外窗（包括透明幕墙）	朝向	窗墙比	传热系数	窗墙比	传热系数
	南向	0.09	3.00	0.09	2.40
	北向	0.13	3.00	0.13	2.49
	东向	0.10	3.00	0.10	2.40
	西向	0.00	—	0.00	—

4.5.2　房间类型

（1）房间表

房间类型	空调温度	供暖温度	新风量	人员密度	照明功率密度	电器设备功率
一班倒厂房	28℃	16℃	30m³/(h·人)	4m²/人	11W/m²	20W/m²

（2）作息时间表

详见附录4.7。

4.5.3　综合权衡

	设计建筑	参照建筑
全年供暖空调标煤能耗（标煤）/kg · m⁻²	4.11	4.18
空调标煤能耗（标煤）/kg · m⁻²	1.05	1.04
供暖标煤能耗/kg · m⁻²	3.05	3.14
耗冷量/kW · h · m⁻²	7.32	7.21
耗热量/kW · h · m⁻²	16.86	15.34
标准依据	《工业建筑节能设计统一标准》（GB 51245—2017）第4.4.4条	
标准要求	设计建筑的能耗不大于参照建筑的能耗	
结论	满足	

4.6　综合权衡判断结论

序号	检查项	结　　论
1	屋顶透光部分类型	无屋顶透光部分
2	屋顶构造	满足
3	外墙构造	不满足
4	外窗热工	满足
5	综合权衡	满足
结论		满足

说明：本工程权衡判断满足《工业建筑节能设计统一标准》（GB 51245—2017）规定的要求。

4.7　附录

4.7.1　工作日/节假日室内空调温度时间表（℃）

房间类型	1	2	3	4	5	6	7	8	9	10	11	12	13	14	15	16	17	18	19	20	21	22	23	24
一班	37	37	37	37	37	37	28	26	26	26	26	26	26	26	26	26	26	26	37	37	37	37	37	37
倒厂房	37	37	37	37	37	37	37	37	37	37	37	37	37	37	37	37	37	37	37	37	37	37	37	37

注：上行：工作日；下行：节假日。

4.7.2　工作日/节假日室内供暖温度时间表（℃）

房间类型	1	2	3	4	5	6	7	8	9	10	11	12	13	14	15	16	17	18	19	20	21	22	23	24
一班	12	12	12	12	12	12	18	20	20	20	20	20	20	20	20	20	20	20	12	12	12	12	12	12
倒厂房	12	12	12	12	12	12	12	12	12	12	12	12	12	12	12	12	12	12	12	12	12	12	12	12

注：上行：工作日；下行：节假日。

4.7.3　工作日/节假日人员逐时在室率（%）

房间类型	1	2	3	4	5	6	7	8	9	10	11	12	13	14	15	16	17	18	19	20	21	22	23	24
一班	0	0	0	0	0	0	10	50	95	95	95	80	80	95	95	95	95	30	30	0	0	0	0	0
倒厂房	0	0	0	0	0	0	0	0	0	0	0	0	0	0	0	0	0	0	0	0	0	0	0	0

注：上行：工作日；下行：节假日。

4.7.4　工作日/节假日照明开关时间表（%）

房间类型	1	2	3	4	5	6	7	8	9	10	11	12	13	14	15	16	17	18	19	20	21	22	23	24
一班	0	0	0	0	0	0	10	50	95	95	95	80	80	95	95	95	95	30	30	0	0	0	0	0
倒厂房	0	0	0	0	0	0	0	0	0	0	0	0	0	0	0	0	0	0	0	0	0	0	0	0

注：上行：工作日；下行：节假日。

4.7.5　工作日/节假日设备逐时使用率（%）

房间类型	1	2	3	4	5	6	7	8	9	10	11	12	13	14	15	16	17	18	19	20	21	22	23	24
一班	0	0	0	0	0	0	10	50	95	95	95	50	50	95	95	95	95	30	30	0	0	0	0	0
倒厂房	0	0	0	0	0	0	0	0	0	0	0	0	0	0	0	0	0	0	0	0	0	0	0	0

注：上行：工作日；下行：节假日。

参 考 文 献

[1] 于尔根·亚当，等．工业建筑设计手册［M］．苏艳娇，译．大连：大连理工大学出版社，2006．
[2] 钱坤，吴歌．房屋建筑学（下：工业建筑）［M］．2 版．北京：北京大学出版社，2016．
[3] 单立欣，穆丽丽．建筑施工图设计［M］．北京：机械工业出版社，2010．
[4] 张庆芳．房屋建筑学［M］．北京：化学工业出版社，2016．
[5] 哈尔滨建筑工程学院．工业建筑设计原理［M］．北京：中国建筑工业出版社，1988．
[6] 同济大学，西安建筑科技大学，东南大学，等．房屋建筑学［M］．5 版．北京：中国建筑工业出版社，2016．
[7] 陆可人，陈萌．房屋建筑学［M］．武汉：武汉理工大学出版社，2016．
[8] 王钢，金少蓉．房屋建筑学课程设计指南［M］．北京：中国建筑工业出版社，2010．
[9] 夏广政，邹贻权，黄艳雁，等．房屋建筑学［M］．武汉：武汉大学出版社，2010．
[10] 聂洪达，郄恩田．房屋建筑学［M］．2 版．北京：北京大学出版社，2007．
[11] 张向华．迈向全新的生命周期［D］．重庆大学，2003．
[12] 王建国，等．后工业时代产业建筑遗产保护更新［M］．北京：中国建筑工业出版社，2008．
[13] 石克辉，薛冰洁，徐彤．旧工业厂房外立面改造设计手法初探［C］．中国工业建筑遗产学术研讨会，2012．
[14] 王晓冬．单层工业建筑造型设计研究［D］．西安建筑科技大学，2014．
[15] 马跃跃，马英．试论遗产保护视角下的工业构筑物重构与再生［J］．遗产与保护研究，2017，（2）：52-57．DOI：10.3969/j.issn.2096-0913.2017.02.008．

冶金工业出版社部分图书推荐